人机工程学

RENJI GONGCHENGXUE

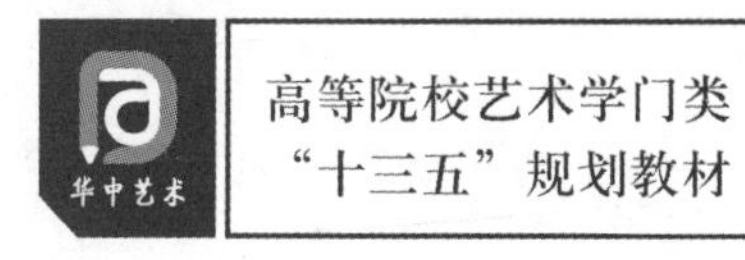

高等院校艺术学门类
“十三五”规划教材

主 编 郭媛媛 高 睿 郭婷婷

A R T D E S I G N

華中科技大學出版社
http://www.hustp.com
中国·武汉

内容简介

本教材根据现代设计课程教学特点，充分考虑本科院校工业设计及其相关专业的现状，严格遵循教育部工业设计及相关专业研究生考试大纲的要求，吸收国外教材的一些新思想，既有创新，又兼顾了传统教材的优点，把教师的教学要求、学生学习的需求以及实际工作需要紧密结合起来。

本教材共8章，第1章对人机工程学的内容、发展史和相关应用领域进行介绍；第2章介绍人体测量方法、测量数据的统计与应用；第3章介绍人体生理系统知识，同时探讨因设计不合理导致生理不适的原因和减轻症状需要采取的措施；第4章将人体心理学的基本知识与人的行为特征结合进行探讨，分析人的行为与设计之间的相互导向关系；第5、6章综合论述了人机工程学在艺术设计各领域的应用；第7章为教学提供相应的课程专题设计；第8章讲述了人机工程学的展望。

本教材可作为工业设计、艺术设计、室内设计、产品设计等相关专业的教材，也可以作为相关设计者、研究者的参考书和工具书。

图书在版编目(CIP)数据

人机工程学/郭媛媛，高睿，郭婷婷主编. —武汉：华中科技大学出版社，2018.8 (2024.1 重印)
高等院校艺术学门类"十三五"规划教材
ISBN 978-7-5680-4314-4

Ⅰ.①人… Ⅱ.①郭… ②高… ③郭… Ⅲ.①工效学-高等学校-教材 Ⅳ.①TB18

中国版本图书馆 CIP 数据核字(2018)第 176748 号

人机工程学 郭媛媛 高 睿 郭婷婷 主编
Renji Gongchengxue

策划编辑：彭中军
责任编辑：段亚萍
封面设计：优 优
责任监印：朱 玢
出版发行：华中科技大学出版社(中国·武汉) 电话：(027)81321913
武汉市东湖新技术开发区华工科技园 邮编：430223
录 排：华中科技大学惠友文印中心
印 刷：武汉科源印刷设计有限公司
开 本：880mm×1230mm 1/16
印 张：13
字 数：383 千字
版 次：2024 年 1 月第 1 版第 3 次印刷
定 价：48.00 元

前言

RENJI GONGCHENGXUE

一、本教材的主要特点

本教材根据现代设计课程教学特点，充分考虑一般本科院校工业设计及其相关专业的现状，严格遵循教育部工业设计及相关专业研究生考试大纲的要求，吸收国外教材的一些新思想，既有创新，又兼顾了传统教材的优点，把教师的教学要求、学生学习的需求以及实际工作需要紧密结合起来。

(1) 该教材的编写将理论与实训结合。"人机工程学"课程是艺术设计专业的必修课程，主要研究如何使"人-机-环境系统"的设计符合人的生理结构和心理特点，以实现人、机、环境之间的最佳匹配，使处在不同条件下的人能安全、高效和舒适地工作和生活。本课程在理论知识学习后，会带领学生到校内外的模拟实训室进行实训，目的是使学生更加深入地理解人机工程学原理的应用。

(2) 基于案例驱动的教学内容设计。以往的教材在内容上一般只有针对知识点的基础案例且案例陈旧，缺乏应用案例与创新思维，从而使学生感到深不可测和枯燥乏味。在本教材的编写中，一般先针对知识点的理解给出一个基础案例，随后针对该知识点的应用给出若干应用案例，让学生掌握每个知识点的应用价值，增添学习兴趣和创新思维。因此，在本教材的编写过程中精心设计应用案例，以确保应用的完整性与时效性。

(3) 扩展与人机工程学相关的设计专业领域。本课程是文理渗透型的边缘学科，涉及面广，应用领域宽。本教材不仅针对高校工业设计与环境设计专业本科的教学需要，而且照顾相关的视觉传达与公共艺术等相关专业设计的需要，为学生提供了更为深入系统的学习机会，极大地提高教材的全面性、深入性和综合性。

(4) 提供课程专题设计。为了更好地提高学生的设计能力和学习兴趣，书中融入了编者多年从事人机工程学研究和教学的部分成果，重视人文层面的设计伦理阐释，同时以丰富的典型案例揭示学科的思想本质和方法要义，整理出了适合高校艺术专业各方向学生的课程专题设计题目，并提供相应的解决思路和说明，为老师提供教学参考，引导学生进行本课程的自我钻研和应用实践。

二、本教材的主要内容

人机工程学是艺术设计专业中一门典型的文理渗透型的边缘学科，涉及知识面广，应用领域宽。本教材既论述了人机工程学领域的基本原理和主要内容，又强化原理的实践与应用，采用自上而下的设计方法，从由浅入深的案例导入，再到操作的具体实现，通过课程的专题训练，使学生初步掌握"人-机-环境系统"的设计准则和基本方法。本教材为艺术设计专业教师提供循序渐进、易于讲解的教学内容和教学过程，为学生提供自我学习的范本。

本教材的主要内容如下。

第 1 章对人机工程学的内容、发展史和相关应用领域进行介绍；第 2 章介绍人体测量方法、测量数据的统计与应用；第 3 章介绍人体生理系统知识，同时探讨因设计不合理导致生理不适的原因和减轻症状需要采取的措施；第 4 章将人体心理学的基本知识与人的行为特征结合起来进行探讨，分析人的行为与设计之间的导向关系，从而达到安全、舒适、高效的目标。以上这 4 章是人机工程学的基本理论，也是本教材的基础部分。

第 5、6 章综合论述了人机工程学在艺术设计各领域的应用：交互设计、视觉传达设计、产品设计、环境设计、数字媒体设计、公共艺术设计等，体现了本教材的全面性、深入性和综合性。各高校可以根据本专业特色对教材章节内容进行取舍。

第 7 章结合前面章节的基本原理，为教学提供相应的课程专题设计，并以实际案例解说设计思路与方法的应用。教学实践环节可以参考专题设计进行开展。

第 8 章人机工程学的展望，扩充了本课程在其他领域的延伸。

三、课时分配建议

目前人机工程学作为设计院校的一门专业必修课，涉及的专业有产品设计、环境设计、视觉传达设计、数字媒体设计以及公共艺术设计等，一般为 3 个学分，48 个课时（3×16=48）或 52 个课时（40+12=52）。在以上的课时设置下，对课内学时分配的参考建议如下。

内　　容	课　时　数
课堂讲授	28 课时
课程讨论、课程设计及总结	20 课时

四、课程考核与评分

建议考核评分采用以下分配比例：

（1）考勤成绩（平时表现）20%；

（2）平时练习（随堂练习）20%；

（3）结课作品（课程设计）60%。

目前多数高校中人机工程学由“考试”课程改革为“考查”课程，从闭卷考查基本理论和原则的掌握到开卷进行专题设计，使本课程提高了教学质量，让学生培养了开阔的思路，对现实的问题有了敏锐的观察力。在教学的过程中，编者发现人机工程学的基本理论人人都能接受，一般不存在理解上的困难，通过考试形式考核学生对定义或理论的掌握并无意义。通过设计专题让学生通过实践应用培养解决问题的能力才是本课程的关键教学环节。通过专题设计完成的质量，来衡量学生学习情况，同时在认真完成专题设计的过程中，也能更好地发挥学生主动性，有效提升了师生的互动性。

本书由武汉东湖学院郭媛媛、高睿、郭婷婷等主编。书中融入了编者从事人机工程学研究和教学多年的成果。本书由刘丽娟主审，编者对马潇潇老师的校对工作表示感谢。

最后，诚挚期盼同行、使用本书的读者对书中的错误和不当之处给予批评指正。

编　者

2018 年 8 月

目录

RENJI GONGCHENGXUE

1 第 1 章　人机工程学概述

1.1　引例——人机工程学的起源与发展　/2
1.2　人机工程学的命名与定义　/8
1.3　人机工程学的研究内容与方法　/9
1.4　人机工程学的应用领域　/14

18 第 2 章　人体测量学与数据应用

2.1　人体测量学基础知识　/19
2.2　人体测量方法　/27
2.3　常用的人体尺寸数据　/33
2.4　人体尺度数据的应用　/37

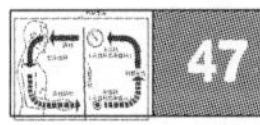

47 第 3 章　人体生理系统及其特征

3.1　以人为中心的人机工程学　/48
3.2　人体感觉通道　/48
3.3　人体视觉系统及其特征　/49
3.4　人体听觉系统及其特征　/53
3.5　人体其他感觉及其特征　/55
3.6　人体神经系统机能及其特征　/57
3.7　人体运动系统机能及其特征　/59

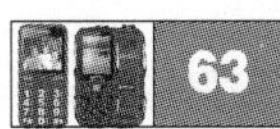

63 第 4 章　人体心理学与行为特征

4.1　人体心理学　/64
4.2　人的行为特征　/80
4.3　人的行为习惯　/84
4.4　基于用户行为的人机工程学设计　/97

107 第 5 章 人机工程学中的交互设计

5.1 人机界面设计 /108
5.2 交互设计 /129
5.3 人机界面与交互技术的发展及应用 /134

138 第 6 章 艺术设计各领域中的人机工程学

6.1 人机工程学与视觉传达设计的关系 /139
6.2 人机工程学与产品设计的关系 /150
6.3 人机工程学与室内设计的关系 /151
6.4 人机工程学与公共艺术的关系 /162

166 第 7 章 人机工程学的设计专题

7.1 为坐而设计 /167
7.2 为站而设计 /181
7.3 为手而设计 /184
7.4 为脚而设计 /187
7.5 为儿童而设计 /190
7.6 为孕妇而设计 /192
7.7 为老人而设计 /194
7.8 为残障人群而设计 /195

197 第 8 章 人机工程学的未来展望

8.1 人机与可持续发展结合 /198
8.2 人机与认知心理学结合 /198
8.3 人机与健康行为方式结合 /199
8.4 人机与数字技术紧密结合 /200
8.5 人机与智能系统紧密结合 /201

202 参考文献

第1章

人机工程学概述

RENJI GONGCHENGXUE GAISHU

学习目标

本章讲解人机工程学的基本知识，包括定义和应用，通过对推动人机工程学领域早期发展的个人和案例进行研究，使学生了解人机工程学的历史渊源。要求学生理解人机工程学是研究人与物、人与环境关系的学科，在日常生活中运用人机工程学主动地、高效率地支配生活环境，从而达到我们的生活要求。此外，还探讨了人机工程学在现实生活各领域的应用。

1.1 引例——人机工程学的起源与发展

创造是人类的天性，同时由于人自身的局限，需要借助不同的工具来延展及辅助人类目标的达成，这一过程反映了人类不断创造劳动工具改造世界的驱动力。早在石器时代，人类学会了选择石块制成可供敲、砸、刮、割的各种工具，从而产生了原始的人机关系。此后，人类为了提高自己的工作能力和生活水平，不断地创造发明各种器具设备。

1.1.1 引例——人机工程学的起源

中国是饮食大国，中餐的美味佳肴享誉全世界，中国餐馆遍布各国，中国独特的进食工具——筷子也因而传播全球。中国人使用筷子至少已持续三千年。筷子古称为“箸”(见图 1.1)，或“筯”(zhù)，又称为“筴”(jiā)，古书常将“匕箸”连用，即勺和筷子。《礼记》中曾说：“饭黍无以箸。”可见至少在殷商时代，已经使用筷子进食。中国人使用筷子，在人类文明史上是一桩值得骄傲和推崇的科学发明。李政道论证中华民族是一个优秀民族时说：“中国人早在春秋战国时代就发明了筷子。如此简单的两根东西，却高妙绝伦地应用了物理学上的杠杆原理。筷子是人类手指的延伸，手指能做的事，它都能做，且不怕高热，不怕寒冻，真是高明极了。”

筷子是训练心灵手巧的工具。将短箸用作计数和计算工具，古称为“筹”或“算筹”，中国古代用于数学演算，名筹算。《汉书·律历志》规定算筹用长 6 寸(13.8 厘米)的小竹箸制成。1994 年，湖北长阳香炉石遗址出土商代中期(前 15—前 14 世纪)的骨箸，长 16 厘米。

从结构制作上来看，筷子经过长期的历史演变，其长短、粗细结构已有了一定的规范。现在我们通常使用的筷子是首方足圆，一般长度在 22 厘米和 26 厘米左右，这一长度与人的前臂(肘关节至腕关节)长度相当；首径在 0.5 厘米到 0.8 厘米之间，足径为 0.3 厘米到 0.6 厘米(视材料硬度大小而异)。这样的结构改造就其上部方形设计而言，首先摆放在饭碗和桌子上，不易滚落，其次在夹菜时增加手与筷子的摩擦力，不易滑落，方便操作，且在工艺上比圆形更易刻字雕花题诗；而筷子下部的圆形设计主要优点是在筷子与嘴唇接触时减少对嘴唇的摩擦，更易入口；最巧妙的属筷子中间部分方、圆形式的过渡，结合得自然而流畅，使筷子整体形态设计精巧、美观和简洁。

从这些数据与设计原理中体现了“器物与人的尺度数据的关系与应用”的问题，也可以发现在设计器物时，

图 1.1　汉代人餐桌上的“箸”

应该优先考虑和把握的因素。

器物要和人(使用者)的各种因素相适宜——这是现代人机工程学的基本思想和学术理论的简洁表述。

以上论述的器物设计基本准则不仅简单、朴素、自然,而且能满足人的本能需求。除了典籍之外,从我国的古文物中也能观察到其间蕴含的与人的生理相宜的例子。譬如在古代文化遗址中发现的器具、桌椅、服饰等产品,都是围绕“人的因素”进行设计与制作的,没有一个器物的尺寸会高得离奇而难以使用,或低得离谱而无法省力;也没有一个饮具大得惊人而捧饮困难,或小得不合理而无法盛下适量液体。即使是狩猎时使用的棍棒、石块等简陋工具,在尺寸、重量、形状上也大体符合原始人的生理条件。

可见,人机工程学的基本思想在人类历史上是源远流长的。一定程度上它属于人们“自发的思维倾向,本能的行为方式”。

人们设计与制作器物外观造型,不仅能使器物本身达到精准的制作标准,更大的作用在于对比例美的追求,以满足人的使用。《考工记》在全文总述中对车轮比例有这样的介绍:“轮已崇,则人不能登也;轮已庳,则于马终古登阤也。故兵车之轮六尺有六寸,田车之轮六尺有三寸,乘车之轮六尺有六寸。六尺有六寸之轮,轵崇三尺有三寸也,加轸与轐焉,四尺也。人长八尺,登下以为节。”车轮是车中最为核心的部件,它的比例影响着整个车子的比例是否符合人的使用。

《考工记》此处的论述,主要是根据使用情况来选择车轮的尺寸(见图 1.2)。车轮太高,人就不容易登车;车轮太低的话,马拉车的时候会非常费力,好像时刻处在爬坡的状态,影响车行进的速度。所以工匠根据以往的设计制造经验,通过不断的实践验证,根据配合的车辆不同将车轮的尺寸进行了不同的设定。兵车使用的环境经常变化,故轮高六尺六寸,田地中有沟壑所以使用的车子轮高六尺三寸,日常乘坐的车轮高六尺六寸。大多数人乘坐的车轮高六尺六寸,相配合的轵高三尺三寸,加上轸与轐,共四尺。人的身高在古代多被认为是八尺,所以这些车轮的尺寸让人上下车时感觉高低刚好合适。——《考工记》的研究表明,与人的因素相适应是器物设计和制作最基本的原则之一。

关于“人的因素”,以上引例中仅仅只提到人体尺寸、体能、体力等生理条件等,在实际的设计应用中我们还

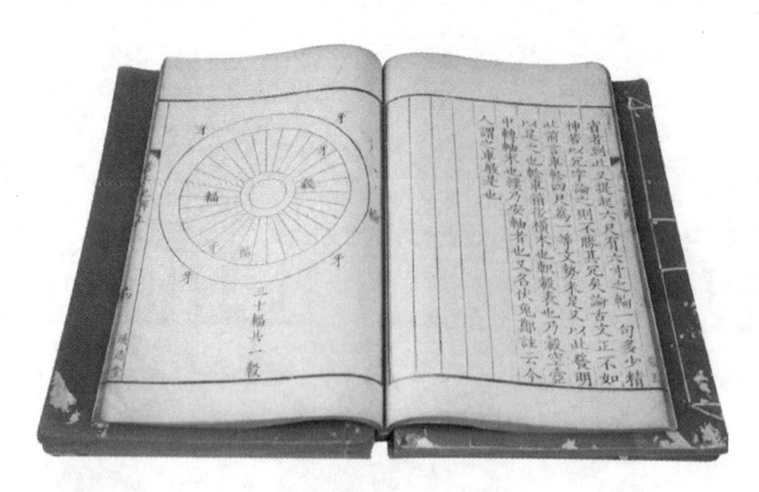

图 1.2 《考工记》的车轮记载

应该考虑人的感知、认知、情感、行为及社会等更多、更深的方面。人机工程学在艺术设计的领域——视觉传达设计、产品设计、环境设计、数字媒体设计、公共艺术设计中,如何分析和处理"人的因素"是本教材将展开论述的重点。

1.1.2 人机工程学的发展

1. 我国人机工程学发展简况

在我国,最早的人机工程学的思想和方法可以说是应用在家具设计方面的。我国在世界上不仅是最早使用家具的国家,而且是最早重视家具功能设计的国家。例如,曾被视为东方艺术瑰宝的明式椅(见图 1.3),各个部件,如搭脑、扶手、靠背板、座板、四足间的比例关系都是非常适宜合度的,其搭脑、扶手等部位形成曲线,同时其靠背与座面形成近 100 度的背倾角,这是根据人体休息时必要的后倾角度进行设计的。总体来说,明式椅既有视觉上的美感,又能给人带来人体比例、触觉等方面的舒适感,体现了人体功能与器具相结合的效果。当时曾被欧洲家具设计师们争相效仿。到了近代,由于战争,直至中华人民共和国成立前夕,我国的工业生产处于相当落后的状态。不要说重工业得不到发展,就是轻工业产品也大多靠进口。有些产品,虽然我国能够制造却多是仿造和复制的,与工业发展息息相关的人机工程学当然难以得到引进和发展。所以,当时我国没有人机工程学的研究机构,也没有任何一个学校开设这门课程。

图 1.3 明式椅

中华人民共和国成立后,人们的物质生活还不够丰富,人们对工业产品的要求仅限于使用功能上的满足,至于室内设计、环境的美化、器具的宜人等问题,暂时还无法顾及。中华人民共和国成立初期经过短暂的恢复,我国设立了轻工业部、纺织工业部、中央手工业管理局、机械工业部等国家机构,专门负责工业生产的发展和研究工作,使我国的工业得到迅速发展。在新的形势下,旧的生产设备日益难以满足生产的需要。特别是改革开放以后,原有的设备状况难以与飞速发展的当代工农业生产相适应。同时,人们的物质生活及精神生活都得到了很大的提高,对产品的需求自然越来越高了。因此,在一些理工科大学首先设置了造型设计、工业设计等专业,还在一些美术院校设置了工艺美术专业。在教学和设计中人机工程学的理论不仅得到了应用，而且促进了本学科沿着具有我国特点的方向发展。早期，我们虽然开设了人机工程学课程，但在教学形式和内容上，多是照搬别国经验，缺乏我国自己的特点，因此，所设计的产品往往不适合我国民众的特点。例如，多数机械设备设计偏高，人在操作时，不是垫高人的位置，就是将机器就地而放，无法适应操作者的使用需要。

20 世纪 60—70 年代，我国经历了“文化大革命”，由于受到“知识无用论”的影响，刚刚兴起的科技文化再度受挫，严重地影响了人机工程学的发展，甚至某些设计人员对人机工程学的作用也缺乏足够认识，误认为它只是应用在精密设计范围，如导弹、飞机座舱、军备等方面，而在家庭用具、工厂布局、机械、学校、医院、办公室、图书馆、汽车、火车、船舶、农具、书籍、玩具、运动设施等方面得不到应用。多年来，由于诸多原因，人机工程学在我国发展缓慢。

我国人机工程学真正起步是在 20 世纪 70 年代，首先是将人机工程学的理论应用在家具设计方面。用人机工程学有关知识来指导家具的设计仍处于初始阶段，无论是试验方法或实测手段都不够完善，影响了人机工程学理论与应用向纵深发展。人机工程学得到发展是 20 世纪 80 年代前后，随着改革开放政策的实行，加强了国际学术交流，促进了科学技术的发展，也使人机工程学相应地得以发展。1980 年，在机械工业系统成立了“工效学”学会。1985 年，以全国高等学校为主体的“人类工效学”学会在西南交通大学成立。1995 年 9 月，《人类工效学》杂志创刊。近年来，我国人机工程学发展速度很快，在许多理工科大学与美术院校(系)都开设了人机工程学的课程。本学科的发展在国内虽然已经取得了一定成果，但与世界先进水平相比较，各地发展不平衡，要形成具有我国特色的人机工程学尚需很大努力。

2. 国际人机工程学发展简况

人机工程学作为一门独立的学科已有六十年左右的历史，其作为一门学科而言，起源可以追溯到 20 世纪初，在学科的形成和发展过程中，大致经历了以下三个阶段。

1)经验人机工程学

在古代，虽然没有系统的人机工程学研究方法，但人类所创造的各种器具，从形状的发展变化来看，是符合人机工程学原理的：旧石器时代所制造的石刀、石斧等狩猎工具，大部分呈直线形状；到新石器时代，人类所制造的锄头、铲刀及石磨等的形状，就逐渐变得更适合人类使用了；青铜时代以后，人类所创造的工具更是大大向前发展了，这些工具由于人的使用和改造，由简单到复杂并逐步科学化(见图 1.4)。这种实际存在的人机关系及其发展的最初阶段被称为经验人机工程学。如指南车的设计，被认为是经验人机工程学的范例。

人机工程学一词的概念，是由波兰教授雅斯特莱鲍夫斯基于 1857 年提出的。20 世纪初，西方国家的机器工业生产飞速发展，用美国学者泰罗(见图 1.5)名字命名的泰罗制成为人机工程学的鼻祖：这是一套专门研究工人如何去操作机器和工具才能更加安全、省力、高效的方法和制度。从泰罗制的形成到第二次世界大战之前，属于经验人机工程学的发展阶段。

在经验人机工程学的发展阶段，对于人机工程学的研究者大多都是心理学家，因此这一阶段的研究基本偏重于心理学方面，以至于在这一时期，本门学科被称为“应用试验心理学”。在这一基础上，本阶段人机工程学的发展特点则是：机器设计的主要着眼点在于力学、电学、热力学等工程技术方面的优选上，在人机关系上是以选择和培训操作者为主，使人适应于机器。

因此，改革工具以改善劳动条件和提高劳动效率成为最迫切的问题，从而使人们开始对经验人机工程学所提出的问题进行科学的研究，并促使经验人机工程学升华为科学的人机工程学。这一转变过程以几个比较有名的研究试验为代表。

(1)肌肉疲劳试验。

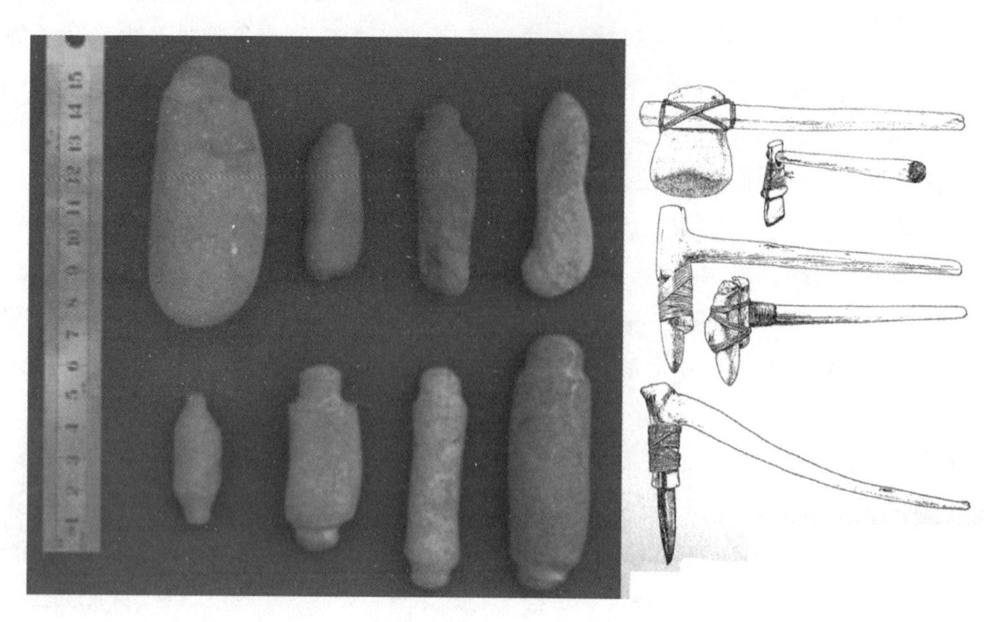

图 1.4 原始人的劳动工具

1884 年，德国学者 A. 莫索(A. Mosso)对人体劳动疲劳进行了研究。当人作业时，将人体通以微电流，随着人体疲劳程度不同，电流也随之变化，然后再用电信号将人体的疲劳程度测量出来。这一研究为后来形成的“劳动科学”学科打下了基础。

(2)铁锹作业试验研究。

1898 年，美国工程师泰罗从人机工程学的角度出发，对铁锹的使用效率进行了研究。他用形状相同而铲量不同的四种铁锹(每次可铲重量分别为 5 kg、10 kg、17 kg 和 30 kg)去铲同样一堆煤(见图 1.6)，虽然 17 kg 和 30 kg 的铁锹每次铲量大，但试验结果表明，用 10 kg 的铁锹铲煤效率最高。经过多次试验，终于找出了铁锹的最佳设计和搬运煤屑、铁屑、砂子和铁矿石等松散粒状材料时每一铲的最适当重量，这就是人机工程学一次著名的试验“铁锹作业试验”。

图 1.5 泰罗

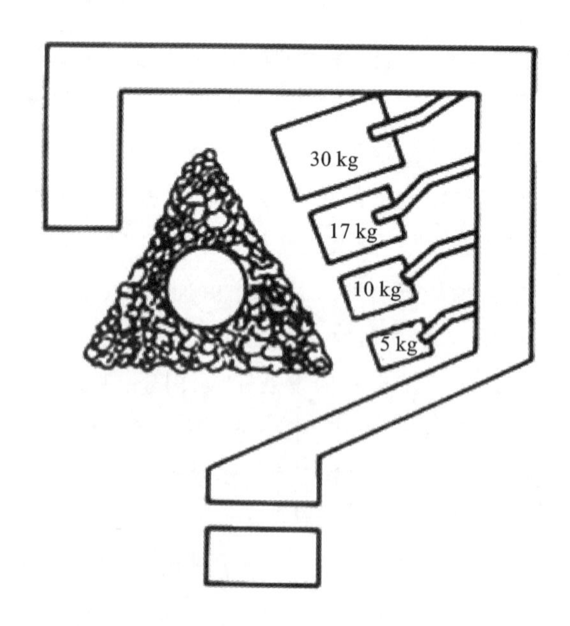

图 1.6 铁锹作业试验

(3)砌砖作业试验。

1911年,F. B. 吉尔伯勒斯对美国砌砖工人进行了试验,他用快速摄影机拍摄砌砖工人的动作,然后对砌砖动作进行分析研究,去掉无效动作,提高有效动作的效率,使工人的砌砖速度由当时的每小时120块提高到每小时350块。

2)科学人机工程学(第二次世界大战期间)

人机工程学的第二个发展阶段贯穿于第二次世界大战期间,这一阶段可以称为科学人机工程学的发展阶段。在这一阶段中,由于战争的需要,各个国家大力发展效能高、威力大的新式武器装备,但由于忽视了这些新式武器装备中"人的因素",使得因操作失误而导致失败的例子屡见不鲜。

例如,由于战斗机中座舱及仪表位置设计不当,造成飞行员误读仪表和误用操纵器而导致意外事故;由于操作复杂、不灵活和不符合人的生理尺寸而造成的战斗命中率低等现象经常发生;雷达运行时,要求操纵人员接收和分辨出显示器上显示的各种信息,根据这些信息在很短的时间内做出决策和进行操作,而雷达设备没有发挥出其全部潜力来,绝大部分是由于操纵人员不能掌握这个电子设备的复杂操作。这种种失败的经验和教训提醒人们,有时飞机弄错方向坠毁,炸弹误中友船,就是因为设计时没有考虑人的各种生理与心理特征。据统计,美国在第二次世界大战的飞机事故中,80%是由于人机工程学方面的原因造成的。众多失败教训引起了决策者和设计者的高度重视。专家通过分析研究逐步认识到,在人和武器的关系中,主要的限制因素不是武器而是人,"人的因素"在设计中是不容忽视的一个重要条件;此外必须了解,要设计好一个高效能的装备,只有工程技术知识是不够的,还必须兼顾生理学、心理学、人体测量学、生物力学等学科方面的知识。正是由于这些失败例子的频发,军事领域的工程师不得不在武器装备的设计中更多地考虑"人的因素",这样一来,科学人机工程学便应运而生。

由于"二战"的结束,人机工程学的研究与应用逐渐从军事领域转向非军事领域,现有的军事领域中的研究成果也被用来解决工业与工程设计中的某些问题。在这一阶段,人机工程学的发展特点是:重视工业与工程设计中"人的因素",力求使机器适应于人。

3)现代人机工程学(第二次世界大战之后)

人机工程学发展的第三阶段是从20世纪60年代至今。20世纪60年代起,欧美各国进入了大规模的经济发展时期。在这一阶段,本门学科的研究方向发展为把人、机、环境作为一个统一的整体来研究,由此创造出最适合于人操作的机械设备和工作环境,最终使得人、机、环境三者相协调,获得系统的最高综合效能。由于人机工程学的迅速发展及其在各个领域中的作用日趋明显,各学科专家学者都开始关注起来。1961年,国际人类工效学学会的成立(简称IEA)推动了各国人机工程学的发展。该组织出版了《工效学》和《应用工效学》两种刊物,每三年召开一次学术会议。

随着人们对人机工程学的一段研究,其应用已经深入与人有关的各个领域,从人们的衣、食、住、行,到科学技术的高速发展,都与人机工程学密不可分。而IEA在其会刊中明确指出了现代人机工程学发展的三个特点:①不同于传统人机工程学研究中着眼于选择和训练特定的人,使之适应工作要求,现代人机工程学着眼于工程设计及各类产品的设计,使机器的操作不越出人类能力界限外;②密切与实际应用相结合,通过严密计划设定的广泛的试验性研究,尽可能利用所掌握的基本原理,进行具体的产品设计;③力求使试验心理学、生理学、功能解剖学、人类学等学科的专家与物理学、数学、工程技术等方面的研究人员共同努力、密切合作。

1.2 人机工程学的命名与定义

1.2.1 人机工程学的命名

人机工程学(man-machine engineering)是研究人、机器及其工作环境之间相互作用的学科。该学科在其自身的发展过程中,逐步打破了各学科之间的界限,并有机融合了各相关学科的理论,不断地完善自身的基本概念理论体系、研究方法以及技术标准和规范,从而形成了一门研究和应用范围都极为广泛的综合性边缘学科。因此,它具有现代各门新兴边缘学科共有的特点,如学科命名多样化、学科定义不统一、学科边界模糊、学科内容综合性强、学科应用范围广泛等。

由于该学科研究和应用的范围极其广泛,它所涉及的各学科的、各领域的专家、学者都试图从自身的角度来给本学科命名和下定义,因而世界各国对本学科的命名不尽相同,即使同一个国家对本学科名称的提法也很不统一,甚至有很大差别。例如:该学科在美国称为"human engineering"(人类工程学)或"human factors engineering"(人的因素工程学);西欧国家多称为"ergonomics"(人类工效学);而其他国家大多引用西欧的名称。

"ergonomics"一词是由希腊词根"ergon"(即工作、劳动)和"nomos"(即规律、规则)复合而成的,其本义为人的劳动规律。由于该词能够较全面地反映本学科的本质,又源自希腊文,便于各国语言翻译上的统一,而且词义保持中立性,不显露它对各组成学科的亲密和间疏,因此目前较多的国家采用"ergonomics"一词作为该学科的名称。例如,苏联和日本都引用该词的音译,苏联译为"эргономика",日本译为"人間工学",称为人间工学。

人机工程学在我国起步较晚,目前该学科在国内的名称尚未统一,除普遍采用人机工程学外,常见名称还有人-机-环境系统工程、人体工程学、人类工效学、人类工程学、工程心理学、宜人学、人的因素等。不同的名称,其研究重点略有差别。

1.2.2 人机工程学的定义

由于各国国情和研究的针对性不同,不同国家对这门学科的命名及侧重点也不同。美国人机工程学专家C. C伍德(Charles C. Wood)给出的定义为:设备的设计必须适合人体各方面的因素,以便在操作上付出最小的代价而求得最高效率。W. B. 伍德森(W. B. Woodson)则认为:人机工程学研究的是人与机器相互关系的合理方案,即对人的知觉显示、操作控制、人机系统的设计及其布置和作业系统的组合等进行有效的研究,其目的在于获得最高的效率及操作时使作业者感到安全和舒适。日本的人机工程学专家认为:人机工程学是根据人体解剖学、生理学和心理学等学科,了解并掌握人的作业能力和极限,使工作、环境、起居条件等和人体相适应的科学。苏联的人机工程学专家认为:人机工程学是研究人在生产过程中的可能性、劳动活动方式、劳动的组织安排,从而提高人的工作效率,同时创造舒适和安全的劳动环境,保障劳动人民的健康,使人从生理上和心理上得到全面发展的一门学科。

国际人类工效学学会(IEA,International Ergonomics Association)在1960年的定义是:人机工程学是研究人在某种工作环境中的解剖学、生理学和心理学等方面的因素,研究人和机器及环境的相互作用,研究在工作中、家庭生活中与闲暇时怎样考虑人的健康、安全、舒适和工作效率的学科。三句话,分别说明人机工程学的研究对象、内容与目的。

IEA在2008年8月的新定义是:人机工程学是研究人与系统中各因素之间的相互作用,以及应用相关理论、原理、数据和方法来设计,以达到优化人类和系统效能的学科。新定义概略、简洁,强调了系统中人与其他因素交互作用的观念。设计应在多种约束和多重目标之间恰当地把握住平衡。这一确切定义将人-机-环境系统作为研究的整体对象,运用生理学、心理学和其他有关学科知识,根据人和机器的条件及特点,合理分配人和机器承担的操作职能,并使之相互适应,从而为人创造出舒适和安全的工作环境。

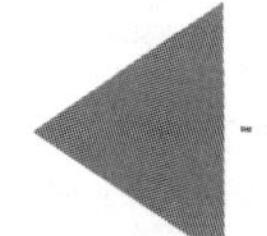

1.3 人机工程学的研究内容与方法

1.3.1 人机工程学的研究内容

人作为人机系统中的操作者,与外界发生联系主要依赖于三个子系统,即感觉系统、神经系统和运动系统。人在操作过程中,信息由机器通过显示器传递给人的感觉器官(如眼睛、耳朵等),然后经过中枢神经系统进行处理,再指挥运动系统(手、脚等)操纵机器的控制器,改变机器所处的状态(见图1.7)。

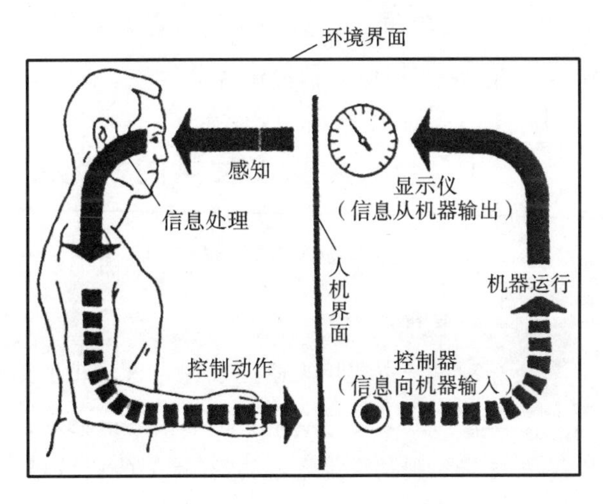

图1.7 人机系统示意图

由此可见，机器传达的信息，通过人又反馈到机器，形成一个闭环系统。人机所处的外部环境因素(如温度、光线、噪声、振动等)也将不断影响和干扰此系统的工作。因此，人机系统从广义上来讲，又可称为人-机-环境系统。

1. 人

人是指操作者或使用者。人机工程学主要研究人体尺寸、人的感知特征、人的反应特征以及人在劳动中的心理特征等。人作为系统中的主要因素既要遵从物理原则，又不违反自然规律。

在产品设计中，人机工程学研究的内容主要包括人机界面设计、控制台和控制室的布局设计、医疗设备、座椅的设计与舒适性研究、办公室和办公设备设计、家用产品舒适性设计等。产品设计通过数据研究来确定产品的尺寸和比例，这些尺寸和比例主要基于人类的生理尺寸和使用习惯。在产品开发阶段，会把人机工程学研究的数据应用到产品设计中，使其符合人们的使用要求。

2. 机

机泛指人可操作与可使用的物，可以是机器，也可以是用具或生活用品、设施、计算机软件等各种与人发生关系的一切事物，包括三大类别：显示器(仪表、信号、显示屏等)、操纵器(各类机器的操作部分)、机具(家具、设备等)。人机工程学主要研究工作系统中直接由人使用的机械部分如何适应人的使用。

3. 环境

环境是指与人共处的环境，包含两大类：普通环境(建筑与室内环境的照明、温度、湿度等)、特殊环境(冶金、化工、采矿、航空、宇航和极地探险等环境，其中也有极特殊的环境，如高温、高压、辐射、污染等)。人机工程学主要研究环境的控制，即环境如何适应人的使用。

从以上人机工程学研究的内容来说，本门学科涵盖了许多交叉的学科问题，涉及很多不同的学科，所以在进行研究时要遵循以下几点原则。

(1)物理原则：某些定律与原理在物理学科中成立，也适用于人机工程学中，但在处理问题时则既要以人为主又要遵从物理原则。

(2)生理、心理兼顾原则：人机工程学必须了解人的结构，除了生理，还要了解心理因素。人是具有心理活动的，人的心理在时间和空间上是自由和开放的，它会受到人的经历和社会传统以及文化的影响。人的活动无论在何时何地都是受到这些因素影响的，因此，人机工程学的研究必须遵循生理、心理兼顾的原则。

(3)考虑环境的原则：人机的关系并不是单独存在的，环境是两者关系存在的媒介。因此，在进行人机工程学的研究时，不能单独研究人、研究机械、研究环境，而是要将三者联系起来一起考虑。

1.3.2 人机工程学的研究方法

人机工程学常用的研究方法如图 1.8 所示。

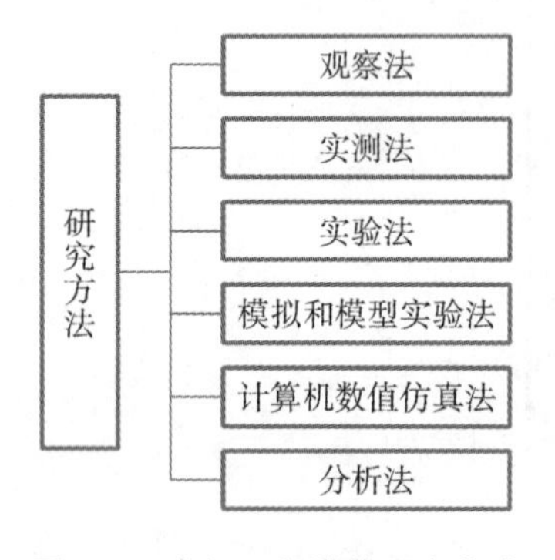

图 1.8 人机工程学的研究方法

1. 观察法

观察法主要用来研究系统中人和机的工作状态，其方法多种多样。观察法是研究者通过观察和记录自然情境下发生的现象来认识研究对象的一种方法。观察法是有目的、有计划的科学观察，是在不影响事件的情况下进行的。观察者不参与研究对象的活动，这样可以避免对研究对象的影响，可以保证研究的自然性与真实性。自然观察法也可以借助特殊的仪器进行观察和记录，这样能更准确、更深刻地获得感性知识。如要获取人在厨房里的行为，可以用摄像机把对象在厨房里的一切活动记录下来，然后，逐步对其进行分析和整理。(见图 1.9)

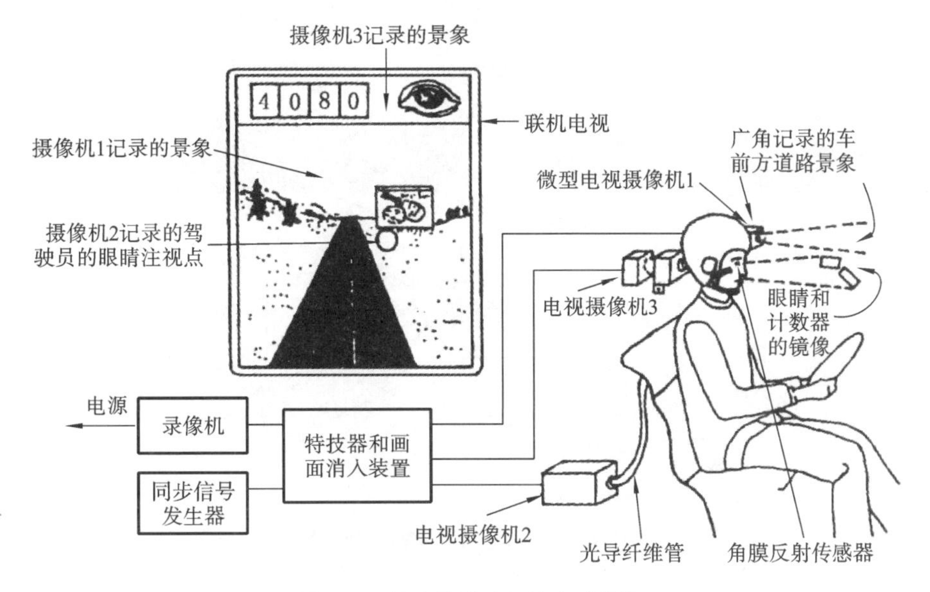

图 1.9　驾驶员眼动规律实验装置

2. 实测法

实测法需借助于仪器设备来进行测量，这是一种借实验仪器进行实际测量的方法，也是一种比较普遍使用的方法。如为了获得座椅设计所需要的人体尺度，我们必须对使用者进行实际测量，对所测数据进行统计处理，为座椅的具体设计提供人体尺度依据。(见图 1.10)

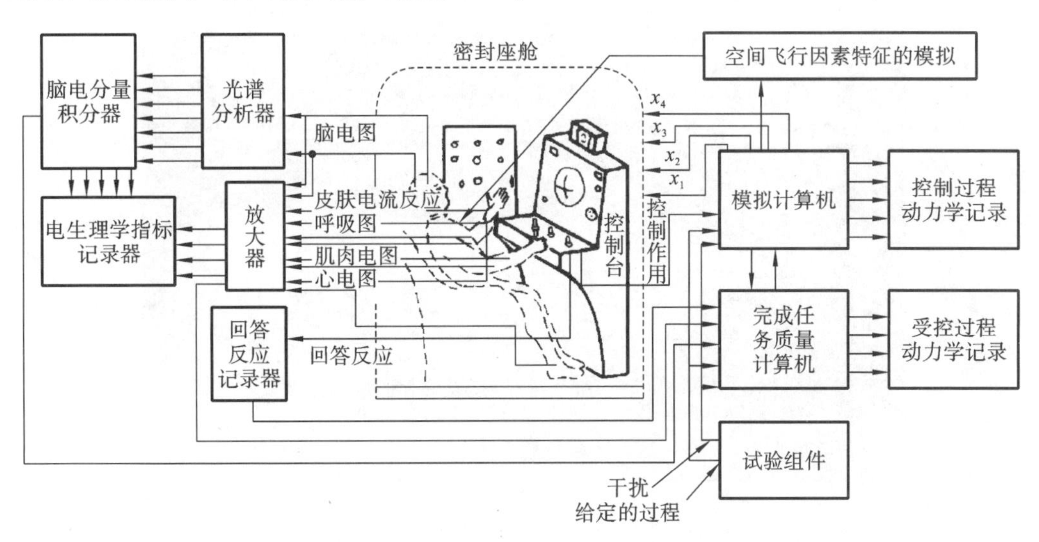

图 1.10　研究心理、生理能力的测量装置

3. 实验法

实验法通常是当实测法受到限制时选择的方法。实验可以在作业现场进行，也可以在实验里进行。如为了获取按计算机键盘的按压力、手指击键特征、手感和舒适感等数据，可以在作业现场进行实际操作实验，以取得第一手资料。(见图 1.11)

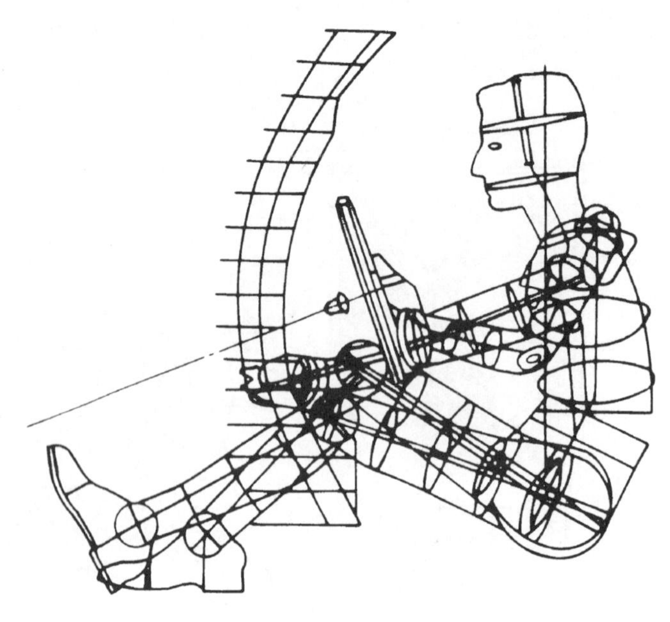

图 1.11 研究车辆碰撞的人机系统

4. 模拟和模型试验法

模拟和模型试验法是由于系统的复杂性而产生的，它包括了各种技术和装置的模拟，比如操作训练模拟器、机器的模型以及各种人体模型等。此方法因可对某些操作系统进行逼真的实验，故可得到更符合实际的数据。(见图 1.12)

图 1.12 模拟汽车撞击实验

5. 计算机数值仿真法

计算机数值仿真法是基于计算机的高速发展与广泛应用应运而生的，它是在计算机上利用系统的数学模型进行仿真性的实验研究。(见图 1.13)

6. 分析法

分析法是在上述各类方法中获得了一定资料和数据后所采用的一种研究方法，常用的分析法有以下几种。

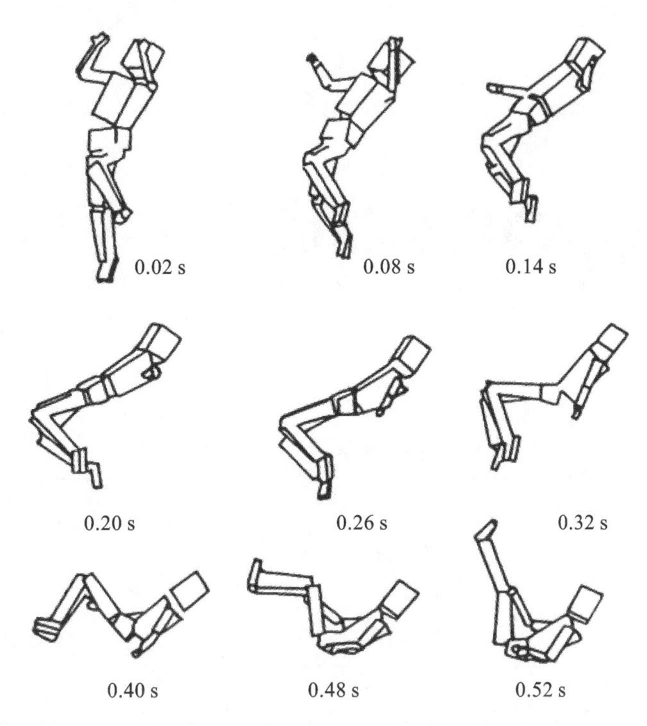

图 1.13　人体动作分析仿真图形输出

(1)瞬间操作分析法:生产过程一般都是连续的,因此人和机械之间的信息传递也是连续的。但要分析这种连续传递的信息是很困难的,因而只能使用间歇性的分析测定法,也就是用统计方法中的随机取样法,对操作者与机器之间在每一间隔时刻的信息进行测定后,再用统计推理的方法加以整理,从而得到对改善人机系统有益的资料。

(2)知觉与运动信息分析法:由于外界给人的信息,首先由感知器官传到神经中枢,经大脑处理后,产生反应信号再传递给肢体以对机器进行操作,被操作的机器状态又将信息反馈给操作者,从而形成一种反馈系统。此类分析法是对此反馈系统进行测定分析,然后用信息传递理论来阐明人机间信息传递的数量关系。

(3)动作负荷分析法:在规定操作所必需的最小间隔时间的条件下,采用电子计算机技术来分析操作者连续操作的情况,从而可推算操作者工作的负荷程度。另外,对操作者在单位时间内工作负荷进行分析,也可以获得用单位时间的作业负荷率来表示的操作者的全工作负荷。

(4)频率分析法:对人机系统中的机械系统使用频率和操作者的操作动作频率进行测定分析,可以获得调整操作人员负荷参数的依据。

(5)危象分析法:对事故或近似事故的危象进行分析,特别有助于识别容易诱发错误的情况,也能方便地查找出系统中存在的而又需要用比较复杂的研究方法才能发现的问题。

(6)相关分析法:在分析方法中,常常要研究两种变量,即自变量和因变量,用相关分析法能够确定两个以上的变量之间是否存在统计关系。利用变量之间的统计关系可以对变量进行描述和预测,或者从中找出合乎规律的东西。

(7)调查研究法:此类方法是采用各种调查研究来抽样分析操作者或使用者的意见和建议,包括简单的访问、专门调查、非常精细的评分、心理和生理学分析判断以及间接意见与建议分析等。

1.4 人机工程学的应用领域

人机工程学的主要应用领域如表 1.1 所示。

表 1.1 人机工程学的主要应用领域

主要领域	类别	具体例子
产品设计与改进	机电设备 交通工具 建筑设备 宇航系统	数控机床 飞机、汽车 工业与民用建筑 宇宙飞船
作业设计与改进	作业姿势 作业量 工具选用和配置	工厂生产作业 车辆驾驶作业 货物搬运作业
作业环境设计与改进	声、光、热、振动、气味等	车间 控制中心 计算机机房
作业流程设计与改进	人与组织 人与设备 信息、技术模式	经营流程 生产与服务过程优化 管理运作模式 管理信息系统 计算机集成制造系统 决策行为模式 人员选拔与培训

日常生活中，时时处处都存在着人机工程学问题，有合理的也有不合理的。在全面学习本课程之前，环视、观察、分析身边的器物，在这些物品中探索人机工程学的应用和解决途径，做到心中有数，才能更具有针对性地学好本课程。下面按照章节内容列举一些生活中的设计案例，进一步分析、研讨，具体原理与应用在以后各章节会陆续展开。

【引例】——日常生活中人机工程学的应用

例 1 削皮器

削皮器(见图 1.14)作为厨房最常使用的器具，对人体造成伤害的概率很高，为什么？

台湾大同大学工业设计学系研究组对削皮器的模型之握持满意度进行了统计，发现削皮器较舒适的握持尺寸应为 95～104 毫米，拇指舒适长度为 36.5～37.5 毫米。如此通过专业的研究，使削皮器在使用上能达到较佳能效，把伤害降低到最小值。削皮器的数据统计体现了产品的设计要与人体尺寸数据相符合。

例2 沙发

城市里有的家庭买了大沙发(见图1.15)，豪华气派，可是坐不多久腰部就酸疼难受了，不得不在腰后面垫上一个“腰靠”，为什么？

图1.14 削皮器

图1.15 沙发

大沙发座面进深大，无论怎么后靠，腰椎后面总是空着，使脊柱腰椎段向后的弯曲度加大，形成了不正常的腰椎形态，不符合坐姿解剖学要求。这就是产品设计中的解剖学问题。

例3 鼠标设计

普通的鼠标设计造成了人手指前关节和手肘关节的错位，而不是平行的。这样的设计造成了“鼠标手”等一系列病症，严重时可造成永久性损伤。

按照人机工程学来说，手应该竖着握鼠标，就像拿着咖啡杯一样。垂直设计的鼠标(见图1.16)才是最符合人手型的鼠标，这样的设计让使用者使用起来最舒服。人机工程学鼠标的出现可以让人们在享受上网愉快心情的同时，也能轻松去除“鼠标手”。普通鼠标问题出在哪里？——缺乏“产品应与生理条件相适应”的考虑。

图1.17所示是一个可以戴在手指上的指环鼠标，可以通过手指的动向来操控计算机，于是乎操作计算机变得更为简单。和无线鼠标相比，它采用了无线蓝牙传输，已经不再需要操作鼠标的平台，手指在半空中就可以操作计算机。

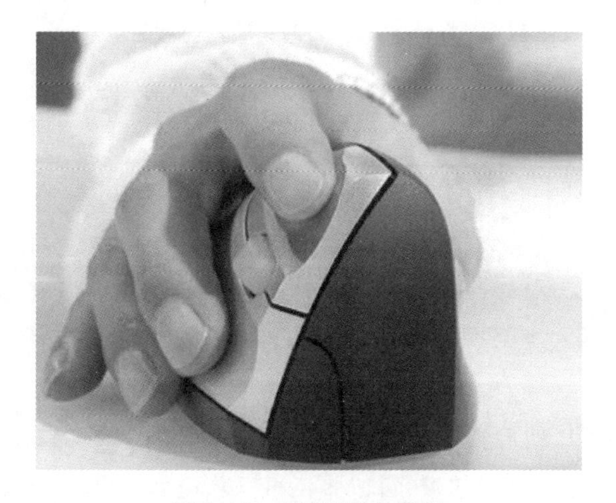

图1.16 垂直设计的鼠标

图1.17 指环鼠标

例 4 脚踏钮(或脚踏杆)冲水

公共卫生间里贴着醒目的提示“便后冲水”，但是不冲水的现象司空见惯。公众素质有待提高固然是一方面，但另一方面，手按式冲洗阀(见图 1.18)把手不干净是人人皆知的，可见冲水把手本身就存在宜人性的问题，应该从设计角度来寻求解决办法。现在大城市的公厕里脚踏钮(或脚踏杆)冲水系统(见图 1.19)正在推广，效果显而易见。这体现了一个好的设计可以引导及改变人们的行为方式。

图 1.18 手按式冲洗阀

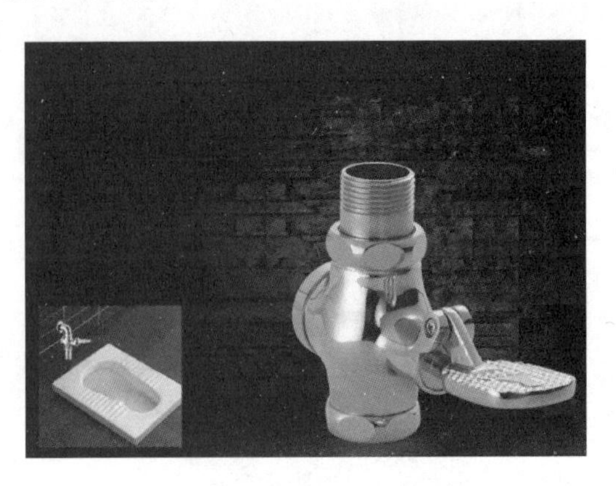

图 1.19 脚踏钮冲水系统

例 5 烧水壶设计

用普通烧水壶(见图 1.20)烧水，若没人在炉子边上守着，水开了可能弄得满屋水汽，甚至开水溢出来浇灭了火，引起一阵忙乱。用壶盖上装了个小气哨的“叫壶”——鸣音烧水壶(见图 1.21)烧水，即可避免这种忙乱。

图 1.20 普通烧水壶

图 1.21 鸣音烧水壶

两种烧水壶的基本功能是相同的，但叫壶能把水烧开的信息“自动”传递给一定距离以外的人，在人机工程学里，这叫作“人机界面”得到了改善，从而使得产品更为“宜人”。

用上电热饮水机，上述问题就不存在了。但电热饮水机同样有很多宜人性问题需要研究、改进。

例 6 手机设计

目前手机市场一般由苹果手机(见图 1.22)引领外观设计的趋势，基本外观形式以实物屏幕为主导。随着科技的发展我们不由提出以下几个问题：①屏幕越来越大是否携带方便？②如果掉进水里会怎样？③如果遇到强烈撞击会怎样？

近来 4 个法国人在巴黎注册了一家叫 Cicret 的公司，他们正在研发一款叫 Cicret Bracelet 的概念智能手环(见图 1.23)。Cicret Bracelet 概念智能手环内置了微型投影装置，可以将手机屏幕投射到用户的小臂上，用户只需轻轻点击自己的手臂，便可以轻松地进行各种操作，不仅省去从口袋或背包中掏出手机的麻烦，而且可以在洗澡的时候实时控制自己的手机(见图 1.24)。未来的手机界面可以不以实物存在,而是将界面投影并展现在手臂上,让皮肤成为手机的第二触摸屏,便可以直接使用智能手环阅读邮件、接听电话、玩游戏、查看天气等(见图 1.25)。随着“互联网+”时代的到来,人机界面与交互技术在产品开发中逐渐成为重大研究课题。

图 1.22　苹果手机

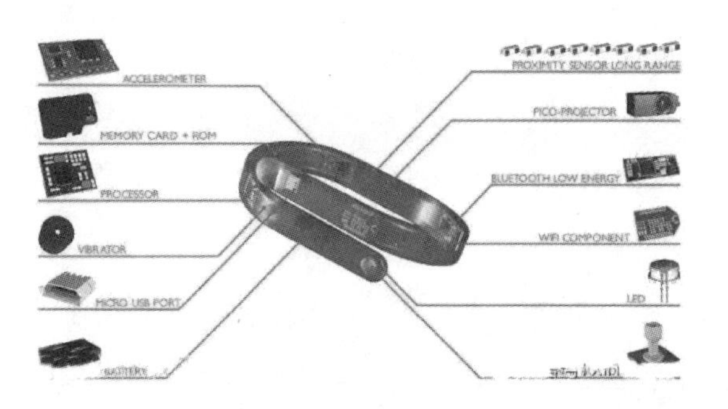

图 1.23　Cicret Bracelet 概念智能手环 1

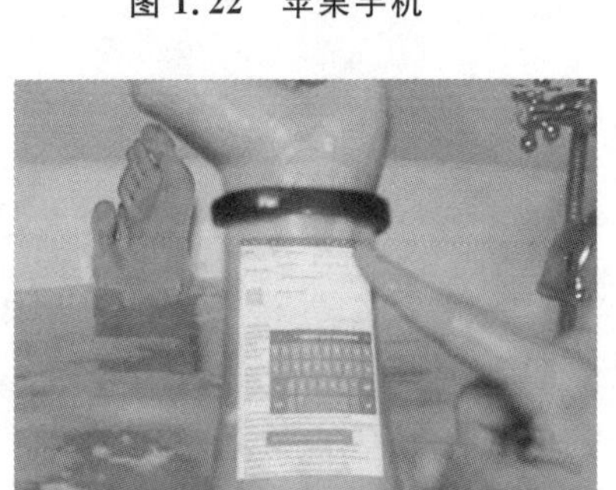

图 1.24　Cicret Bracelet 概念智能手环 2

图 1.25　Cicret Bracelet 概念智能手环 3

小　结

本章对人机工程学的研究内容进行了介绍,包括人机工程学的历史、学科建立和应用领域。强调了人机工程学与人的关系,人机工程学要遵循人性化设计。本书后续章节将详细介绍相关的知识点,为学生有朝一日成为研究者、实践者或设计师奠定基础。

练习与讨论

(1)简述人机工程学的定义与发展的阶段。

(2)熟悉人机工程学的常用名称。

(3)加入一个基于互联网的人机工程学讨论组,并针对你感兴趣的问题进行辩论。

(4)收集和讨论日常生活中的人机问题,观察我们身边的产品、工具、设备、环境中存在的人机问题,并提出相应的解决方法。

(5)在各大网站与设计平台收集 5 个优秀设计作品并做简单分析。

第2章

人体测量学与数据应用

RENTI CELIANGXUE YU SHUJU YINGYONG

学习目标

本章介绍人体测量学(anthropometry)这门学科的基本概念。人体测量学为作业空间和产品的设计提供了基本原则和量化数据,从而使作业空间和产品的尺寸符合目标用户的人体尺寸。此外,本章还介绍了人体测量方法与数据应用,使学生了解、掌握用于支持人体参数设计的相关原理,并能在实际的设计中应用数据。

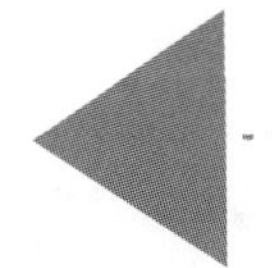

2.1 人体测量学基础知识

人体测量学是一门研究和测量人体尺寸的科学。人体测量学的数据为仪器、设备及作业空间的设计提供了指导,使设备及作业空间的高度、间隙、握力、范围等适用于预期作业者的身体尺寸。它可以应用于很多生产设备和空间的布置,如立姿或坐姿操作的工作站、专用机床、超市收款台、通道和走廊等,应用人群不仅包括不同性别、身高、体型和体质的健康人群,而且包括残疾和患病的特殊人群。

人体测量学的数据也可以应用于消费产品的制造,如服装、汽车、自行车、家具、手持工具等。由于不同产品面向的消费群体不同,因此选择最适合于该产品消费群体的人体测量数据库是设计时的重要原则。Grieve和Pheasant(1982)曾提出:根据经验法则,如果我们选取最矮的女性和最高的男性,那么男人会比女人高30%～40%、重1倍、强壮5倍。显然,应用男性人体测量数据设计的产品对大多数的女性消费者来说都是不合适的。如果产品是面向国际市场的,那么将一个国家的测量数据应用于其他人体差异较大的地区也是不合适的。

在人机工程学领域,人体测量学数据还应用于人体生理系统与设计的研究中,这将会在第3章中详细介绍。在人体生理系统中,人体测量学数据与人的生理结构相结合,用以评估作业者的关节和肌肉在工作时所承担的压力。

人类的个体差异性是设计原则中不可忽视的一点,因此本章会关注引起个体差异的主要原因,以及如何应用统计方法处理这些人体测量尺寸的差异性。同时,简要地描述一些测量数据的主要类型,以及人体测量学的测量工具和方法。接着进一步介绍应用人体测量数据进行设计的一般程序,以及人体尺度数据应用的领域。最后通过实践练习,让学生掌握人体数据的测量方法,并结合实际设计案例进行数据的讨论与应用。

2.1.1 人体测量学中人体尺度观

从人类创造工具开始,尺度观念就贯穿于造物的活动。石器时代对尺度的把握就是设法使工具适应人类,从而达到便于使用的目的。直至20世纪,尺度规律才作为“人机工程学”被系统地阐述,并在设计领域中成为创造的重要理论基础。但无论在西方还是东方,造物的尺度观念从始至终都在不断影响和改变着人们的视角和生活方式。比如,在古希腊人眼中健康的人体中存在着优美和谐的比例关系,体现着宇宙间最复杂的造物的精妙,人性被赋予了至高的荣誉。从公元前5世纪波利克里特斯的“法规”为人体各部位之间的比例制定了精确的标准,到公元前4世纪留西坡斯的新“法规”,即人的头与身体的最佳比例为1∶8,人体尺度的比例关系被赋予了更明确的意义:它体现着创世纪的力量和人类灵魂的所在,代表着宇宙间一切美好的理想与宇宙万物的和谐。因此,毕达哥拉斯说:“人是万物的尺度。”人体作为万物的量度被确立,并成为在艺术、哲学甚至现代科学等多个领域中影响后世的观念。

人体具有复杂的系统结构,当人类产品的生产和设计发展到20世纪时,以人为主体的设计思想的确立,促使了人对自身复杂的系统结构以及人与物关系研究的开展。为了使各种与人体尺度有关的设计对象能符合人的生理、心理特点,让人在使用时处于舒适的状态和适宜的环境之中,就必须在理解和把握人体自然尺度的基础上,充分了解和考虑人的工作状态、能力及其限度,并将人的生理学、心理学相关数据作为设计必须遵循的主要数据,从而使设计合乎人体解剖学、生理学、心理学特征。

1. 中国古代工艺设计典籍的尺度观

自古以来,在造物过程中,人们就对如何确定和规范器物的尺度给予了相当的关注。古代神话中有女娲与伏羲分执规、矩,统领天地之尺度的美妙传说,反映我国先民对天、地、人之间有机秩序的强烈感应,并因此建立起一个稳定而完备的规则系统。

“制度:阴阳大制有六度,天为绳,地为准,春为规,夏为衡,秋为矩,冬为权。”(《淮南子·时则》)

“虽至百工从事者,亦皆有法。百工为方以矩,为圆以规,直以绳,正以县。无巧工不巧工,皆以此五者为法。”(《墨子·法仪》)

正是古人这种对自然法则的膜拜,促使我国成为世界上最早并真正在设计领域实现“模数化”生产的国家。所谓“模数”,即运用于设计中的尺度和比例,它是按某一特定比例关系和规律组成的数系。在尺度法规指导下,过去所造之物,如陶器、青铜器、家具等生活用具,其造型尺度基本都与人体的各种尺度和需要相适应。这种尺度的适宜反映了造物中追求的科学尺度观。这一点可以在我国古代论著中发现,尤其是在一些集中体现我国古代设计工艺与观念的论著中,如《考工记》。

《考工记》在“察车之道”曾谈到各种车辆尺度与人、马的关系,其云:“凡察车之道,欲其朴属而微至。不朴属,无以为完久也;不微至,无以为戚速也。轮已崇,则人不能登也;轮已庳,则于马终古登阤也。故兵车之轮六尺有六寸,田车之轮六尺有三寸,乘车之轮六尺有六寸。六尺有六寸之轮,轵崇三尺有三寸也,加轸与轐焉,四尺也。人长八尺,登下以为节。”这段话说明了车的各种尺度取决于人的尺度,强调了车与人、马之间的功能关系,认为:车轮太高,则人不易上下;车轮太低,拉车的马又会十分费力,如终日爬坡一样;按不同功能需要,兵车、田车、乘车车轮尺寸要有所调整。这些重视设计与人、马的相关尺度关系的论述,符合力学和人机工程学的原理,体现了一种合理的设计尺度观。(见图2.1)再譬如,《考工记》在“梓人为饮器”记述了爵、觚、豆等器物的容量,其云:“梓人为饮器,勺一升,爵一升,觚三升。献以爵而酬以觚,一献而三酬,则一豆矣。食一豆肉,饮一豆酒,中人之食也。”这段话说明了这些器物之间的关系,并强调了“豆”与人之间的尺度关系,认为:吃一豆的肉,饮一豆的酒,正好是普通人的食量。由此可以看出,一些日常生活器物的容量是以符合人的食量这一生理尺度作为设计制作标准的。(见图2.2、图2.3)

当然,在我国古代,对所造器物尺度进行考虑时,除满足人体尺度外,还遵循严明的“以礼定制,尊礼用器”的礼器制度。“礼”作为我国古代社会从祭祀到起居、从军事政治到文化艺术及日常生活的礼仪制度的总称,其主要目的就在于“明尊卑,别上下”,从而维护尊卑长幼(即君臣父子)森严等级制的统治秩序和社会稳定。这样一种造物尺度观同样也在《考工记》中得到了体现。

《考工记》在“弓氏为弓”描述了不同弧度和尺寸的弓的制作及使用要求,其云:“为天子之弓,合九而成规;为诸侯之弓,合七而成规;大夫之弓,合五而成规;士之弓,合三而成规。弓长六尺有六寸,谓之上制,上士服之。弓长六尺有三寸,谓之中制,中士服之。弓长六尺,谓之下制,下士服之。”“成规”即指用几只弓可围成一个整圆，而“九、七、五、三”确定的不同弧度和“六尺有六寸”等确定的不同弓长都表明了用弓的形制与级制的对应。同样，《考工记》在“桃氏为剑”对不同重量、长度的剑制及其使用级别进行了记载，其云：“身长五其茎长，重九锊，谓之上制，上士服之。身长四其茎长，重七锊，谓之中制，中士服之。身长三其茎长，重五锊，谓之下制，下士服之。”《考工记》中诸多这种“名位不同，礼亦异数”的制器规则，反映我国古代在制作器物时根据不同级别、人群来制定不同器物尺度的特定设计方式，同时充分体现了我国古代设计和论著中“遵礼定制，纳礼于器”的造物尺度观念。（见图 2.4、图 2.5）。

图 2.1　秦始皇陵一号铜车马

图 2.2　商青铜兽面纹觚

图 2.3　战国彩绘陶豆

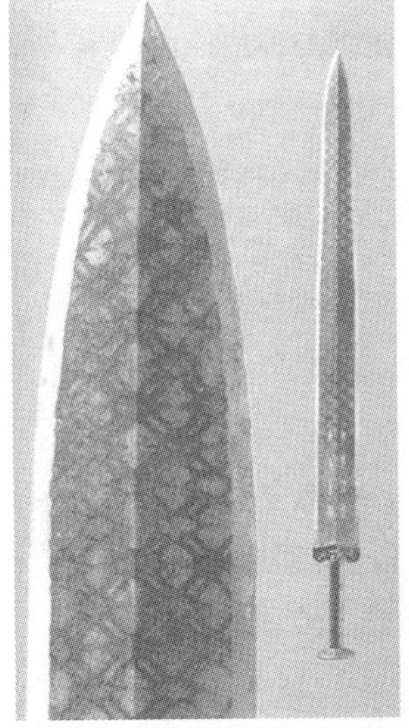

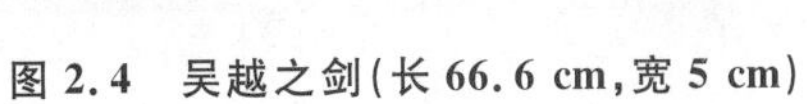

图 2.4　吴越之剑(长 66.6 cm,宽 5 cm)

2. 近现代人体的尺度观

十九世纪起，随着《米制公约》的签署和米制计量的普及，过去人们建立在人体尺度上的传统量度体系开始受到巨大的影响，人们的传统尺度观也逐渐发生了改变，更多的人开始使用和依赖米制作为设计尺度的衡量基准，但是在一些地区，人们仍然以传统量度方式作为尺度基准。米制和传统量度体系的同时存在，给使用不同量度体系的地区之间的交流带来了很多的麻烦，同时也造成了尺度基准的不统一。

二十世纪二三十年代，欧洲工业化迅猛发展，世界范围的协同生产和商品供求要求一种统一的度量单位，

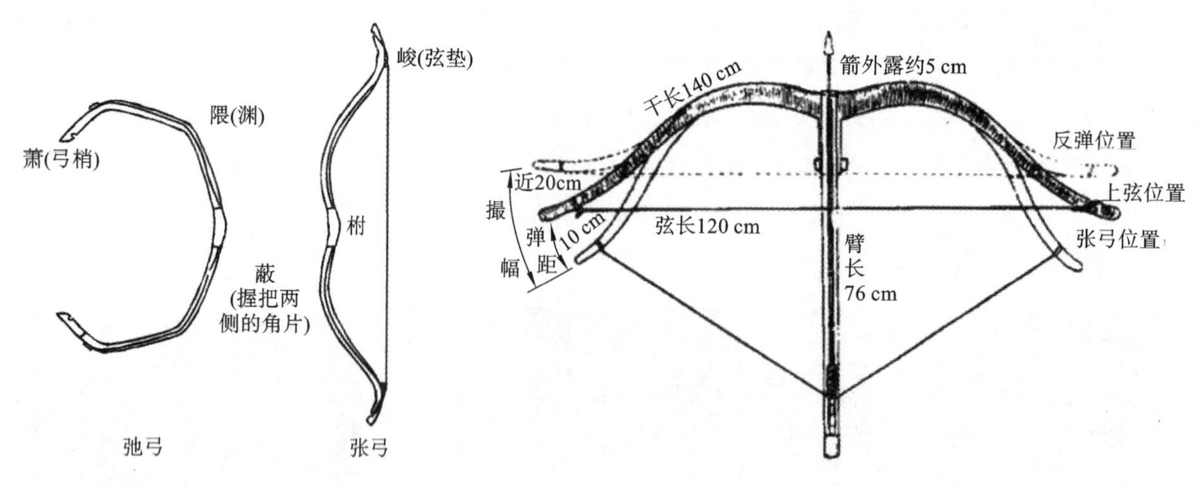

图 2.5 《考工记》中的弓

但是历史形成的盎格鲁·萨克逊地域的英制体系(英尺、英寸)和其他地方的米制体系之间的矛盾却难以调和,因为两者之间换算繁杂,这使得不同地区、不同人群之间的交流存在着很大的困难。考虑到这一问题,法国人勒·柯布西耶试图用直观的人体尺度和协调的尺寸为建筑和机械创造一个可以全面利用的尺度体系。另外,法国标准化协会(AFNOR)在标准化发展方面的工作及其缺陷也促使他着手进行这种尺度体系的研究。对柯布西耶而言,工业社会需要的是一个能与人体内在的黄金分割美相协调的比例系统,如能发现这种比例系统,将为世界标准化提供理想的基础,并方便建筑师、工程师和设计者设计出实用且美观的形式。基于这样一种理想,他从 1925 年起就致力于寻求一种理想的比例工具。在"二战"最困难的时期,柯布西耶几乎没有什么设计任务,于是他潜心研究关于几何和比例的问题,运用几何和比例关系来建立他的设计体系,对此的热情使他在此领域研究出许多成果,"模度(modulor)"便是其中最重要的一个。对于模度,柯布西耶给出的定义如下。

"模度是从人体尺寸和数学中产生的一个度量工具。举起手的人给出了占据空间的关键点:足、肚脐、头、举起的手的指尖。它们之间的间隔包含了被称为费波纳契的黄金比。另一方面,数学上也给予它们最简单也是最有力的变化,即单位、倍数、黄金比。"

柯布西耶模度建立在两种量度体系的基础上:米制和英制。米制是关于自然环境的抽象尺寸,以十进制为基础,虽然简单且容易掌握,却是一种缺乏人性和激情的量度体系;英制直接源于人体尺寸,是人们日常生活中习惯的尺寸,但是在数学运算上却相当复杂。因此,如何把米制和英制统一起来成为柯布西耶模度确立的关键。

柯布西耶从"单位、倍数、黄金比"这三个基本关系出发,得到两组以黄金比 0.618 为比值的等比数列,分别称为红尺(red series)和蓝尺(blue series),蓝尺数值是红尺的两倍。起初,柯布西耶以法国人的一般身高 1.75 m为基本单位,后来发现数列的数值不能换算为整数的英制尺寸,因此在实践中还不是很适用。后来有人问:"现在的模度是基于 1.75 m 身高的人,这是法国人的体格。英国侦探小说里面出现的人物比如巡警什么的总是 6 ft(1.829 m)高,不是吗?"于是柯布西耶开始考虑把基本单位调整为 6 ft,这使得数列在各个层次上与英制有了良好的配合(见图 2.6)。这样,柯布西耶"模度"的 1.83 m 人体便产生了,窄腰、宽肩、修长四肢和小小的头部组成了一个符合几何控制线的美学上的理想人体(见图 2.7)。人体被限制在三个重叠且相邻的方形内,三个方形与人的维度建立了联系。人的肚脐正好放置在中心点上,同时也在轴线上,左手放在正方形的顶边,右手的手指放在内方形的角点上。

对于模度的基数选择,柯布西耶很自然地选取了同人体尺度有关的数字,其中身高与脐高的黄金比关系据说是文艺复兴时期达·芬奇发现的,作为建筑师的柯布西耶的重大贡献是发现了另一个尺度——举手高,它是脐高的两倍。这在建筑中是一个极为重要的尺度。这个高度值不在以脐高为基准的费波纳契数列(红尺)中，因此他以举手高为基准又作了一个费波纳契数列(蓝尺)。

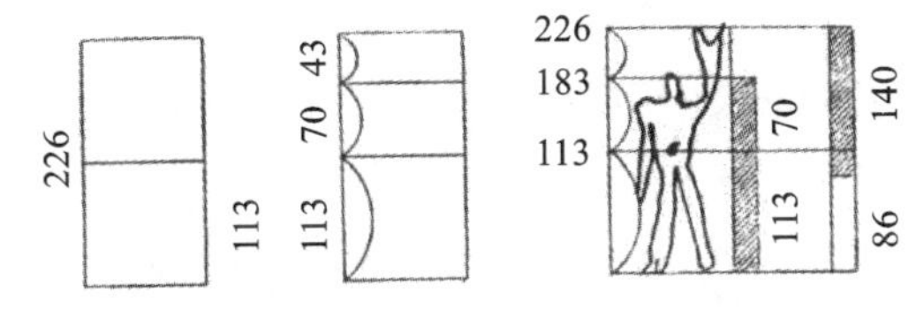

图 2.6 “模度”尺寸的确定

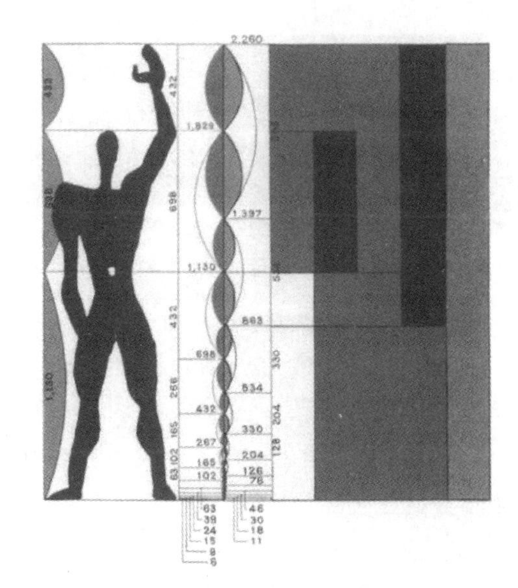

图 2.7 “模度”人体

以 cm 为单位，基于 113 cm 的红尺为：…，10，16.5，27，43，70，113，183，296，…。基于 226 cm 的蓝尺为：…，20，33，54，86，140，226，366，592，…。

在红尺和蓝尺的数字级数中，每两个相邻数字的比值都是 0.618。大量研究已证明人体的许多尺寸与黄金分割有关，因此柯布西耶的“模度”为综合数字和人体尺度的量度体系。“模度”的数字不同于仅仅是抽象尺寸的数字，它们代表的是实体。“模度”许多尺寸的数字与人的姿势都密切相关(见图 2.8)，而大规模生产的产品都与人体各种活动有关，因此柯布西耶的“模度”也体现了工业产品的机器美与人体美的和谐统一。

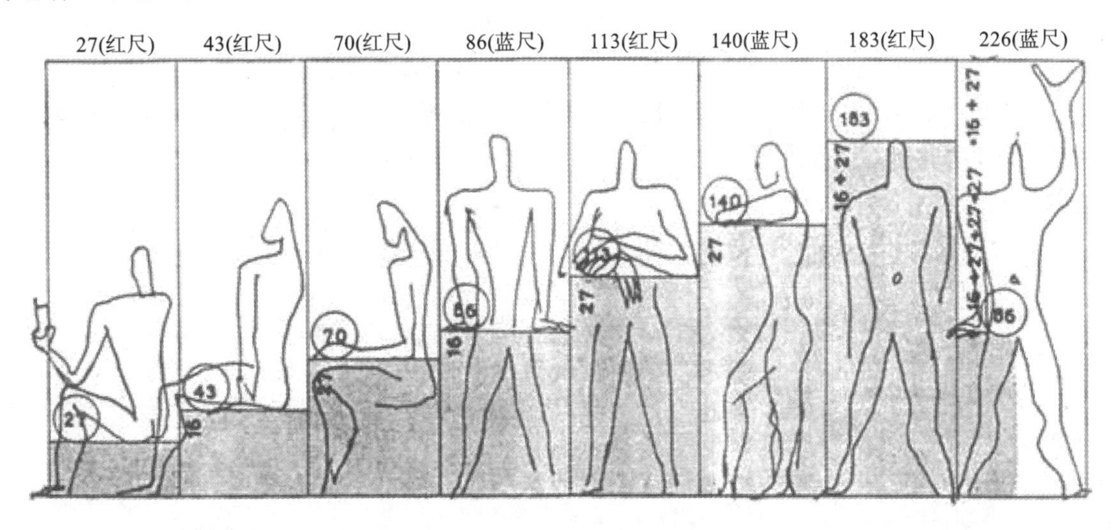

图 2.8 “模度”与人体活动姿势的关系

因为模度中的数值与人体尺度成简单的比例关系且意义比较明确，特别是在 27～366 cm(两个人体高度)之间的数值都同人机工程学有直接的关系，因此它们也成为柯布西耶最常用的数值，尤其是 226 cm 这个举手高度，在柯布西耶的很多设计中都以基本数值出现，扮演了非常重要的角色。在位于巴黎塞沃尔街 35 号的柯布西耶事务所(见图 2.9)里，他自己的办公室是一个人工换气的 226 cm×226 cm×226 cm 的方盒子，柯布西耶称之为“人的容器”。事务所做的一个装配式住宅提案“可居住的细胞单元”也是以 226 cm 为单位的立方体

图 2.9 柯布西耶事务所

框架构成的均质空间。

在近现代尺度观念中，由于米制的普及，许多设计师已经下意识地将这种抽象的尺度作为设计尺度的基准，并且也逐渐忽略了设计尺度考虑的根本——人体尺度。而柯布西耶创制的模度，通过人体尺度与和谐比例的引入，又重新把人体尺度作为控制设计尺度最直观的依据，在一定范围内产生了巨大影响，得到了充分应用，尤其是在建筑界。作为近现代最重要的尺度观念之一，柯布西耶模度理论留下的“理性”遗产至少有两个：一是通过对符合人机工程学的数值的选取，将人的尺度带入建筑，并与比例结合在一起；二是通过运用系统化的尺寸数值，控制了建筑物整体和局部的和谐统一。虽然柯布西耶模度理论在设计界产生了很大的影响，但它仍没能取代米制与英制成为实践中被广泛使用的模数，其原因主要有以下几个方面：①模度从其特点来看不是为了施工的方便快捷高效，而是针对设计中控制比例和尺度服务的；②模度的等比性质决定了它不适合作为装配化生产的模数；③它不能离开米制或英制而独立存在。尽管柯布西耶模度没有代替米制和英制成为新的尺度基准，但它仍有许多值得借鉴的地方。

(1)使用人的尺度思考设计尺度，建立对尺度问题的自觉意识。当这样做的时候，人作为一种“先入为主”的要素成为设计的首要考虑对象。这是使设计人性化的一条切实的途径。

(2)关注与人机工程学关系密切的设计尺度，比如人的举手高度等；建立人体尺度的数学概念，并且使用模度提出的常用尺寸。如前所述，这些尺寸数值有(以 cm 为单位，包括红尺和蓝尺)：27、33、43、54、70、86、113、183、226、366 等。在必要的时候，对它们进行调整，如以中国人的平均身高 1700 mm 为基数，可以建立如下新数列：

150—250—400—650—1050—1700—2750—4450—7200(红尺，单位为 mm)；

300—500—800—1300—2100—3400—5500—8900(蓝尺，单位为 mm)。

和原数值(与英制相吻合)相比，这把“中国尺”与米制有更好的配合，也更符合中国的使用习惯。其中 40 cm与我国椅凳类家具的座面高度相符，而 275 cm 同目前国内常用的 280 cm 的住宅层高非常接近，445 cm 也可以用于有夹层时的层高等。

2.1.2 人体测量学的基本术语

由于人体形态存在个体差异，进行人体尺寸测量必须有统一的测量标准条件与测量内容。测量标准条件包括测量姿势、测量方向、衣着等条件。测量内容是指测量的基准点及测量项目。

考虑到与国际标准的可比性及所测数据在设计中的适用性，我国国标 GB/T 5703—2010 规定了适用于成年人与青少年的人体测量术语，明确了测量条件与项目。

1. 测量姿势

进行人体测量时要求被测者保持规定的标准姿势。基本的测量姿势为立姿与坐姿。

(1)立姿，指被测者挺胸直立，头部以眼耳平面定位，眼睛平视前方，肩部放松，上肢自然下垂，手伸直，手掌朝向体侧，手指轻贴大腿侧面，自然伸直膝部，左、右足后跟并拢，前端分开，使两足大致成 45°夹角，体重均匀分布于两足。

(2)坐姿,指被测者挺胸坐在被调节到腓骨头高度的平面上,头部以眼耳平面定位,眼睛平视前方,左、右大腿大致平行,膝弯曲大致成直角,足平放在地面上,手轻放在大腿上。

2. 测量基准面

人体测量基准面的定位是由三个互为垂直的轴(铅垂轴、纵轴和横轴)来决定的。人体测量中设定的轴线和基准面如图 2.10 所示,人体尺寸测量均在基准面内沿测量基准轴的方向进行。

(1)矢状面。通过铅垂轴和纵轴的平面及与其平行的所有平面都称为矢状面。在矢状面中,把通过人体正中线的矢状面称为正中矢状面。正中矢状面将人体分成左、右对称的两部分。

(2)冠状面。通过铅垂轴和横轴的平面及与其平行的所有平面都称为冠状面。冠状面将人体分成前、后两部分。

(3)水平面。与矢状面及冠状面同时垂直的所有平面都称为水平面。水平面将人体分成上、下两部分。

(4)眼耳平面。通过左、右耳屏点及右眶下点的水平面称为眼耳平面或法兰克福面。

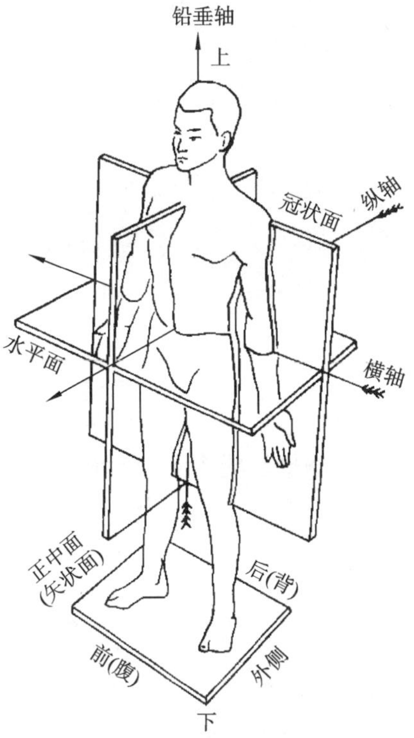

图 2.10 人体测量基准面

3. 支撑面和衣着

立姿时站立的地平面或平台以及坐姿时的椅平面应是水平的、稳固的、不可压缩的。要求被测量者裸体或穿着尽量少的内衣测量,且免冠赤脚。

4. 基本测点及测量项目

测点(landmark)是为了测量的方便和规范而定义的人体表面上的标志点,即测量的起止点。这些测点的位置是以人体测量基准面和人体形态特征描述的。如头顶点,定义为头部以眼耳平面定位时,在头顶部正中矢状面上的最高点。

人体尺寸测量项目较多,GB/T 5703—2010 给出共计 56 个测量项目,其中包括立姿测量项目 12 项(含体重)、坐姿 17 项、特定部位 14 项(手、足、头)、功能测量项目 13 项。测点和测量项目的说明和定义,使用时可查阅该标准。

2.1.3 人体测量中的人体差异与统计参数

1. 人体测量中的人体差异

(1)年龄差异。众所周知,幼年到成年是人体迅速变化的时期。研究者对各个年龄的人体状态进行了比较,数据表明,20～25 岁是人状态的上升期,35～40 岁之后,状态就开始下降,而且女性身体状态的衰减比男性快。但体态尺寸,如体重、胸围等则会一直增长,直到 60 岁左右。

(2)性别差异。成年男性的平均身高和体重要高于成年女性。

2. 人体测量中的统计参数

由于群体中个体与个体之间存在着差异,一般来说,某一个体的测量尺寸不能作为设计的依据。为使产品适合于一个群体的使用,设计中需要的是一个群体的测量尺寸。然而,全面测量群体中每个个体的尺寸又是不现实的。通常是通过测量群体中较少量个体的尺寸，经数据处理后而获得较为精确的所需群体尺寸。

在人体测量中所得到的测量值都是离散的随机变量，因而可根据概率论与数据统计理论对测量数据进行统计分析，从而获得所需群体尺寸的统计规律和特征参数。

1)均值

表示样本的测量数据集中地趋向某一个值，该值称为平均值，简称均值。均值是描述测量数据位置特征的值，可用来衡量一定条件下的测量水平和概括地表现测量数据的集中情况。对于有 n 个样本的测量值 x_1，x_2，…，x_n，其均值为：

$$\bar{x}=\frac{x_1+x_2+\cdots+x_n}{n}=\frac{1}{n}\sum_{i=1}^{n}x_i \tag{2.1}$$

2)方差

描述测量数据在中心位置(均值)上下波动程度差异的值叫均方差，通常称为方差。方差表明样本的测量值是变量，既趋向均值而又在一定范围内波动。对于均值为 $\bar{x}$ 的 n 个样本测量值 x_1，x_2，…，x_n 其方差 S^2 的定义为：

$$S^2=\frac{1}{n-1}[(x_1-\bar{x})^2+(x_2-\bar{x})^2+\cdots+(x_n-\bar{x})^2]=\frac{1}{n-1}\sum_{i=1}^{n}(x_i-\bar{x})^2 \tag{2.2}$$

用上式计算方差，其效率不高，因为它要用数据作两次计算，即首先用数据算出 $\bar{x}$，再用数据去算出 S^2。推荐一个在数学上与上式等价，计算起来又比较有效的公式，即：

$$S^2=\frac{1}{n-1}(x_1^2+x_2^2+\cdots+x_n^2-n\bar{x}^2)=\frac{1}{n-1}\left(\sum_{i=1}^{n}x_i^2-n\bar{x}^2\right) \tag{2.3}$$

如果测量值 x_i 全部靠近均值 $\bar{x}$，则优先选用这个等价的计算式来计算方差。

3)标准差

由方差的计算公式可知，方差的量纲是测量值量纲的平方，为使其量纲和均值相一致，则取其均方根差值，即标准差来说明测量值对均值的波动情况。所以，方差的平方根 S_D 的一般计算式为：

$$S_D=\left[\frac{1}{n-1}\left(\sum_{i=1}^{n}x_i^2-n\bar{x}^2\right)\right]^{\frac{1}{2}} \tag{2.4}$$

4)抽样误差

抽样误差又称标准误差，即全部样本均值的标准差。在实际测量和统计分析中，总是以样本推测总体，而在一般情况下，样本与总体不可能完全相同，其差别就是由抽样引起的。抽样误差值大，表明样本均值与总体均值的差别大；反之，说明其差别小，即均值的可靠性高。

概率论证明，当样本数据列的标准差为 S_D，样本容量为 n 时，则抽样误差 $S_{\bar{x}}$ 的计算式为：

$$S_{\bar{x}}=\frac{S_D}{\sqrt{n}} \tag{2.5}$$

由上式可知，均值的标准差 $S_{\bar{x}}$ 为测量数据列的标准差 S_D 的 $\frac{1}{\sqrt{n}}$。当测量方法一定时，样本容量越大，则测量结果精度越高。因此，在可能的范围内增加样本容量，可以提高测量结果的精度。

5)百分位数

人体测量的数据常以百分位数 P_k 作为一种位置指标、一个界值。一个百分位数将群体或样本的全部测量值分为两部分，有 k%的测量值等于和小于它，有(100－k)%的测量值大于它。例如，在设计中最常用的是 P_5、P_{50}、P_{95} 三种百分位数。其中，第5百分位数代表“小”身材，是指有5%的人身材尺寸小于此值，而有95%

的人身材尺寸大于此值；第 50 百分位数表示“中”身材，是指大于和小于此身材尺寸的人各为 50%；第 95 百分位数代表“大”身材，是指有 95%的人身材尺寸小于此值，而有 5%的人身材尺寸大于此值。

在一般的统计方法中，并不一一罗列出所有的百分位数，而往往以均值 $\bar{x}$ 和标准差 S_D 来表示。虽然人体尺寸并不完全是正态分布，但通常仍可使用正态分布曲线来计算。因此，在人机工程学中可以根据均值 $\bar{x}$ 和标准差 S_D 来计算某百分位数人体尺寸，或计算某一人体尺寸所属的百分率。

(1) 求某百分位数人体尺寸。当已知某项人体测量尺寸的均值为 $\bar{x}$，标准差为 S_D，需要求任一百分位数的人体测量尺寸 x 时，可用下式计算：

$$x = \bar{x} \pm (S_D \times K) \tag{2.6}$$

式中 K 为变换系数，设计中常用的百分比值与变换系数 K 的关系如表 2.1 所示。

表 2.1 百分比与变换系数

百分比/(%)	K	百分比/(%)	K
0.5	2.576	70	0.524
1.0	2.326	75	0.674
2.5	1.960	80	0.842
5	1.645	85	1.036
10	1.282	90	1.282
15	1.036	95	1.645
20	0.842	97.5	1.960
25	0.674	99.0	2.326
30	0.524	99.5	2.576
50	0.000		

当求 1%～50%之间的数据时，式中取“－”号；当求 50%～100%之间的数据时，式中取“＋”号。

(2)求数据所属百分率。当已知某项人体测量尺寸为 x_i，其均值为 $\bar{x}$，标准差为 S_D，需要求该尺寸 x_i 所处的百分率 P 时，可按下列方法求得，即按 $z=(x_i-\bar{x})/S_D$ 计算出 z 值，根据 z 值在有关手册中的正态分布概率数值表上查得对应的概率数值 p，则百分率 P 按下式计算：

$$P=0.5+p$$

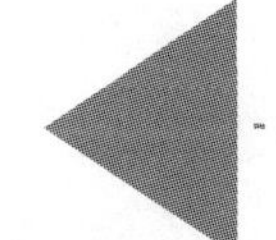

2.2 人体测量方法

2.2.1 人体测量的数据类型

人体测量学在人机工程设计领域有着明确的研究目标，其测量的基本目的是为设计提供设计参数。因此其测量有着较强的功能性和操作性，即测量是针对人的操作和作业进行的。例如，坐姿背部曲线的测量可能与座椅的靠背设计有关，身高尺寸可能与多种产品的高度设计有关。

人体测量的范围很广，大致可分为以下几个方面：

形态参数测量，包括人体尺度、体重、体表面积等；

生物参数测量，包括感知反应、生物力学特征（肢体力量）、疲劳与生理规律等；

运动参数测量，包括肢体运动特性、各关节的运动范围等。

对于工业和工程设计人员来说，人体尺寸是最重要和最基础的应用数据。对于传统人体测量学来说，人体尺寸数据可分为静态尺寸与动态尺寸两种数据类型。

1. 静态人体尺寸

静态人体尺寸（static dimensions）是指被测量者处于静止状态和规范化的被测姿势（立姿或坐姿等姿势）下测量得到的数据。该类尺寸反映了人体被测部位的结构情况，因此也称为人体结构尺寸。静态人体尺寸主要是对人体相关部位的高度、长度、宽度、厚度（人体前后方向上）、围长等尺寸进行测量，如身高、眼高、手掌长度、腿高和头全长等项目。静态人体尺寸主要用于工作空间的大小设计以及直接与人体结构相关的产品设计，如头盔、耳机。需要注意的是，由于体重是反映人体形态特征的重要参数，因此也被归到静态人体尺寸中。

2. 动态人体尺寸

动态人体尺寸（dynamic dimensions）是以被测者的工作姿势或某种操作活动状态下测量的尺寸（也可在非连续动作条件下测得）。由于动态人体尺寸是人体实现各种功能动作时测量的，因此也被称为人体功能尺寸。动态尺寸数据涉及人体四肢伸展时的可及范围与极限，测量的通常是四肢所及的范围以及各关节能达到的距离和能转动的角度（见图 2.11、图 2.12）。

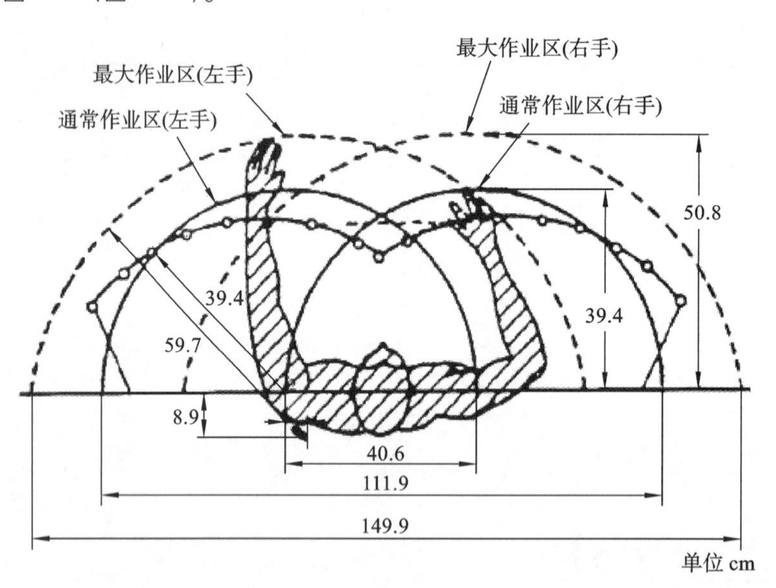

图 2.11 人体手臂活动范围

根据人体动态特点，动态人体尺寸测量内容主要包括以下三点：

（1）人体部位运动过程测量，如关节运动角度测量、运动灵活性测量和运动轨迹测量（见图 2.13）；

（2）运动范围大小测量，如手和脚的活动范围、活动空间和活动方向的测量（见图 2.14）；

（3）形态变化测量，如人在运动过程中，身体发生的弯曲、扭曲、伸直和前后左右变化等（见图 2.15）。

动态人体尺寸测量的特点是，在任何一种人体活动中，身体各部位的运动是协调一致的，具有连贯性和关

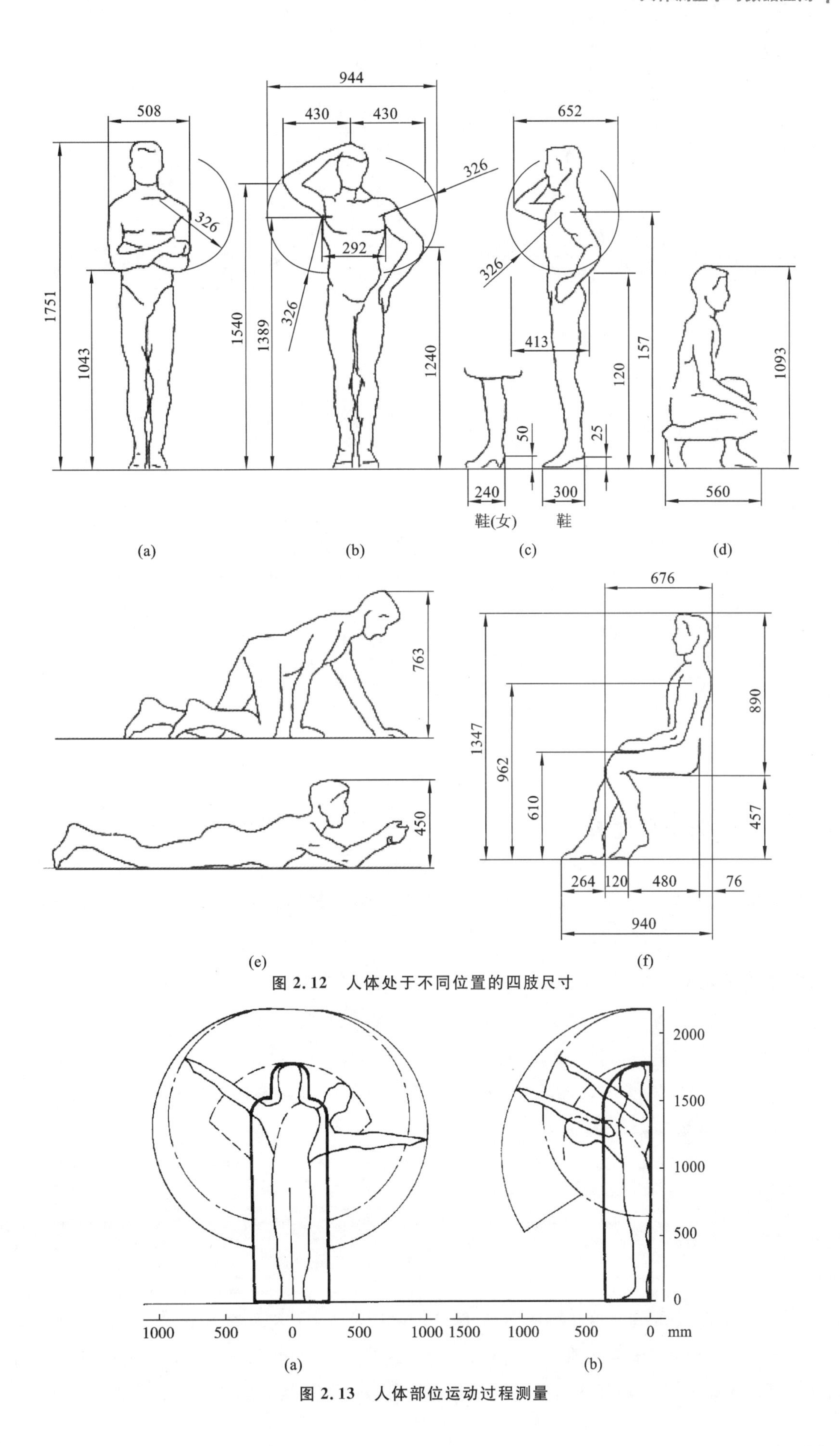

图 2.12　人体处于不同位置的四肢尺寸

图 2.13　人体部位运动过程测量

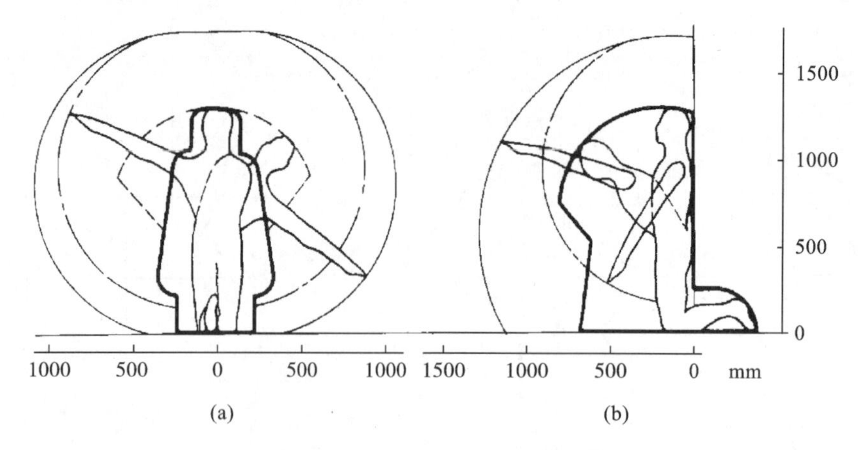

图 2.14 运动范围大小测量

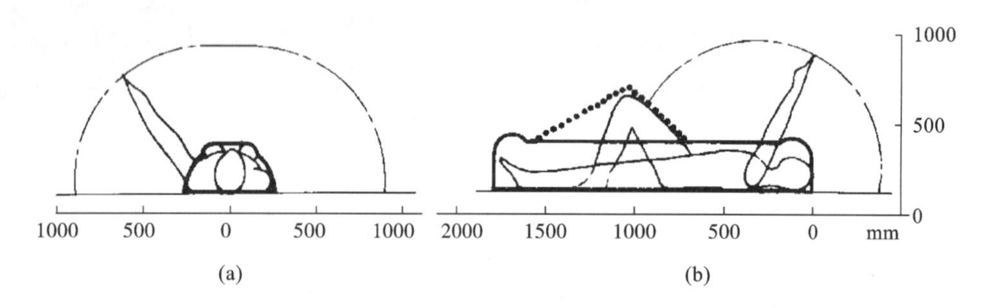

图 2.15 形态变化测量

联性。例如,上臂最大可触及的距离除了与臂的长度和手的位置有关外,还受肩膀和躯干运动的影响。因此动态人体尺寸的获取和应用比较复杂。

2.2.2 人体测量的工具

人体尺寸测量方法和常用仪器与人体尺寸类型密切相关,不同的尺寸类型的测量方法和所用仪器有所不同。

1. 静态人体尺寸测量

静态人体尺寸(人体结构尺寸)属于二维尺寸,一般采用直接测量的方法,其测量采用一般的人体形态测量仪器,按照规定的人体测点进行测量。常用的仪器有人体测高仪(见图 2.16)、弯脚规(见图 2.17)、直脚规(见图 2.18)、三脚平行规、坐高仪、量足仪、软尺、医用磅秤等,该类仪器使用简单,测量数据量小,但测量耗时耗力,数据处理容易出错,成本低廉,有一定适用性。

国标 GB/T 5704—2008 中对人体测高仪、弯脚规、直脚规、三脚平行规的规格、技术要求、使用方法给予了说明,需要时可进行查阅。

2. 动态人体尺寸测量

由于动态人体尺寸(人体功能尺寸)随姿势变化而变化,因此一般的测量方法难以保证精度。1975 年 Roebuck、Kroemer、Thomson 等人用栅格系统(见图 2.19)对人体活动范围大小进行了测量。同年,Roebuck 等人设计了标尺系统对上肢活动轨迹进行了测量(见图 2.20)。计算机与摄影测量技术发展以后,人们开始采用摄影法进行动态人体尺寸测量,其原理可以说是摄影测量技术与栅格系统的结合。被测者站在带光源的栅

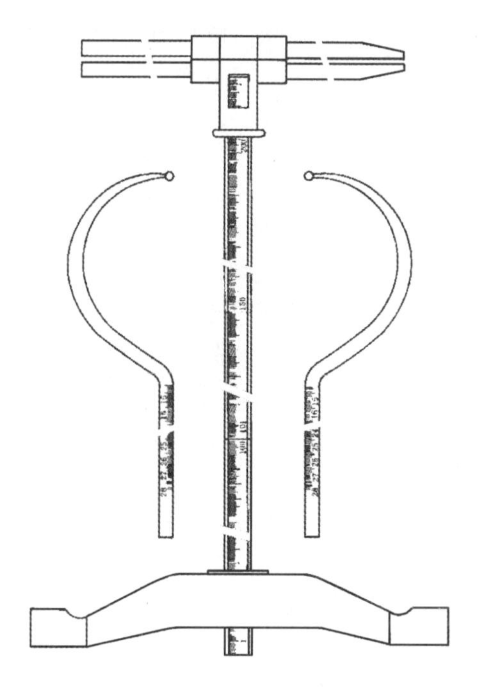

图 2.16 人体测高仪

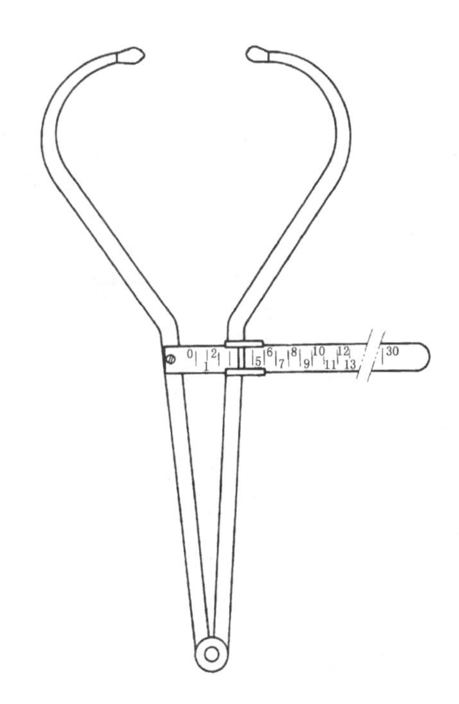

图 2.17 人体测量弯脚规

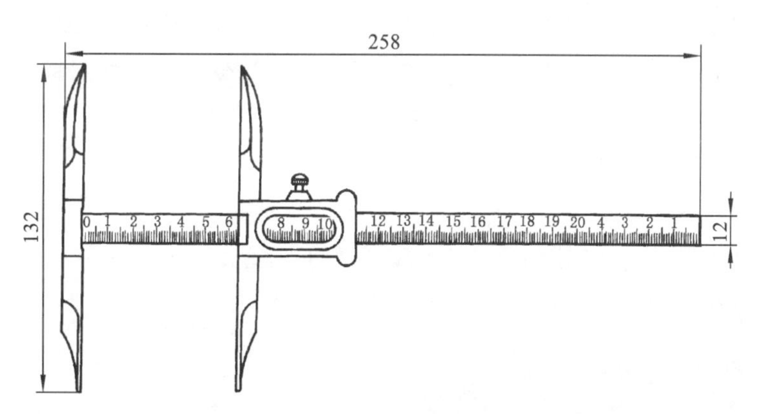

图 2.18 人体测量直脚规

图 2.19 栅格系统

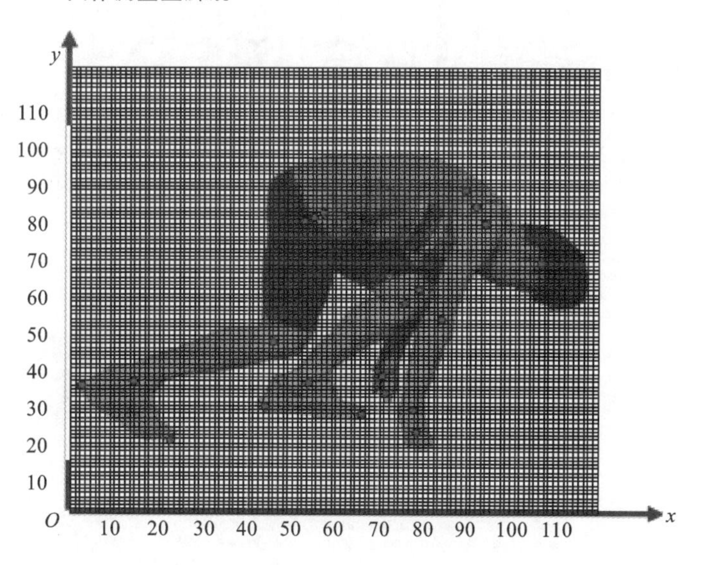

图 2.20 标尺轨迹测量

格板(已知每个小方格大小)前,用照相机或摄像机做投影测量,通过图像处理与数据修正后,可从投影板上的方格数得动态人体尺寸(见图 2.21)。

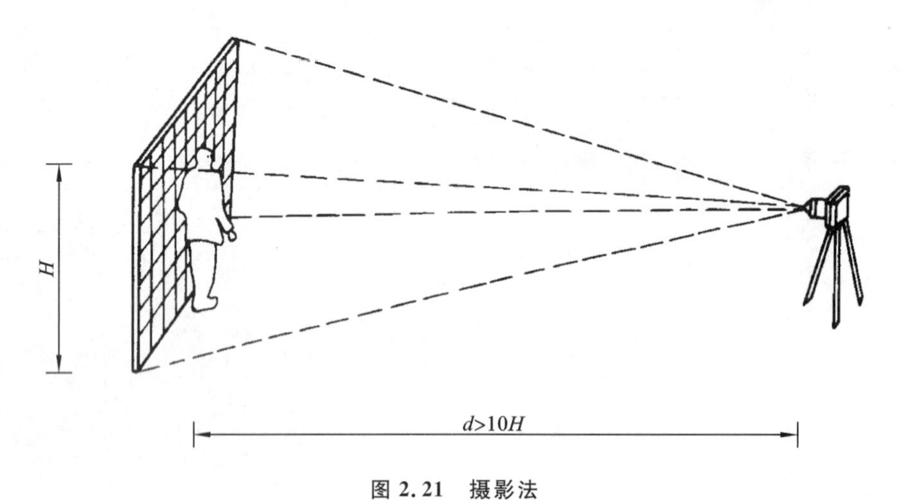

图 2.21 摄影法

3. 三维数字化人体测量与动作捕捉系统

随着社会经济的发展,服装工业、人类学、医学、工业设计及人机工程等领域越来越需要准确、全面的真实人体数据。传统的人体测量学的数据类型难以满足人们对三维人体模型建模的数据需要。

三维数字化人体测量技术的应用使得这些问题迎刃而解。三维数字化人体测量设备完成全身或局部的三维人体尺寸的获取,大致分为接触式与非接触式两类。例如,手动三坐标测量仪是一种常见的接触式测量仪器。非接触式测量设备多是光学人体扫描系统。

三坐标测量仪及光学扫描系统测量的是静态人体三维尺寸,如需对人体运动参数进行测量,需要借助人体动作捕捉系统与计算机软件系统,以获得精确的人体运动数据。动作捕捉系统有机械式、光学式、电磁式以及惯性式等类型,图 2.22 所示是一种光学式动作捕捉系统。

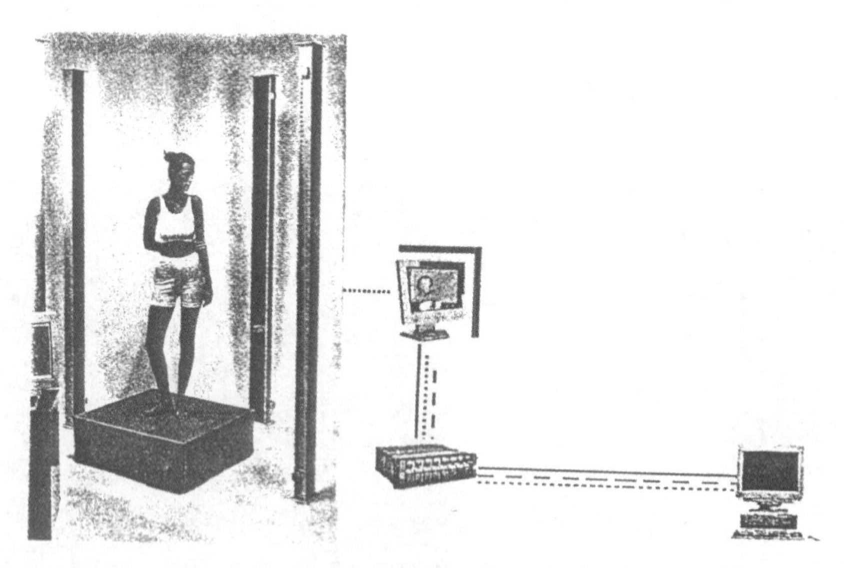

图 2.22 光学式动作捕捉系统

2.3 常用的人体尺寸数据

现行的国家标准《中国成年人人体尺寸》(GB 10000—1988)是国家标准化管理委员会在1987年对全国各省进行大规模抽样测量制定，于1989年7月开始实施的。该标准根据人机工程学要求提供了我国成年人人体尺寸基础数据。

该标准中所列数据代表从事工业生产的法定中国成年人(男18～60岁，女18～55岁)人体尺寸，并按男女分别列表。除了给出法定成年人年龄范围的数据，同时将该年龄范围分为3个年龄段——18～25岁(男、女)，26～35岁(男、女)，36～60岁(男)、36～55岁(女)，且分别给出各年龄段的各项人体尺寸数值。

标准共提供7类47项人体结构尺寸数据。

(1)人体主要尺寸6项：身高、体重、上臂长、前臂长、大腿长、小腿长。

(2)立姿人体尺寸6项：眼高、肩高、肘高、手功能高、会阴高、胫骨点高。

(3)坐姿人体尺寸11项：坐高、坐姿颈椎点高、坐姿眼高、坐姿肩高、坐姿肘高、坐姿大腿厚、坐姿膝高、小腿加足高、坐深、臀膝距、坐姿下肢长。

(4)人体水平尺寸10项：胸宽、胸厚、肩宽、最大肩宽、臀宽、坐姿臀宽、坐姿两肘间宽、胸围、腰围、臀围。

(5)人体头部尺寸7项：头全高、头矢状弧、头冠状弧、头最大宽、头最大长、头围、形态面长。

(6)手部尺寸5项：手长、手宽、食指长、食指近位指关节宽、食指远位指关节宽。

(7)足部尺寸2项：足长、足宽。

图2.23～图2.25分别反映上述各项尺寸定义及数据指标(分年龄段数据略)。

表2.2～表2.8所示为各尺寸数据。

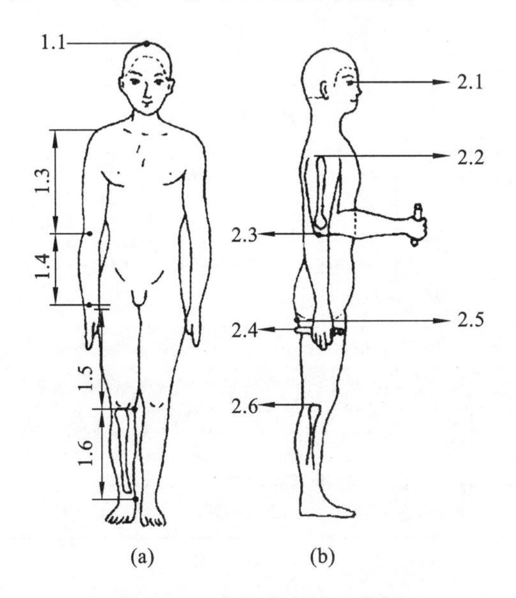

图2.23 人体直立尺寸模板

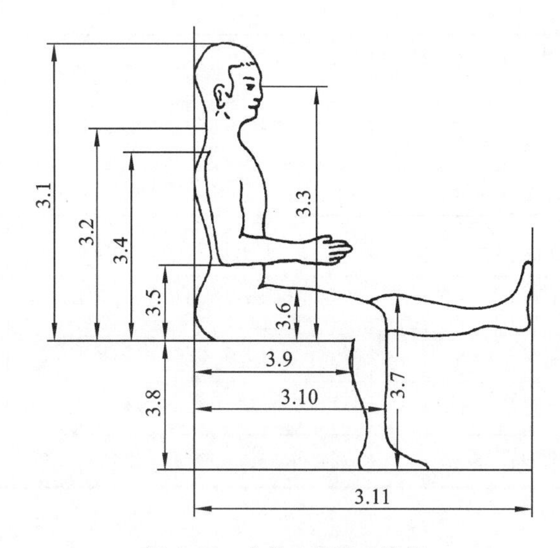

图2.24 人体坐姿尺寸模板

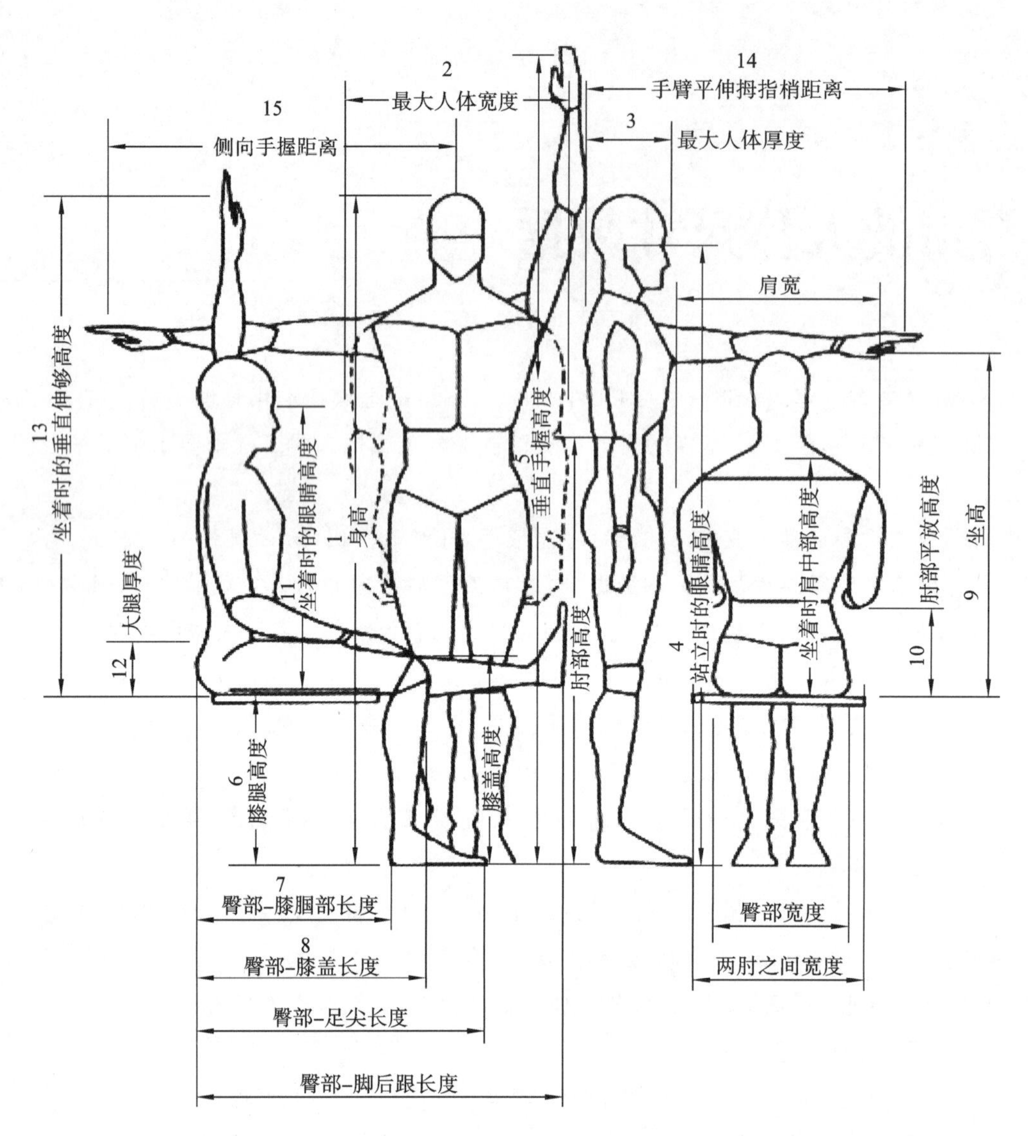

图 2.25 人体常用的尺寸模板

表 2.2 人体主要尺寸

年龄分组 / 百分位数 / 测量项目	男(18 岁～60 岁)							女(18 岁～55 岁)						
	1	5	10	50	90	95	99	1	5	10	50	90	95	99
1.1 身高/mm	1543	1583	1604	1678	1754	1775	1814	1449	1484	1503	1570	1640	1659	1697
1.2 体重/kg	44	48	50	59	71	75	83	39	42	44	52	63	66	74
1.3 上臂长/mm	279	289	294	313	333	338	349	252	262	267	284	303	308	319
1.4 前臂长/mm	206	216	220	237	253	258	268	185	193	198	213	229	234	242
1.5 大腿长/mm	413	428	436	465	496	505	523	387	402	410	438	467	476	494
1.6 小腿长/mm	324	338	344	369	396	403	419	300	313	319	344	370	376	390

表 2.3 立姿人体尺寸

测量项目 \ 百分位数 \ 年龄分组	男(18岁～60岁)							女(18岁～55岁)						
	1	5	10	50	90	95	99	1	5	10	50	90	95	99
2.1 眼高/mm	1436	1474	1495	1568	1643	1664	1705	1337	1371	1388	1454	1522	1541	1579
2.2 肩高/mm	1244	1281	1299	1367	1435	1455	1494	1166	1195	1211	1271	1333	1350	1385
2.3 肘高/mm	925	954	968	1024	1079	1096	1128	873	899	913	960	1009	1023	1050
2.4 手功能高/mm	656	680	693	741	787	801	828	630	650	662	704	746	757	778
2.5 会阴高/mm	701	728	741	790	840	856	887	648	673	686	732	779	792	819
2.6 胫骨点高/mm	394	409	417	444	472	481	498	363	377	384	410	437	444	459

表 2.4 坐姿人体尺寸

测量项目 \ 百分位数 \ 年龄分组	男(18岁～60岁)							女(18岁～55岁)						
	1	5	10	50	90	95	99	1	5	10	50	90	95	99
3.1 坐高/mm	836	858	870	908	947	958	979	789	809	819	855	891	901	920
3.2 坐姿颈椎点高/mm	599	615	624	657	691	701	719	563	579	587	617	648	657	675
3.3 坐姿眼高/mm	729	749	761	798	836	847	868	678	695	704	739	773	783	803
3.4 坐姿肩高/mm	539	557	566	598	631	641	659	504	518	526	556	585	594	609
3.5 坐姿肘高/mm	214	228	235	263	291	298	312	201	215	223	251	277	284	299
3.6 坐姿大腿厚/mm	101	112	116	130	146	151	160	107	113	117	130	146	151	160
3.7 坐姿膝高/mm	441	456	464	493	523	532	549	410	424	431	458	485	493	507
3.8 小腿加足高/mm	372	383	389	413	439	448	463	331	342	350	382	399	405	417
3.9 坐深/mm	407	421	429	457	486	494	510	388	401	408	433	461	469	485
3.10 臀膝距/mm	499	515	524	554	585	595	613	481	495	502	529	561	570	587
3.11 坐姿下肢长/mm	892	921	937	992	1046	1063	1096	826	851	865	912	960	975	1005

表 2.5 人体水平尺寸

测量项目 \ 百分位数 \ 年龄分组	男(18岁～60岁)							女(18岁～55岁)						
	1	5	10	50	90	95	99	1	5	10	50	90	95	99
4.1 胸宽/mm	242	253	259	280	307	315	331	219	233	239	260	289	299	319
4.2 胸厚/mm	176	186	191	212	237	245	261	159	170	176	199	230	239	260
4.3 肩宽/mm	330	344	351	375	397	403	415	304	320	328	351	371	377	387
4.4 最大肩宽/mm	383	398	405	431	460	469	486	347	363	371	397	428	438	458
4.5 臀宽/mm	273	282	288	306	327	334	346	275	290	296	317	340	346	360
4.6 坐姿臀宽/mm	284	295	300	321	347	355	369	295	310	318	344	374	382	400
4.7 坐姿两肘间宽/mm	353	371	381	422	473	489	518	326	348	360	404	460	478	509
4.8 胸围/mm	762	791	806	867	944	970	1018	717	745	760	825	919	949	1005
4.9 腰围/mm	620	650	665	735	859	895	960	622	659	680	772	904	950	1025
4.10 臀围/mm	780	805	820	875	948	970	1009	795	824	840	900	975	1000	1044

表 2.6　人体头部尺寸

测量项目 \ 百分位数 \ 年龄分组	男(18 岁～60 岁)							女(18 岁～55 岁)						
	1	5	10	50	90	95	99	1	5	10	50	90	95	99
5.1 头全高/mm	199	206	210	223	237	241	249	193	200	203	216	228	232	239
5.2 头矢状弧/mm	314	324	329	350	370	375	384	300	310	313	329	344	349	358
5.3 头冠状弧/mm	330	338	344	361	378	383	392	318	327	332	348	366	372	381
5.4 头最大宽/mm	141	145	146	154	162	164	168	137	141	143	149	156	158	162
5.5 头最大长/mm	168	173	175	184	192	195	200	161	165	167	176	184	187	191
5.6 头围/mm	525	536	541	560	580	586	597	510	520	525	546	567	573	585
5.7 形态面长/mm	104	109	111	119	128	130	135	97	100	102	109	117	119	123

表 2.7　人体手部尺寸

测量项目 \ 百分位数 \ 年龄分组	男(18 岁～60 岁)							女(18 岁～55 岁)						
	1	5	10	50	90	95	99	1	5	10	50	90	95	99
6.1 手长/mm	164	170	173	183	193	196	202	154	159	161	171	180	183	189
6.2 手宽/mm	73	76	77	82	87	89	91	67	70	71	76	80	82	84
6.3 食指长/mm	60	63	64	69	74	76	79	57	60	61	66	71	72	76
6.4 食指近位指关节宽/mm	17	18	18	19	20	21	21	15	16	16	17	18	19	20
6.5 食指远位指关节宽/mm	14	15	15	16	17	18	19	13	14	14	15	16	16	17

表 2.8　人体足部尺寸

测量项目 \ 百分位数 \ 年龄分组	男(18 岁～60 岁)							女(18 岁～55 岁)						
	1	5	10	50	90	95	99	1	5	10	50	90	95	99
7.1 足长/mm	223	230	234	247	260	264	272	208	213	217	229	241	244	251
7.2 足宽/mm	86	88	90	96	102	103	107	78	81	83	88	93	95	98

需要注意的是，GB 10000—1988 从颁布至今，三十年间中国社会发生了很大的变化，中国人的体型必然发生较大变化，而国标《中国成年人人体尺寸》一直没有得到有效的补充和更新。而目前在美国、英国等发达国家，都已建立了较为完善的人体测量体系，并定期进行人体尺寸数据的采集和更新。这是我们与外国之间的差距。

由于我们缺乏准确的人体测量数据，我们的许多行业只能通过小规模的测量或采用国外的数据来进行产品的设计和生产，这就严重制约了我们产业的发展，生产出来的产品不能很好地符合我国人体尺寸的现状。因此，在应用我国成年人人体尺寸时，应注意到数据与现状的不吻合的情况，对数据进行适当修正。

由于人体尺寸数据的区域差异性,GB 10000—1988 中还给出了六个区域成年人体重、身高、胸围三项主要尺寸的均值和标准差(见表 2.9)。需要时,可根据利用均值与标准差计算百分位数的方法,求出所需的对应人体尺寸。

表 2.9　我国六区域成年人体重、身高、胸围数据

项目		东北、华北区		西北区		东南区		华中区		华南区		西南区	
		均值	标准差	均值	标准差	均值	标准差	均值	标准差	均值	标准差	均值	标准差
男(18岁~60岁)	体重/kg	64	8.2	60	7.6	59	7.7	57	6.9	56	6.9	55	6.8
	身高/mm	1693	56.6	1684	53.7	1686	55.2	1669	56.3	1650	57.1	1647	56.7
	胸围/mm	888	55.5	880	51.5	865	52.0	853	49.2	851	48.9	855	48.3
项目		东北、华北区		西北区		东南区		华中区		华南区		西南区	
		均值	标准差	均值	标准差	均值	标准差	均值	标准差	均值	标准差	均值	标准差
女(18岁~55岁)	体重/kg	55	7.7	52	7.1	51	7.2	50	6.8	49	6.5	50	6.9
	身高/mm	1586	51.8	1575	51.9	1575	50.8	1560	50.7	1549	49.7	1546	53.9
	胸围/mm	848	66.4	837	55.9	831	59.8	820	55.8	819	57.6	809	58.8

例 1　求西北地区男子(18 岁~60 岁)身高的第 90 百分位数 P_{90} 。

解:由表 2.9 查到西北地区男子(18 岁~60 岁)身高的均值 M 和标准差 S_D 分别为:

$$M=1684\ \text{mm}, S_D=53.7\ \text{mm}$$

由表 2.1 查得变换系数 $K=1.282$,代入式(2-6)得:

$$P_{90}=M+K\times S_D=(1684+1.282\times53.7)\ \text{mm}=1752.8434\ \text{mm}\approx1753\ \text{mm}$$

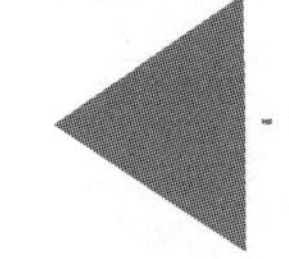

2.4 人体尺度数据的应用

只有在熟悉人体测量基本知识之后,才能选择和应用各种人体数据,否则有的数据可能被误解,如果使用不当,还可能导致严重的设计错误。另外,各种统计数据不能作为设计中的一般常识,也不能代替严谨的设计分析。因此,当设计中涉及人体尺度时,设计者必须熟悉数据测量定义、适用条件、百分位的选择等方面的知识,才能正确地应用有关的数据。

2.4.1　主要人体尺寸的应用原则

为了使人体测量数据能有效地为设计者利用,从上一节所介绍的大量人体测量数据中,精选出部分工业设计常用的数据,并将这些数据的定义、应用条件、选择依据等列于表 2.10 中。

表 2.10　主要人体尺寸的应用原则

人体尺寸	应用条件	百分位选择	注意事项
身高	用于确定通道和门的最小高度。然而，一般建筑规范规定的和成批生产制作的门和门框高度都适合于99%以上的人，所以，这些数据可能对于确定人头顶上的障碍物高度更为重要	由于主要的功用是确定净空高度，所以应该选用高百分位数据。因为天花板高度一般不是关键尺寸，设计者应考虑尽可能地适应100%的人	身高一般是不穿鞋测量的，故在使用时应给予适当补偿
立姿眼高	可用于确定在剧院、礼堂、会议室等处人的视线，用于布置广告和其他展品，用于确定屏风和开敞式大办公室内隔断的高度	百分位选择将取决于关键因素的变化。例如：如果设计中的问题是决定隔断或屏风的高度，以保证隔断后面人的秘密性要求，那么隔断高度就与较高人的眼睛高度有关（第 95 百分位或更高）。其逻辑是假如高个子人不能越过隔断看过去，那么矮个子人也一定不能。反之，假如设计问题是允许人看到隔断里面，则逻辑是相反的，隔断高度应考虑较矮人的眼睛高度（第 5 百分位或更低）	由于这个尺寸是光脚测量的，所以还要加上鞋的高度，男子大约需加 2.5 cm，女子大约需加 7.6 cm。这些数据应该与脖子的弯曲和旋转以及视线角度资料结合使用，以确定不同状态、不同头部角度的视觉范围
肘部高度	对于确定柜台、梳妆台、厨房案台、工作台以及其他站着使用的工具表面的舒适高度，肘部高度数据是必不可少的。通常，这些表面的高度都是凭借经验估计或是根据传统做法确定的。然而，通过科学研究发现最舒适的高度是低于人的肘部高度 7.6 cm。另外，休息平面的高度应该低于肘部高度 2.5～3.8 cm	假定工作面高度确定为低于肘部高度约 7.6 cm，那么从 96.5 cm（第 5 百分位数据）到 111.8 cm（第 95 百分位数据）这样一个范围都将适合中间的 90%的男性使用者。考虑到第 5 百分位的女性肘部高度较低，这个范围应为 88.9～111.8 cm，才能对男女使用者都适用。由于其中包含许多其他因素，如存在特别的功能要求和每个人对舒适高度见解不同，等等，所以这些数值也只是假定推荐的	确定上述高度时必须考虑活动的性质，有时这一点比推荐的"低于肘部高度 7.6 cm"还重要
挺直坐高	用于确定座椅上方障碍物的允许高度。在布置双层床时，搞创新的节约空间设计时，例如利用阁楼下面的空间吃饭或工作，都要由这个关键的尺寸来确定其高度。确定办公室或其他场所的低隔断要用到这个尺寸，确定餐厅和酒吧里的火车座隔断也要用到这个尺寸	由于涉及间距问题，采用第 95 百分位的数据是比较合适的	座椅的倾斜度、座椅软垫的弹性、衣服的厚度以及人坐下和站起来时的活动都是要考虑的重要因素
放松坐高	可用于确定座椅上方障碍物的最小高度。布置双层床时，搞创新的节约空间设计时，例如利用阁楼下面的空间吃饭或工作，都要根据这个关键的尺寸来确定其高度。确定办公室和其他场合的低隔断要用到这个尺寸，确定餐厅和酒吧里的火车座隔断也要用到这个尺寸	由于涉及间距问题，采用第 95 百分位的数据是比较合适的	座椅的倾斜度、座椅垫的弹性、衣服的厚度以及人坐下和站起来时的活动都是要考虑的重要因素

续表

人体尺寸	应用条件	百分位选择	注意事项
坐姿眼高	当视线是设计问题的中心时，确定视线和最佳视区要用到这个尺寸，这类设计对象包括剧院、礼堂、教室和其他需要有良好视听条件的室内空间	假如有适合的可调节性，就能适应从第5百分位到第95百分位或者更大的范围	应该考虑头部与眼睛的转动范围、座椅软垫的弹性、座椅面距地面的高度和可调座椅的调节范围
坐姿的肩中部高度	大多数用于机动车辆中比较紧张的工作空间的设计中，很少被建筑师和室内设计师所使用。但是，在设计那些对视觉听觉有要求的空间时，这个尺寸有助于确定出妨碍视线的障碍物，也许在确定火车座的高度以及类似的设计中有用	由于涉及间距问题，一般使用第95百分位的数据	要考虑座椅软垫的弹性
肩宽	肩宽数据可用于确定环绕桌子的座椅间距和影剧院、礼堂中的排椅座位间距，也可用于确定公用和专用空间的通道间距	由于涉及间距问题，应使用第95百分位的数据	使用这些数据要注意可能涉及的变化。要考虑衣服的厚度，对薄衣服要附加7.9 mm，对厚衣服要附加7.6 cm。还要注意，由于躯干和肩的活动，两肩之间所需的空间会加大
两肘之间宽度	可用于确定会议桌、餐桌、柜台和牌桌周围座椅的位置	由于涉及间距问题，应使用第95百分位的数据	应该与肩宽尺寸结合使用
臀部宽度	这些数据对于确定座椅内侧尺寸及设计酒吧、柜台和办公座椅极为有用	由于涉及间距问题，应使用第95百分位的数据	根据具体条件，与两肘之间宽度和肩宽结合使用
肘部平放高度	与其他一些数据和考虑因素联系在一起，用于确定椅子扶手、工作台、书桌、餐桌和其他特殊设备的高度	肘部平放高度既不涉及间距也不涉及伸手够物的问题，其目的只是使手臂得到舒适的休息，选择第50百分位左右的数据是合理的。在许多情况下，这个高度在14～27.9 cm之间。这样一个范围可以适合大部分使用者	座椅软垫的弹性、座椅表面的倾斜度以及身体姿势都应予以注意
大腿厚度	是设计柜台、书桌、会议桌、家具及其他一些室内设备的关键尺寸，而这些设备都需要把腿放在工作面下面。特别是有直拉式抽屉的工作面，要使大腿与大腿上方的障碍物之间有适当的间隙，这些数据是必不可少的	由于涉及间距问题，应选用第95百分位的数据	在确定上述设备的尺寸时，其他一些因素也应该同时予以考虑，例如腿弯高度和座椅软垫的弹性

续表

人体尺寸	应用条件	百分位选择	注意事项
膝盖高度	是确定从地面到书桌、餐桌和柜台底面距离的关键尺寸，尤其适用于使用者需要把大腿部分放在家具下面的场合。坐着的人与家具底面之间的靠近程度，决定了膝盖高度和大腿厚度是否是关键尺寸	要保证适当的间距，故应选用第 95 百分位的数据	要同时考虑座椅高度和坐垫的弹性
腿弯高度	是确定座椅面高度的关键尺寸，尤其对于确定座椅前缘的最大高度更为重要	确定座椅高度，应选用第 5 百分位的数据，因为如果座椅太高，大腿受到压力会使人感到不舒服	选用这些数据时必须注意坐垫的弹性
臀部至腿弯长度	这个长度尺寸用于座椅的设计中，尤其适用于确定腿的位置、确定长凳和靠背椅等前面的垂直面以及确定椅面的长度	应该选用第 5 百分位的数据，这样能适应最多的使用者——臀部—膝腘部长度较长和较短的人。如果选用第 95 百分位的数据，则只能适合这个长度较长的人，而不适合这个长度较短的人	要考虑椅面的倾斜度
臀部至膝盖长度	用于确定椅背到膝盖前方的障碍物之间的适当距离，例如：用于影剧院、礼堂的固定排椅设计中	由于涉及间距问题，应选用第 95 百分位的数据	这个长度比臀部—足尖长度要短，如果座椅前面的家具或其他室内设施没有放置足尖的空间，就应该使用臀部—足尖长度
臀部至足尖长度	用于确定椅背到膝盖前方的障碍物之间的适当距离，例如：用于影剧院、礼堂的固定排椅设计中	由于涉及间距问题，应选用第 95 百分位的数据	如果座椅前方的家具或其他室内设施有放脚的空间，而且间隔要求比较重要，就可以使用臀部—膝盖长度来确定适合的间距
臀部至脚后跟长度	对于室内设计人员来说，使用是有限的，当然可能利用它们布置休息室座椅。另外，还可用于设计搁脚凳、理疗和健身设施等综合空间	由于涉及间距问题，应选用第 95 百分位的数据	在设计中，应该考虑鞋、袜对这个尺寸的影响，一般，对于男鞋要加上 2.5 cm，对于女鞋则加上 7.6 cm
坐着垂直伸手高度	主要用于确定头顶上方的控制装置和开关等的位置，所以较多地被设备设计人员所使用	选用第 5 百分位的数据是合理的，这样可以同时适应小个子人和大个子人	需考虑椅面的倾斜度和椅垫的弹性
立姿垂直手握高度	可用于确定开关、控制器、拉杆、把手、书架以及衣帽架等的最大高度	由于涉及伸手够东西的问题，如果采用高百分位的数据就不能适应小个子人，所以设计出发点应该基于适应小个子人，这样也同样能适应大个子人	尺寸是不穿鞋测量的，使用时要给予适当的补偿

续表

人体尺寸	应用条件	百分位选择	注意事项
立姿侧向手握距离	有助于设备设计人员确定控制开关等装置的位置，它们还可以被建筑师和室内设计师用于某些特定的场所，例如医院、实验室等。如果使用者是坐着的，这个尺寸可能会稍有变化，但仍能用于确定人侧面的书架位置	由于主要的功用是确定手握距离，这个距离应能适应大多数人，因此，选用第5百分位的数据是合理的	如果涉及的活动需要使用专门的手动装置、手套或其他某种特殊设备，这些都会延长使用者的一般手握距离。对于这个延长量应予以考虑
手臂平伸手握距离	有时人们需要越过某种障碍物去够一个物体或者操纵设备，这些数据可用来确定障碍物的最大尺寸	选用第5百分位的数据，这样能适应大多数人	要考虑操作或工作的特点
人体最大厚度	尽管这个尺寸可能对设备设计人员更为有用，但它们也有助于建筑师在较紧张的空间里考虑间隙或在人们排队的场合下设计所需要的空间	应该选用第95百分位的数据	衣服的厚薄、使用者的性别以及一些不易察觉的因素都应予以考虑
人体最大宽度	可用于设计通道宽度、走廊宽度、门和出入口宽度以及公共集会场所等	应该选用第95百分位的数据	衣服的厚薄、人走路或做其他事情时的影响以及一些不易察觉的因素都应予以考虑

2.4.2 人体尺寸的应用方法

1. 确定所有产品的类型

在涉及人体尺寸的产品设计中，设定产品功能尺寸的主要依据是人体尺寸百分位数，而人体尺寸百分位数的选用又与所设计产品的类型密切相关。在GB/T 12985—1991标准中，依据产品使用者人体尺寸的设计上限值(最大值)和下限值(最小值)对产品尺寸设计进行了分类，产品类型的名称及其定义列于表2.11。凡涉及人体尺寸的产品设计，首先应按该分类方法确认所设计的对象属于其中的哪一类型。

表2.11　产品尺寸设计分类

产品类型	产品类型定义	说明
Ⅰ型产品尺寸设计	需要两个人体尺寸百分位数作为尺寸上限值和下限值的依据	又称双限值设计
Ⅱ型产品尺寸设计	只需要一个人体尺寸百分位数作为尺寸上限值或下限值的依据	又称单限值设计
ⅡA型产品尺寸设计	只需要一个人体尺寸百分位数作为尺寸上限值的依据	又称大尺寸设计
ⅡB型产品尺寸设计	只需要一个人体尺寸百分位数作为尺寸下限值的依据	又称小尺寸设计
Ⅲ型产品尺寸设计	只需要第50百分位数(P_{50})作为产品尺寸设计的依据	又称平均尺寸设计

2. 选择人体尺寸百分位数

表2.11中产品尺寸设计类型，按产品的重要程度又分为涉及人的健康、安全的产品和一般工业产品两个等级。在确定所设计的产品类型及其等级之后，选择人体尺寸百分位数的依据是满足度。人机工程学设计中的满足度，是指所设计产品在尺寸上能满足多少人使用，通常以适合使用的人数占使用者群体的百分比表示。产品尺寸设计的类型、等级、满足度与人体尺寸百分位数的关系如表2.12所示。

表 2.12 人体尺寸百分位数的选择

产品类型	产品重要程度	百分位数的选择	满足度
Ⅰ型产品	涉及人的健康、安全的产品	选用 P_{99} 和 P_1 作为尺寸上、下限值的依据	98%
	一般工业产品	选用 P_{95} 和 P_5 作为尺寸上、下限值的依据	90%
ⅡA型产品	涉及人的健康、安全的产品	选用 P_{99} 和 P_{95} 作为尺寸上限值的依据	99%或95%
	一般工业产品	选用 P_{90} 作为尺寸上限值的依据	90%
ⅡB型产品	涉及人的健康、安全的产品	选用 P_1 和 P_5 作为尺寸下限值的依据	99%或95%
	一般工业产品	选用 P_{10} 作为尺寸下限值的依据	90%
Ⅲ型产品	一般工业产品	选用 P_{50} 作为产品尺寸设计的依据	通用
成年男、女通用产品	一般工业产品	选用男性的 P_{99}、P_{95} 或 P_{90} 作为尺寸上限值的依据，选用女性的 P_1、P_5 或 P_{10} 作为尺寸下限值的依据	通用

表中给出的满足度指标是通常选用的指标，有特殊要求的设计，其满足度指标可另行确定。设计者当然希望所设计的产品能满足特定使用者总体中所有的人使用，尽管这在技术上是可行的，但在经济上往往是不合理的。因此，满足度的确定应根据所设计产品使用者总体的人体尺寸差异性、制造该类产品技术上的可行性和经济上的合理性等因素进行综合优选。

还需要说明的是，在设计时虽然确定了某一满足度指标，但用一种尺寸规格的产品却无法达到这一要求，在这种情况下，可考虑采用产品尺寸系列化和产品尺寸可调节性设计解决。

3. 确定功能修正量

有关人体尺寸标准中所列的数据是在裸体或穿单薄内衣的条件下测得的，测量时不穿鞋或穿着纸拖鞋。而设计中所涉及的人体尺度应该是在穿衣服、穿鞋甚至戴帽条件下的人体尺寸。因此，考虑有关人体尺寸时，必须给衣服、鞋、帽留下适当的空余，也就是在人体尺寸上增加适当的着装修正量。

其次，在人体尺寸测量时要求躯干为挺直姿势，而人在正常作业时，躯干则为自然放松姿势，为此应考虑由于姿势不同而引起的变化量。此外，还需考虑实现产品不同操作功能所需的修正量。所有这些修正量的总计为功能修正量。功能修正量随产品不同而异，通常为正值，但有时也可能为负值。

通常用实验方法去求得功能修正量，但也可以从统计数据中获得。对于着装修正量可参照表 2.13 中的数据确定。对姿势修正量的常用数据是，立姿时的身高、眼高减 10 mm；坐姿时的坐高、眼高减 44 mm。考虑操作功能修正量时，应以上肢前展长为依据，而上肢前展长是后背至中指尖点的距离，因而对操作不同功能的控制器应做不同的修正，如对按按钮开关可减 12 mm；对推滑板推钮、扳动扳钮开关则减 25 mm。

表 2.13 正常人着装修正量/mm

项目	尺寸修正量	修正原因	项目	尺寸修正量	修正原因
站姿高	25～38	鞋高	两肘间宽	20	
坐姿高	3	裤厚	肩—肘	8	手臂弯曲时，肩肘部衣物压紧
站姿眼高	36	鞋高	臂—手	5	
坐姿眼高	3	裤厚	叉腰	8	
肩宽	13	衣	大腿厚	13	
胸宽	8	衣	膝宽	8	

续表

项目	尺寸修正量	修正原因	项目	尺寸修正量	修正原因
胸厚	18	衣	膝高	33	
腹厚	23	衣	臀—膝	5	
立姿臀宽	13	衣	足宽	13～20	
坐姿臀宽	13	衣	足长	30～38	
肩高	10	衣	足后跟	25～38	

4. 确定心理修正量

为克服人们心理上产生的空间压抑感、高度恐惧症等心理感受，或者为了满足人们求美、求奇等心理需求，在产品最小功能尺寸上附加一项增量，称为心理修正量。心理修正量是用实验方法求得的，一般是通过被试者主观评价表的评分结果进行统计分析，求得心理修正量。

5. 产品功能尺寸的设定

产品功能尺寸是指为确保实现产品某一功能而在设计时规定的产品尺寸。该尺寸通常是以设计界限值确定的人体尺寸为依据，再加上为确保产品某项功能实现所需的修正量。产品功能尺寸有最小功能尺寸和最佳功能尺寸两种，具体设定的通用公式如下：

最小功能尺寸＝人体尺寸百分位数＋功能修正量

最佳功能尺寸＝人体尺寸百分位数＋功能修正量＋心理修正量

2.4.3 人体身高在设计中的应用方法

人体尺度主要决定人机系统的操作是否方便和舒适宜人。因此，各种工作面的高度和设备高度，如操纵台、仪表盘、操作件的安装高度以及用具的设置高度等，都要根据人的身高来确定。以身高为基准确定工作面高度、设备和用具高度的方法，通常是把设计对象归成各种典型的类型，并建立设计对象的高度与人体身高的比例关系，以供设计时选择和查用。图 2.26 所示是以身高为基准的设备和用具的尺寸推算图，图中各代号的定义如表 2.14 所示。

表 2.14 设备及用具的高度与身高的关系

代号	设备、用具名称	设备、用具高度/身高	代号	设备、用具名称	设备、用具高度/身高
1	举手达到的高度	4/3	14	洗脸盆高度	4/9
2	可随意取放东西的隔板高度（上限值）	7/6	15	办公桌高度（不包括鞋）	7/17
3	倾斜地面的顶棚高度（最小值，地面倾斜度为 5°～15°）	8/7	16	垂直踏板爬梯的空间尺寸（最小值，倾斜 80°～90°）	2/5
4	楼梯的顶棚高度（最小值，地面倾斜度为 25°～35°）	1/1	17	手提物的高度（最大值）	3/8
				使用方便的隔板的高度（下限值）	3/8
5	遮挡住直立姿势视线的隔板高度（下限值）	33/34	18	桌下空间（高度的最小值）	1/8
6	立姿眼高	11/12	19	工作椅的高度	3/13
7	抽屉高度（上限值）	10/11	20	轻度工作的工作椅的高度[①]	3/14

续表

代号	设备、用具名称	设备、用具高度/身高	代号	设备、用具名称	设备、用具高度/身高
8	使用方便的隔板高度(上限值)	6/7	21	小憩用椅子高度①	1/6
9	斜坡大的楼梯的顶棚高度(最小值,倾斜度为 50°左右)	3/4	22	桌椅高差	3/17
10	能发挥最大拉力的高度	3/5	23	休息用的椅子高度①	1/6
11	人体重心高度	5/9	24	椅子扶手高度	2/13
12	立姿时工作面高度	6/11	25	工作用椅子的椅面至靠背点的距离	3/20
	坐高(坐姿)	6/11			
13	灶台高度	10/19			

①坐位基准点的高度(不包括鞋)

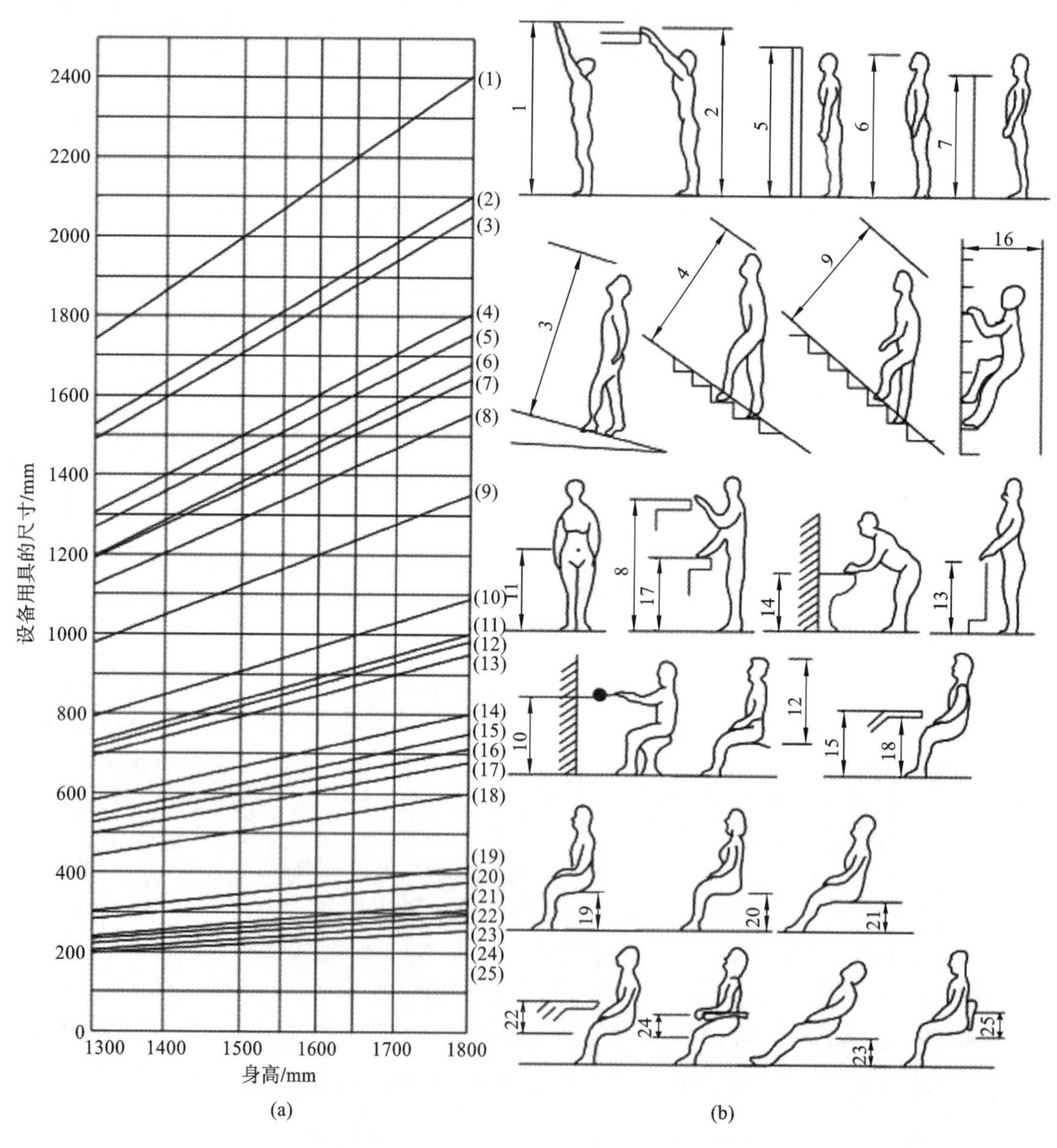

图 2.26 以身高为基准的设备和用具的尺寸推算图

小　结

人体测量学是通过测量人体各部位尺寸来确定个人之间和群体之间在人体尺寸上的差别的一门学科。应用人体测量的研究成果可提高建筑环境质量，合理确定建筑空间尺度，科学从事家具和设备设计，节约材料和造价。

人体参数使人们设计合适的设备、操控程序以及包含系统接口的产品项目，使之适合于用户的特性。为此，要求对身高、体重、肢体体段的尺寸等方面的准确人体数据进行合理的运用，以设计出涵盖从服装、家具、轿车、公共汽车、地铁到航天飞机或空间站这一大范围内的相关产品项目。人体测量数据的收集、解释和运用将带来在工作环境、娱乐休闲以及产品设计等领域人机工程学的深入应用。但是，当前与顾客产品相关的安全性项目，特别是专为儿童设计的产品，仍然流于表面，甚至产生了悲剧性的后果。所以，由于产品可能导致法律诉讼，持续收集人体尺寸数据的需求得到了强化，并有持续向不同文化、全球性顾客交叉产品研发等领域壮大发展的趋势。

练习与讨论

实践项目一：人体测量方法的应用。

(1)测量出自己的静态尺寸，包括：

①立姿人体尺寸；

②坐姿人体尺寸。

(2)制作人体各部位尺寸模板并标注出相应尺寸。

(3)组员之间互相检查彼此尺寸是否准确，并修正数据。

(4)分别制作本班级同学的立姿和坐姿人体测量数据表(男、女各统计 5 人，共测量 10 人)。

实践项目二：大学生座椅靠背的尺寸设计。

先测量教室桌椅的实际尺寸，再将测量的数据和设计中的重要人体尺寸数据结合，对桌椅进行改良。(需要考虑的重要因素包括座高、座宽、座深、座面倾角、腰靠等。)

实践项目三：自行车设计要涉及的人体尺寸。

自行车设计中的一些尺度的确定往往是以人体测量尺寸为参照来进行的。我们设计定位的使用人群是 18 岁以上的成年人，车是两轮的、人力的、单人骑乘的自行车。

(1)从自行车的使用过程分析涉及的人体尺寸：

①准备工作的状态；②跨骑、滑行；③骑行中；④下车。

(2)从自行车设计的国家标准要求分析涉及的人体尺寸：

①在正常骑行、搬运和维修时，凡骑行者的手、腿等可触及之处，都不应有外露的锐边。经组装后，凡长度大于 8 mm 的外露突出物，应有保护措施。每辆自行车应装有两个制动系统，一个制动前轮，一个制动后轮，制动系统应操作灵活。

②自行车在做干态(晴好天气)制动时，应满足试验速度为 25 km/h，使用两个车闸或单用后闸，制动距离两个车闸为 7 m，单用后闸为 15 m。

自行车在做湿态(雨雪天气)制动时，应满足试验速度为 16 km/h，使用两个车闸，制动距离为 9 m，单用后闸，制动距离为 19 m。

讨论一：从以上材料出发，探讨自行车设计与使用时需要考虑的人体尺寸，并结合实际使用经验列举尺寸设计中存在的问题，并提出相应的解决措施。

讨论二：确定 3 个人体测量数据来源并解释它们的用途、最适合使用的人群以及工业生产如何从这些数据中受益。

讨论三：设计一个在职业工效环境下，用于收集人体测量数据的程序。

第3章

人体生理系统及其特征

RENTI SHENGLI XITONG JIQI TEZHENG

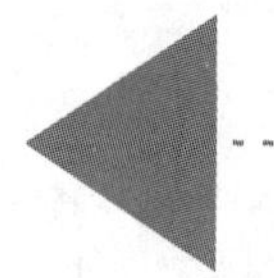

学习目标

本章从人机工程学的观点来讨论人的感觉系统、神经系统、运动系统的机能特点及其功能限度，为人机工程设计提供有关人体生理系统的基本知识，理解人机工程学的运用方式应与人体的需要相一致。

3.1 以人为中心的人机工程学

人体作为人机系统中的操作者，单独作为一个独立的系统来说，完整的人体从形态和功能上可细分为运动系统、消化系统、呼吸系统、泌尿系统、生殖系统、循环系统、内分泌系统、感觉系统和神经系统这九大子系统。而各子系统之间相互联系、相互制约，在神经和体液的支配和调节下，共同完成人体的功能活动。

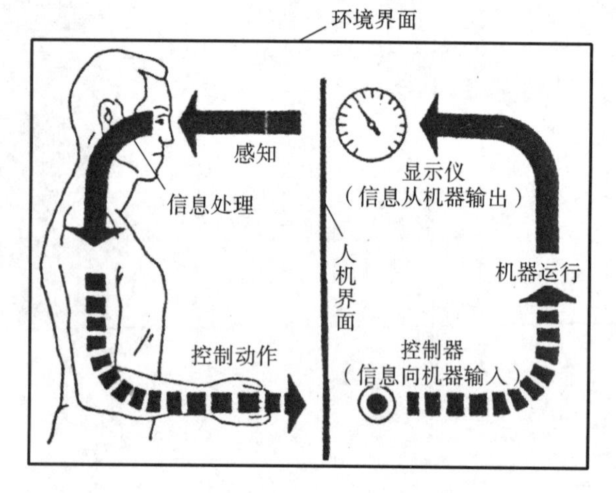

图 3.1 人机系统示意图

若将操作者放入人机系统中联系起来看，那么人体与外界直接发生联系的子系统主要就是感觉系统、神经系统和运动系统这三大系统。人在操作过程中，机器通过显示器将信息传递给人的感觉器官（如眼睛、耳朵等），然后经过中枢神经系统进行处理后，再指挥运动系统（如手、脚等）操纵机器的控制器，改变机器所处的状态，图 3.1 说明了人在人机系统中的作用。

由此可见，从机器传来的信息，通过人这个环节又返回到机器，从而形成一个闭环系统。人机所处的外部环境因素（如温度、光线、噪声、振动等）也将不断影响和干扰此系统的效率。因此，人机系统从广义上来讲，又可称为人-机-环境系统。本章将从人机工程学的观点来讨论人的感觉系统和神经系统的机能特点及其功能限度，为人机工程设计提供有关人体的生理学基础。

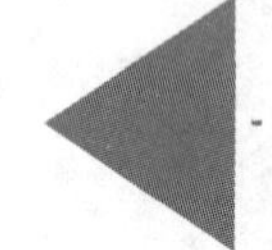

3.2 人体感觉通道

感觉是人的大脑对直接作用于感觉器官的事物个别属性的反应，是人们了解外部世界的渠道，也是一切复杂心理活动的基础和前提。感觉的类型大体可分为视觉、听觉、化学感觉（嗅觉和味觉）、皮肤感觉、本体感觉等。本体感觉能告知操作者躯体正在进行的动作及相对于环境和机器的位置，而其他感觉能将外部环境的信息传递给操作者。人的感觉器官同时接受内外部环境的刺激，将其转化为神经冲动，进而传入神经，将其传至大脑皮质感觉中枢，便产生了感觉，这就是感觉产生的全过程。

外部环境中有许多物质的能量形式，人体的一种感觉器官只对一种能量形式的刺激特别敏感，能引起感觉器官有效反应的刺激则称为该感觉器官的适宜刺激。人最常用的感觉通道为视觉通道、听觉通道以及触觉和其他通道，其中视觉通道接受和传达了80%的外部信息刺激。

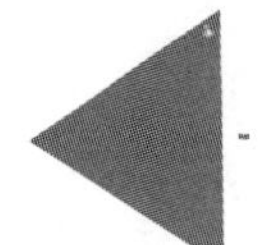

3.3 人体视觉系统及其特征

3.3.1 人的视觉刺激

视觉的适宜刺激是光。光是放射的电磁波，由图3.2不难看出，呈波形的放射电磁波组成广大的光谱，其波长差异极大，而图片下部分则是人的视力所能接收到的光波，仅占整个电磁光谱的不到1/70。在正常情况下，人的两眼所能感觉到的波长为380 nm到780 nm。如果照射两眼的光波波长在可见光谱上短的一端，人就能直觉到紫色；如光波波长在可见光谱上长的一端，人则知觉到红色；在可见光谱两段之间的波长将产生蓝、绿、黄各色的知觉。将各种不同波长的光混合起来，可以产生各种不同颜色的知觉，将所有可见波长的光混合起来则产生白色。

光谱上的光波波长小于380 nm的一段称为紫外线；光波波长大于780 nm的一段称为红外线。而这两部分波长的光都不能引起人的光觉。

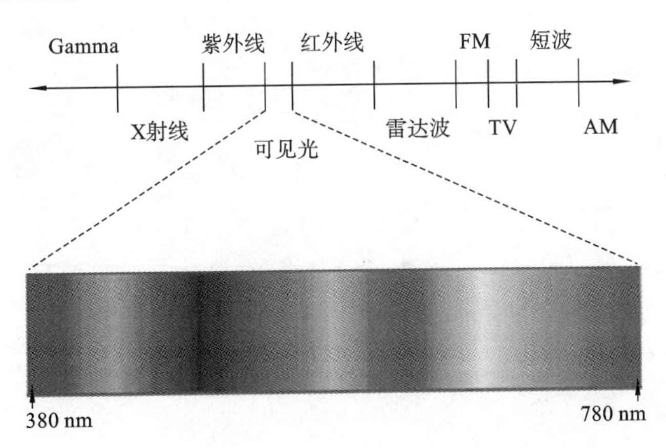

图3.2 光谱中的波长示意图

3.3.2 人的视觉系统

视觉是由眼睛、视神经和视觉中枢的共同活动完成的(见图 3.3)。视觉系统主要是一对眼睛,它们各由一根视神经与大脑视神经表层相连。连接两眼的两根视神经在大脑底部视觉交叉处相遇,并在交叉处部分交叠,然后在和眼睛相反方向的大脑视神经表层上终止。由于大脑两半球对于处理各种不同信息的功能并不相同,就视觉系统的信息而言,左半球分析文字功能较强,右半球分析数字较强。

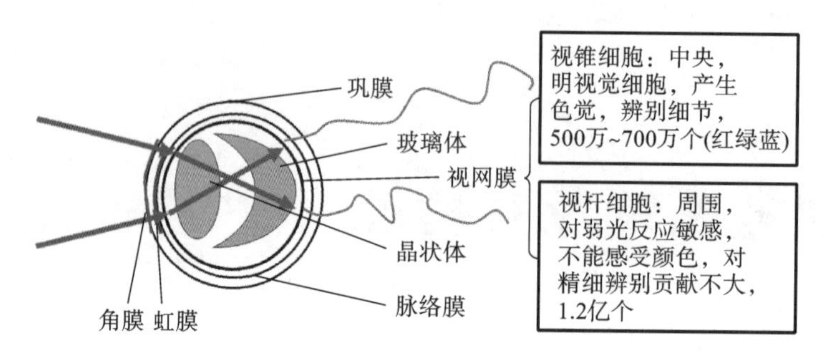

图 3.3 人的视觉系统

眼睛是视觉的感受器官,人眼是直径为 21～25 mm 的球体,其基本构造与照相机类似(见图 3.4)。光线由瞳孔进入眼中,瞳孔的直径大小由有色的虹膜控制,使眼睛在更大范围内适应光线强度的变化。进入的光线通过起“透镜”作用的晶状体聚焦在视网膜上,眼睛的焦距是依靠眼周肌肉来调整晶状体的曲率实现的,同时因视网膜感光层是个曲面,能用以补偿晶状体曲率的调整,从而使聚焦更为迅速而有效。在眼球内约有三分之二的内表面覆盖着视网膜,它具有感光作用。视网膜各部位的感光灵敏度并不完全相同,其中央部位灵敏度最高,越到边缘越差。落在中央部位的映像清晰可辨,而落在边缘部分的则没有那么清晰。眼睛还有上下左右共六块肌肉能对此进行补救,因而转动眼球便能审视全部视野,使不同映像可迅速依次落在视网膜中灵敏度最高处。两眼同时观物,可以得到在两眼中间同时产生的映像,它能反映出物体与环境间的相对空间位置,因而眼睛能分辨出三维空间。

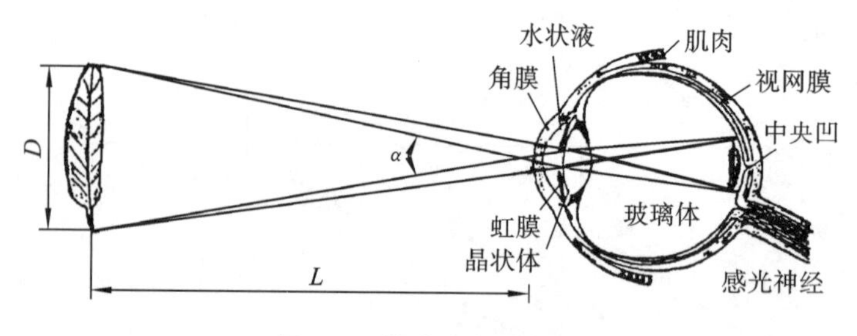

图 3.4 视觉成像示意图

3.3.3 人的视觉机能

1. 视角与视力

视角是被看目标物的两端点光线投入眼球的相交角度。眼睛能分辨被看目标物最近两点光线投入眼球时的交角,称为临界视角。视力,又叫视敏度,则是眼睛分辨物体细节能力的一个生理尺度,通常以临界视角的倒数来表示:

$$视力=\frac{1}{临界视角}$$

2. 视野与视距

视野指人的头部和眼球固定不动的情况下，眼睛观看正前方物体时所能看得见的空间范围，常用角度来表示。视野的大小和形状与视网膜上感觉细胞的分布状况有关，一般可以用视野计来测定视野的范围。正常人两眼的视野如图 3.5 所示。

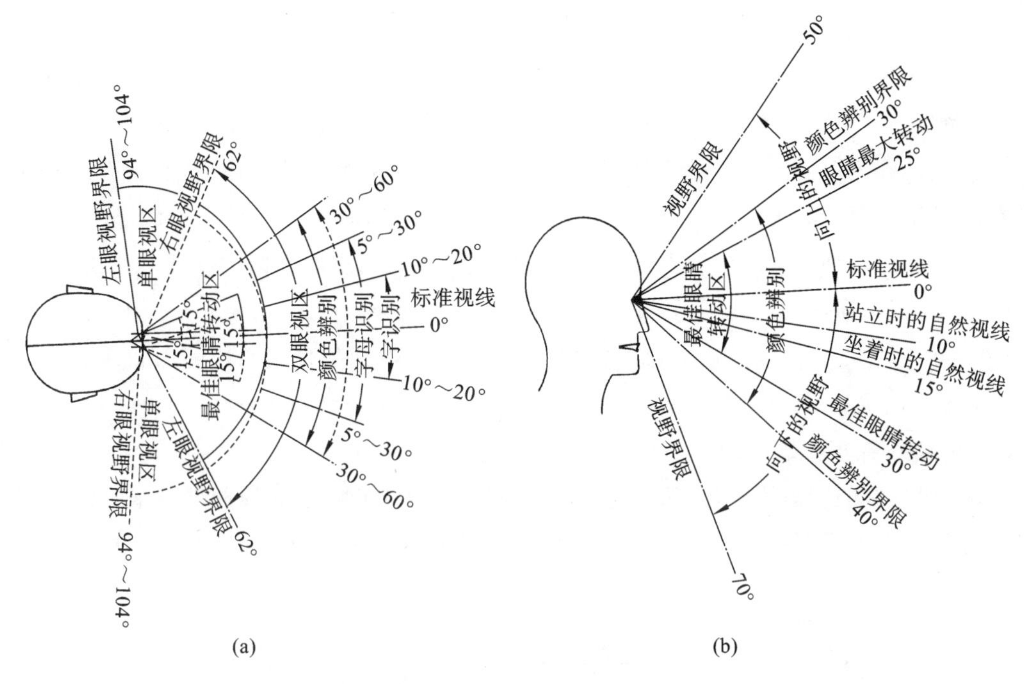

图 3.5　人的水平视野和垂直视野

在水平面内的视野是：双眼视区大约是在左右 62°以内的区域，在这个区域内还包括字、字母和颜色的辨别范围，辨别字的视线角度为 10°～20°；辨别字母的视线角度为 5°～30°，在各自的视线范围以外，字和字母则基本消失；对于特定的颜色的辨别，视线角度为 30°～60°。人最敏锐的视力是在标准视线每侧 1°的范围内。单眼视野界限为标准视线每侧 94°～104°。

视距则是指人在操作系统中正常的观察距离。一般操作的视距范围在 38～76 cm 之间。视距过远或过近都会影响认读的速度和准确性，而且观察距离与工作的精确度有着密切关联，因而需根据具体操作的要求来选择最佳的视距。

3. 中央视觉和周围视觉

在视网膜上分布着视锥细胞多的中央部位感色力强，同时能清晰地分辨物体，用这个部位看物体的称为中央视觉。视网膜上视杆细胞多的边缘部位感受多彩的能力较差或不能感受，则分辨物体的能力差，但由于此部分的视野广，能用于观察空间范围和正在运动的物体，称为周围视觉。

一般情况下，既要求操作者的中央视觉良好，同时也要求其周围视觉正常。而对视野各方面都缩小到 10°以内者称为工业盲。两眼中心视力正常而有工业盲视野缺陷者，不适合从事驾驶飞机、车船、工程机械等要求具有较大视野范围的工作。

4. 双眼视觉和立体视觉

当单眼视物，只能看到物体的平面，也就是只能看到物体的高度和宽度。但用双眼视物时，则具有分辨物体深浅、远近等相对位置的功能,形成立体视觉。

立体视觉的效果并不完全靠双眼视觉,如物体表面的光线反射情况和阴影等,都会加强立体视觉的效果。此外,生活经验在产生立体视觉效果上也起一定作用。比如,远处的物体色调变淡,同样的物体在近处则色调鲜明,在极远处则几乎是蓝灰色。工业设计与工艺美术中的许多平面造型设计颇具立体感,就是运用了这种生活经验的结果。

5. 色觉与色视野

视网膜除了能辨别光的明暗外,还有很强的辨色能力,可以分辨出180多种颜色。人眼的视网膜可以辨别波长不同的光波,在波长为380~780 nm的可见光谱中,波长相差3 nm,人眼即可分辨,但主要是红、橙、黄、绿、青、蓝、紫等七种颜色。人眼区别不同颜色的机理,常用光的"三原色学说"来解释。该学说认为红、绿、蓝为三种基本色,其余的颜色都可以由这三种基本色混合而成;在视网膜中有三种视锥细胞,含有三种不同的感光色素,分别来感受三种基本颜色。当红光、绿光、蓝光分别进入人眼后,将引起三种视锥细胞对于光的化学反应,每种视锥细胞发生兴奋后,神经冲动分别由三种视神经纤维传入大脑皮层视区的不同神经细部,从而引起三种不同的颜色感觉。当三种视锥细胞受到同等刺激时,则引起白色的感觉。

这种对于颜色的感觉是指人的辨色能力,简称为色觉。缺乏辨别某种颜色的能力较弱,称为色盲;辨别某种颜色的能力较弱,称色弱。有色盲色弱的人,由于不能正确辨别各种颜色的信号,因此不宜从事驾驶车辆、飞机以及各种对辨色能力要求较高的工作。

由于各种颜色对人眼的刺激不同,人眼的色视野也不同。图3.6所示是视角度数值在正常条件下对人眼的实验结果:人眼对白色的视野最大,对黄色、蓝色、红色的视野依次减小,对绿色的视野最小。

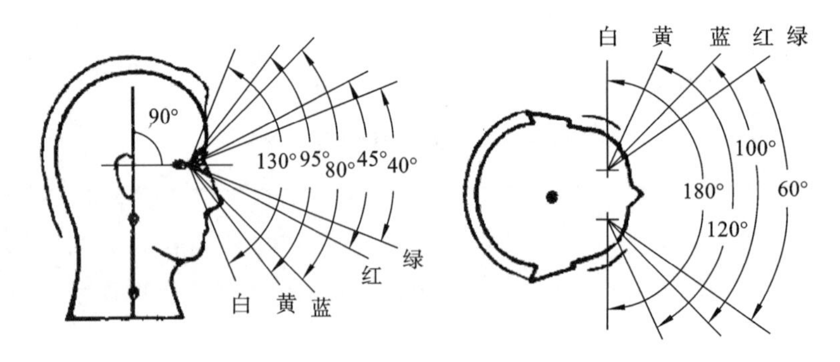

图3.6 人的色视野

6. 视觉的适应

视觉适应是人眼随视觉环境中光量变化而感受性发生相顺应性变化的过程。人由明亮的环境转入暗环境,在暗环境中视网膜上的视杆细胞感受光的刺激,使视觉感受性逐步提高的过程称为暗适应。人由暗环境转入明亮的环境,视杆细胞失去感光作用,视网膜上的视锥细胞感受强光的刺激,使视觉阈限由很低提高到正常水平,这一过程称为明适应。

人眼虽然具有适应性的特点,但当视野内明暗急剧变化时,眼睛却不能很好地适应,从而会引起视力下降。此外,人眼频繁适应各种不同亮度时,极容易产生视觉疲劳,以至于影响工作效率,引发事故。因此,考虑到眼睛适应性的特点,人的工作面的光亮度要求光照均匀且无阴影;考虑到亮度频繁变化的工作环境,则需要使用有色眼镜来缓解视觉疲劳。

3.3.4 视觉的运动特征

(1)眼睛沿水平方向运动比垂直方向快而且不易疲劳。一般先看到水平方向的物体,后看到垂直方向的物体。例如,汽车仪表台大多都设计成横向排列。

(2)视线的变化习惯于从左到右、从上到下和顺时针方向。例如,仪表的刻度方向基本都遵循了这个规律。

(3)人眼对水平尺寸的估计比垂直尺寸要准确。因此,水平式仪表的误读率比垂直式仪表的误读率要低。

(4)在同等情况下,人眼观察力的顺序从好到坏为:左上、右上、左下、右下。

(5)双眼的运动总是协调的、同步的。正常情况下,不可能一只眼睛转动而另外一只眼睛不动,一只眼看一只眼不看。所以,通常在进行设计工作时,必须以双眼的视野作为设计依据。

(6)直线轮廓的物体相对于曲线轮廓的物体更容易被人眼接受。

(7)颜色对比与人眼辨色能力有一定的关系。当人从远处辨认前方的多种不同颜色时,红色是最易辨认的,其他颜色易于辨认的顺序依次为绿、黄、白。所以,在日常生活中,停车、危险等信号标志大多都采用红色。当两种颜色搭配在一起使用时,则易辨认顺序为:黄底黑字、黑底白字、蓝底白字、白底黑字。因此,公路边的交通标志大多都是黄底黑字。

根据上述特征,人机工程学专家对眼睛的使用归纳了图3.7所示的原则。

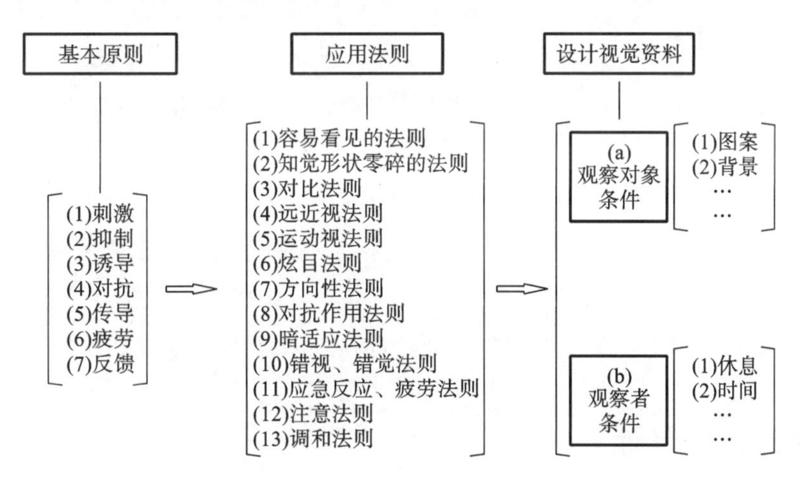

图3.7 人机工程学的视觉原则

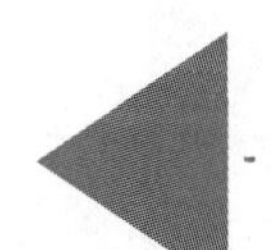

3.4 人体听觉系统及其特征

3.4.1 听觉刺激

听觉是仅次于视觉的第二大信息接收系统,其适宜的刺激是一定频率和一定强度的声波,即声音。振动的物体是声音的声源，振动在弹性媒介中以波的方式传播，所产生的弹性波称为声波，一定范围内的声波作用于人耳，人则产生了声音的感觉。正常人的最佳听闻频率范围为 20～20 000 Hz。低于 20 Hz 和高于 20 000 Hz 的声音，人耳都听不见。

3.4.2 听觉系统

人的耳朵是听觉器官，整个听觉器官包含了耳郭、外耳道、鼓膜、听小骨（锤骨、砧骨、镫骨）、耳咽管、耳蜗这六大结构（见图 3.8），大体可分为外耳、中耳与内耳三大部分。

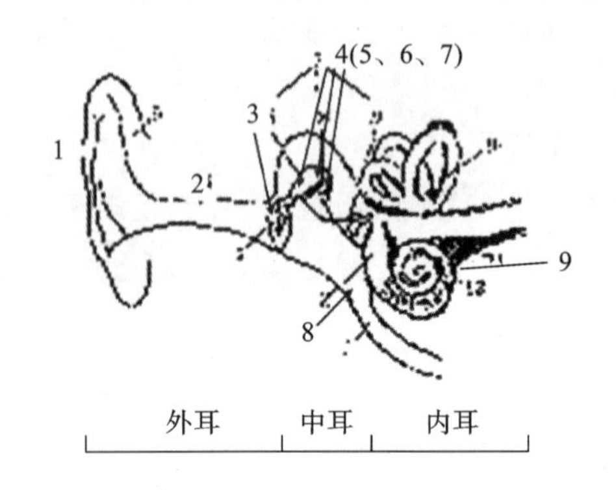

图 3.8 耳的结构示意图

1—耳郭；2—外耳道；3—鼓膜；4—听小骨；5—锤骨；6—砧骨；7—镫骨；8—耳咽管；9—耳蜗

外耳由耳郭和外耳道组成，外耳道一直通到鼓膜，其作用是将声音由耳郭传到鼓膜。外耳道相当于一个声管，其谐振频率为 3000 Hz。人耳正常的频率响应范围为 20～20 000 Hz，约 10 个音程。音程一般用音高表示，声音频率每增加 1 倍或降低 1 半，音高即增加或降低一个八度。

中耳内有三块听小骨：锤骨、砧骨和镫骨。它们组成一个杠杆系统，将鼓膜的振动传到内耳入口处的椭圆窗膜上。中耳由感觉振动的鼓膜、听小骨和容纳鼓膜及听小骨的鼓室构成。中耳将外耳中空气的振动传送到内耳中，使外耳的阻抗和内耳中液体的阻抗相匹配，因此空气中的声能（声波）能有效地传到内耳。

内耳是听觉的主要部分，由耳蜗等组成。耳蜗的外形酷似蜗牛壳，其内部充满了淋巴液。掌管听觉的耳蜗部分为听觉神经。中耳内听小骨的振动引起椭圆窗膜的运动，产生一个或几个波沿基底膜并通过淋巴液传播。对应于每一个频率，基底膜上都有一个共振点，耳蜗的每一段对应于某个振动频率。当耳蜗中的听觉神经因振动被激发时就向大脑发出脉冲，从而产生听觉。声强越大，则被激发的脉冲数也越大，感受到的响度也越大。

3.4.3 听觉的物理特性

1. 听觉区域与频率的关系

听阈：在最佳听闻频率范围，一个正常人刚刚听到正弦式纯音的最低声强，称为相应频率下的听阈值，也叫听觉阈下限。

痛阈：在一定频率范围，一个正常人能正常听到正弦式纯音的最高声强，称为相应频率下的痛阈值，也叫听觉阈上限。

听觉区域：某一频率声音的听阈值与痛阈值之间的声强区域。不同频率下的声音，其听阈值和痛阈值不一样，听觉区域也不一样。

2. 频率响应

最大频率响应范围为 16～20 000 Hz，最佳响应范围为 20～20 000 Hz。随着年龄的增长，人对不同频率的声音，听觉阈值的大小会有很大变化。为不同年龄阶段人群设置声音信息传递装置时，应该考虑到声音频率的合适性。

3. 方向敏感度

人耳的听觉本领,绝大部分都涉及所谓"双耳效应"(又称"立体效应"),这属于正常的双耳听闻所具有的特性。人耳对不同频率与来自不同方向的声音的感受力是具有很多不同特点的,所以人的听觉系统的特征对室内声学设计尤为重要。

4. 掩蔽效应

掩蔽是指一个声音被另外一个声音所掩盖的现象。掩蔽效应则是指,一个声音的听阈因另一个声音的掩蔽作用而提高的效应。在设计听觉传递装置时,根据实际需要,有时要对掩蔽效应的影响加以利用,有时则要避免或克服。

应当注意到,由于人的听阈的复原需要经历一段时间,掩蔽声去掉以后,掩蔽效应并不立即消除,这个现象称为残余掩蔽或听觉残留,其量值可表示听觉疲劳。掩蔽声对人耳刺激的时间和强度直接影响人耳的疲劳持续时间和疲劳程度,刺激越长、越强,则听觉疲劳越严重。

3.5 人体其他感觉及其特征

3.5.1 肤觉

肤觉是仅次于听觉的一种感觉,它感受着外界环境中与它接触的物体的刺激,形成了多种感觉:触觉、温度觉和痛觉。其中触觉又可分为触压觉和触摸觉两种;温度觉可分为冷觉和热觉两种;痛觉则是由剧烈性的刺激引发。用不同性质的刺激检验人的皮肤的感觉时发现,不同感觉的感受区在皮肤表面呈相互独立的点状分布。

1. 触觉

1)触觉感受器

触觉是微弱的机械刺激触及了皮肤浅层的触觉感受器而引起的;而压觉是较强的机械刺激引起皮肤深部组织变形而产生的感觉,由于两者性质上类似,通常称触压觉。

触觉感受器能感知的感觉是非常准确的,触觉的生理意义是能辨别物体的大小、形状、硬度、光滑程度以及表面机理等机械性质的触感。在人机系统的操纵装置设计中,就是利用人的触觉特性,设计具有各种不同触感的操纵装置,以使操作者能够靠触觉准确地控制各种不同功能的操纵装置。

根据触觉信息的性质和敏感程度的不同,分布在皮肤和皮下组织中的触觉感受器有游离神经末梢、触觉小体、触盘、毛发神经末梢、梭状小体、环层小体等。不同的触觉感受器决定了对触觉刺激的敏感性和适应出现的速度。

2)触觉阈限

对皮肤施以适当的机械刺激,在皮肤表面下的组织将引起位移,在理想的情况下,小到 0.001 mm 的位移,就足够引起触的感觉。然而，皮肤的不同区域对触觉敏感性有相当大的差别，这种差别主要是由于皮肤的厚度、神经分布状况引起的。研究表明，女性的触觉阈限分布与男性相似，但比男性略为敏感。还发现，面部、口唇、指尖等处的触点分布密度较高，而手背、背部等处的密度较低。

与感知触觉的能力一样，准确地给触觉刺激点定位的能力，因受刺激的身体部位不同而异。研究发现，刺激指尖和舌头，能非常准确地定位，其平均误差仅 1 mm 左右。而身体的其他区域，如上臂、腰部和背部，对刺激点的定位能力比较差，其平均误差有 1 cm 左右。一般来说，身体由精细肌肉控制的区域，其触觉比较敏锐。

如果皮肤表面相邻两点同时受到刺激，人将感受到只有一个刺激；如果接着将两个刺激略为分开，并使人感受到有两个分开的刺激点，这种能被感知到的两个刺激点间最小的距离称为两点阈限。两点阈限因皮肤区域不同而异，其中以手指的两点阈限值最低。这是利用手指触觉操作的一种“天赋”。

2. 温度觉

温度觉分为冷觉和热觉两种，这两种温度觉是由两种不同的温度感受器感知的，冷感受器在皮肤温度低于 30 ℃时开始发放冲动；热感受器在皮肤温度高于 30 ℃时开始发放冲动，到 47 ℃时为最高。人体的温度觉对保持机体内部温度的稳定与维持正常的生理过程是非常重要的。

温度感受器分布在皮肤的不同部位，形成所谓冷点和热点。每 1 cm^2 皮肤内，冷点有 6～23 个，热点有 3 个。温度觉的强度取决于温度刺激强度和被刺激部位的大小。在冷刺激和热刺激不断作用下，温度觉就会产生适应。

3. 痛觉

凡是剧烈性的刺激，不论是冷、热接触，或是压力等，肤觉感受器都能接受这些不同的物理和化学的刺激而引起痛觉。组织学的检查证明，各个组织的器官内都有一些特殊的游离神经末梢，在一定刺激强度下，就会产生兴奋而出现痛觉。这种神经末梢在皮肤中分布的部位就是所谓的痛点。每 1 cm^2 的皮肤表面约有 100 个痛点，在整个皮肤表面上，其数目可达 100 万个。

痛觉的中枢部分位于大脑皮层。机体不同部位的痛觉敏感度不同。皮肤和外黏膜有高度痛觉敏感性；角膜的中央具有人体最痛的痛觉敏感性。痛觉具有很大的生物学意义，因为痛觉的产生，将使机体产生一系列保护性反应来回避刺激物，动员人的机体进行防卫或改变本身的活动来适应新的情况。

3.5.2 本体感觉

人在进行各种操作活动的同时能给出身体及四肢所在位置的信息，这种感觉称为本体感觉。本体感觉系统主要包括耳前庭系统和运动觉系统。耳前庭系统的主要作用是保持身体的姿势及平衡；运动觉系统主要是感受并指出四肢和身体不同部位的相对位置。

在身体组织中可找出三种类型的运动觉感受器。第一类是肌肉内的纺锤体，它能给出肌肉拉伸程度及拉伸速度方面的信息；第二类是位于腱中各个不同位置的感受器，它能给出关节运动程度的信息，由此可以指示运动速度和方向；第三类是位于深部组织中的层板小体，埋藏在组织内部的这些小体对形变很敏感，从而能给出深部组织中压力的信息。

运动觉系统的感受器由于肉眼看不到，因此在研究中常常被忽视。但在训练技巧性的工作中，运动觉系统有非常重要的作用。许多复杂技巧动作的熟练程度都依赖于有效的反馈作用。汽车司机右脚控制加速器和刹车，左脚控制离合器，如果有意识地让左脚刹车，其下肢及脚踝都会有不舒服的感觉；再例如，在打字中，因为有来自手指、手臂、肩膀等部位的肌肉及关节中的运动觉感受器的反馈，操作者的手指就会自然动作，而不需要操作者本身有意识地命令手指往哪里按，已经完全熟练的操作者，能自动发现手指放错了位置而且能够迅速纠正。由此可见在技巧性工作中本体感觉的重要性。

3.5.3 味觉和嗅觉

味觉和嗅觉器官担负着一定的警戒任务，因为它们处在人体沟通内外部的入口处。

凡是能溶于水的物质都能向人提供味觉刺激，味觉感受器主要分布于舌头表面的味蕾，味觉的感受性用不同浓度溶液的阈值表示。舌尖对甜的感受性大，舌尖和舌侧对酸性的感受性大，舌根对苦的感受性大。

人的嗅觉感受性极强，影响嗅觉感受性的因素有环境条件和人的生理条件两个方面。温度有助于嗅觉感受，最适宜的温度是 37～38 ℃。清洁的空气也能使嗅觉的感受性提高。此外，嗅觉的适应性较快，但有一定选择性。接触某一种气体一段时间后感受性下降。某些刺激性气体还能使人眩晕、恶心甚至中毒，嗅觉就失去作用。

3.6 人体神经系统机能及其特征

3.6.1 神经系统机能

神经系统是人体最主要的机能调节系统，人体各器官、系统的活动，都是直接或间接地在神经系统的控制下进行的。人机系统中人的操作活动，也是通过神经系统的调节作用，使人体对外界环境的变化产生相应的反应，从而与周围环境之间达到协调统一，保证人的操作活动得以正常进行。

神经系统可以分为中枢神经系统和周围神经系统两部分。

1. 中枢神经系统

中枢神经系统包括脑和脊髓。脑位于颅腔内，脊髓在椎管内，两者在枕骨大孔处相连(见图 3.9)。

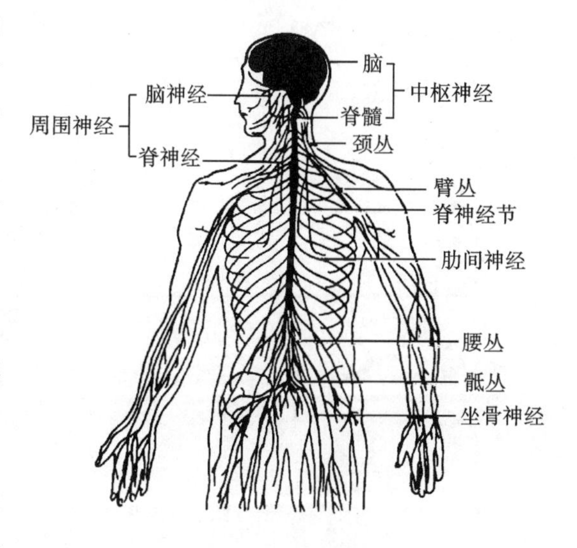

图 3.9 人体神经系统

覆盖在左、右大脑半球表面的灰质层称大脑皮质，它控制着脊髓和脑的其余部分，是调节人体活动的最高中枢所在部位。脊髓则是初级中枢所在部位，它通过上、下行传导束与脑部密切联系，其功能受各级脑中枢的制约。

2. 周围神经系统

周围神经系统是中枢神经以外全部神经的总称。它始于中枢神经，分布于周围器官。周围神经按起始的中枢部位可分为脑神经和脊神经，按分布器官结构分为躯体神经和内神经，其基本形态呈条索状和细丝状（见图3.9）。

周围神经的基本功能是在感受器与中枢神经之间以及中枢神经与效应器之间传导神经冲动。组成周围神经的纤维按其分布的器官结构和传导冲动方向分为四种功能成分，即躯体传入纤维、躯体传出纤维、内脏传入纤维和内脏传出纤维。

3.6.2 大脑皮质功能定位

大脑皮质是神经系统的最高级中枢。从人体各部及各种传入系统传来的神经冲动向大脑皮质集中，在此会通、整合后产生特定的感觉，或维持觉醒状态，或获得一定情调感受，或以简化的形式储存为记忆，或影响其活动，应答内外环境的刺激。大脑皮质的不同功能往往相对集中在某些特定部位，其主要的功能定位如下。

1. 躯体感觉区

对侧半身外感觉和本体感觉冲动传到此区，产生相应的感觉，如图3.10(a)所示。

2. 躯体运动区

躯体运动区接受来自肌、腱和关节等处有关身体位置、姿势以及各部运动状态的本体感觉冲动，借以控制全身的运动。如图3.10(b)所示，身体各部分在此区更精细的代表区基本上是倒置的，但头面部仍是正的，运动愈是精细的部位，如手、舌、唇等，代表区的面积越大。

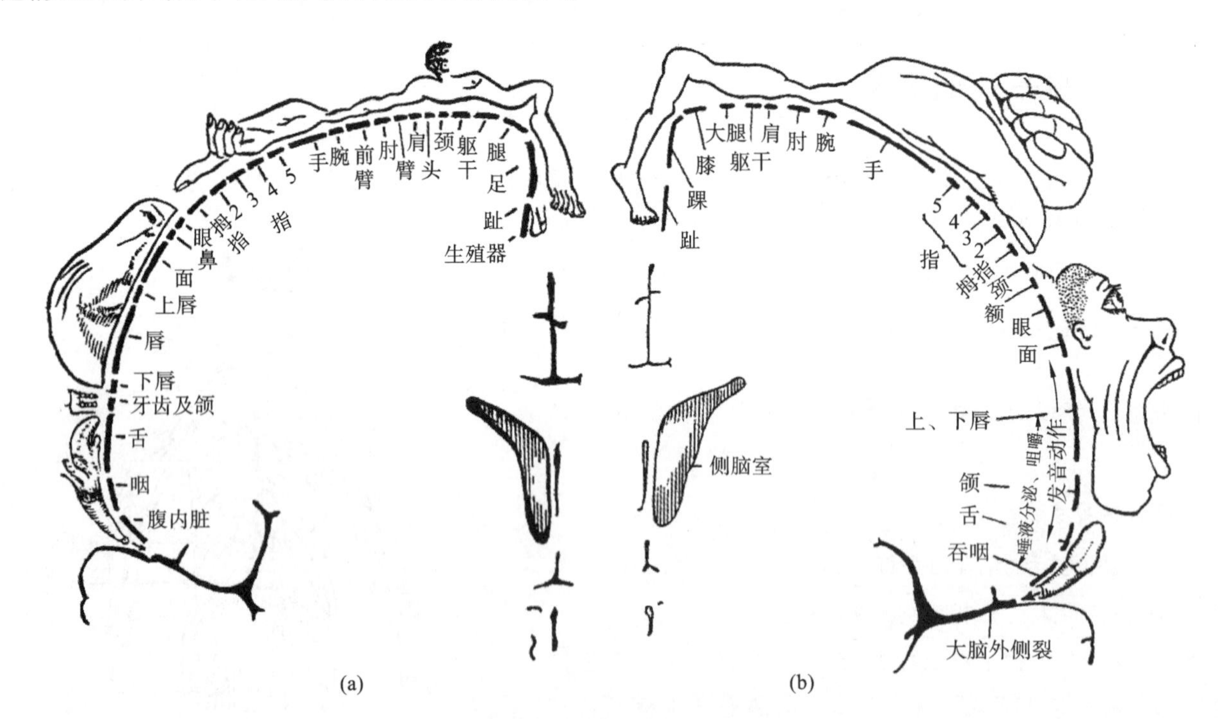

图3.10 躯体感觉区与运动区

3. 其他功能区

除了感觉区和运动区外，还有视区、听区、嗅区，可接受相应的神经冲动。语言代表区是人的大脑皮质所独有的，该代表区又分为书写中枢、说话中枢、听说中枢和阅读中枢。

3.6.3 大脑皮质联络区

大脑皮质单项感觉区和运动区之外的部分，具有更广泛更复杂的联系，它们可将单项信息进行综合分析，形成复杂功能，与情绪、意识、思维、语言等四项功能有密切关系，这些部位称为联络区。三个基本联络区如下。

(1)第一区(保证调节紧张度或觉醒状态的联络区)。它的机能是保持大脑皮层的清醒，使选择性活动持久地进行。如果这一区域的器官(脑干网状结构、脑内侧皮层或边缘皮层)受到损伤，人的整个大脑皮层的觉醒程度就下降，人的选择性活动就不能进行或难以进行，记忆也变得毫无组织。

(2)第二区(接收、加工和储存信息的联络区)。如果这一区域的器官(视觉区的枕叶、听觉区的颞叶和一般感觉区的顶叶)受到损伤，就会严重破坏接收和加工信息的条件。

(3)第三区(规划、调节和控制人复杂活动形式的联络区)。它负责编制人在进行中的活动程序，并加以调整和控制。如果这一区域的器官(脑的额叶)受到损伤，人的行为就会失去主动性，难以形成意向，不能规划自己的行为，对行为进行严格的调节和控制也会遇到障碍。

可见，人脑是一个多输入、多输出、综合性很强的大系统。长期的进化和发展，使人脑具有庞大无比的机能结构，很高的可靠性、多余度和容错能力。人脑所具有的功能特点，使人在人机系统中成为一个最重要的、主导的环节。

3.7 人体运动系统机能及其特征

狭义的运动系统由骨、关节和骨骼肌三种器官组成。骨与不同形式(不活动、半活动或活动)的骨连结连接在一起，构成骨骼(skeleton)，形成了人体体型的基础，并为肌肉提供了广阔的附着点。肌肉是运动系统的主动动力装置，在神经支配下，肌肉收缩，牵拉其所附着的骨，以可动的骨连结为枢纽，产生杠杆运动。

3.7.1 主要关节的活动范围

关节的活动范围有一定的限度，人体处于舒适状态时，关节必然处在一定的舒适调节范围内(见图3.11和图3.12)。

3.7.2 肢体的出力范围

肌力:肌肉的力量来自肌肉收缩，肌肉收缩时产生的力称为肌力。人的一条肌纤维所发挥的力量为0.01～0.02 N，肌力是多条肌纤维的收缩力总和。

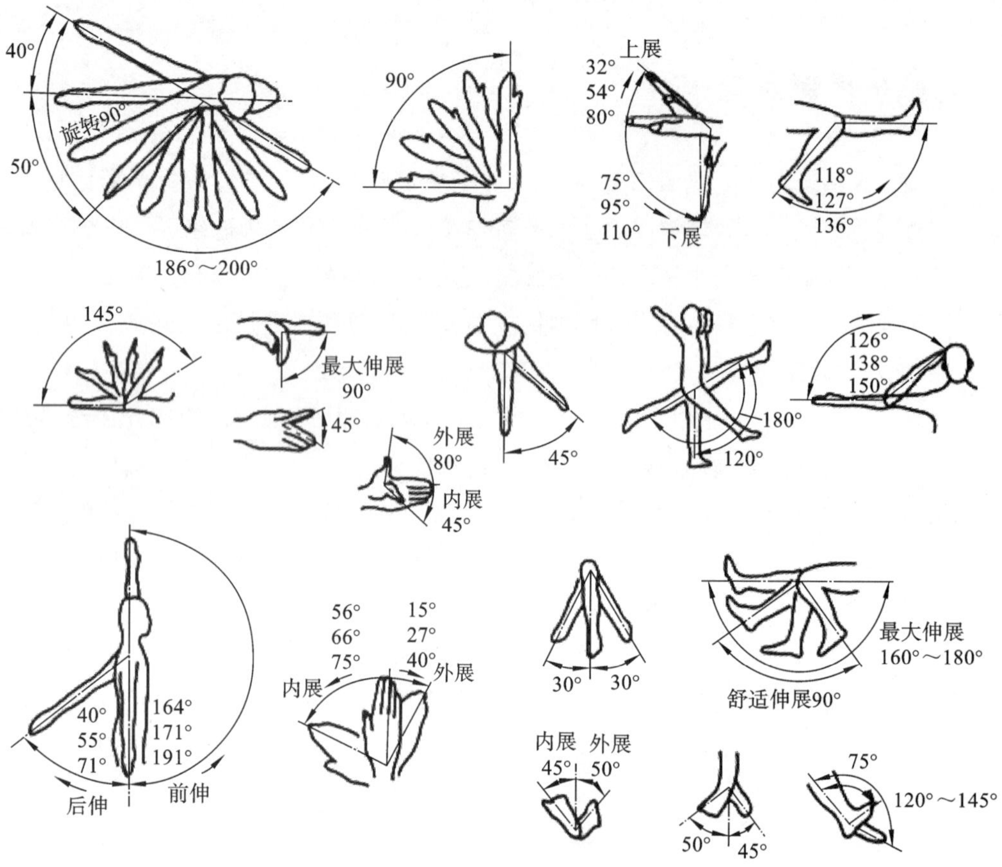

图 3.11　人体各部分的活动范围

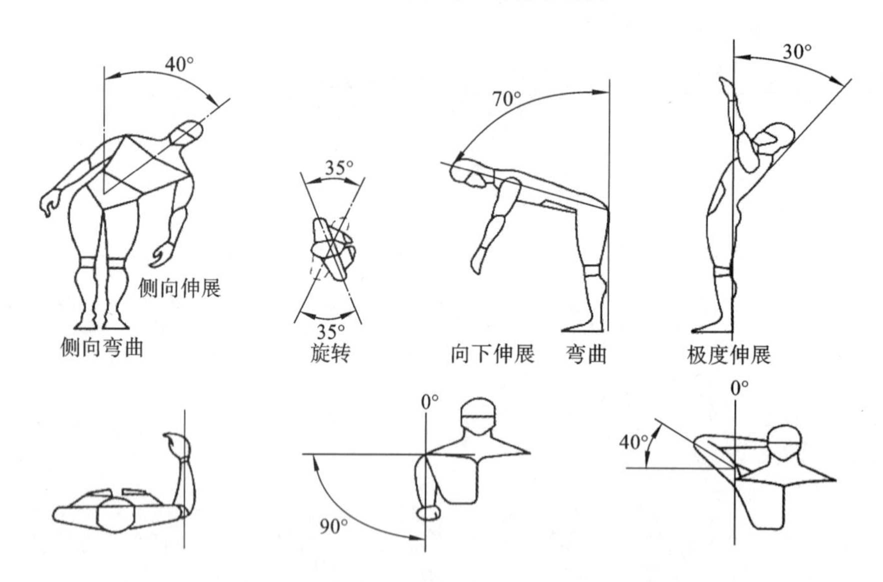

图 3.12　人体上部固定姿势活动角度范围

操作力:在作业中,为了达到操作效果,操作者有关部位(手、脚、躯干等)所施出的一定大小的力。操作力的决定因素有肌力及施力的姿势、部位、方式和方向(见图 3.13 和图 3.14)。

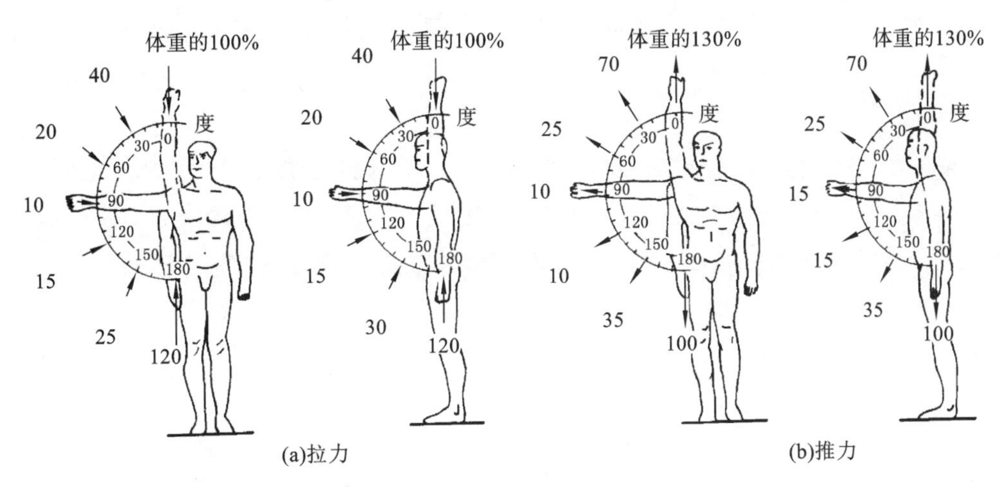

图 3.13 立姿操作时手臂在不同角度上的拉力和推力分布

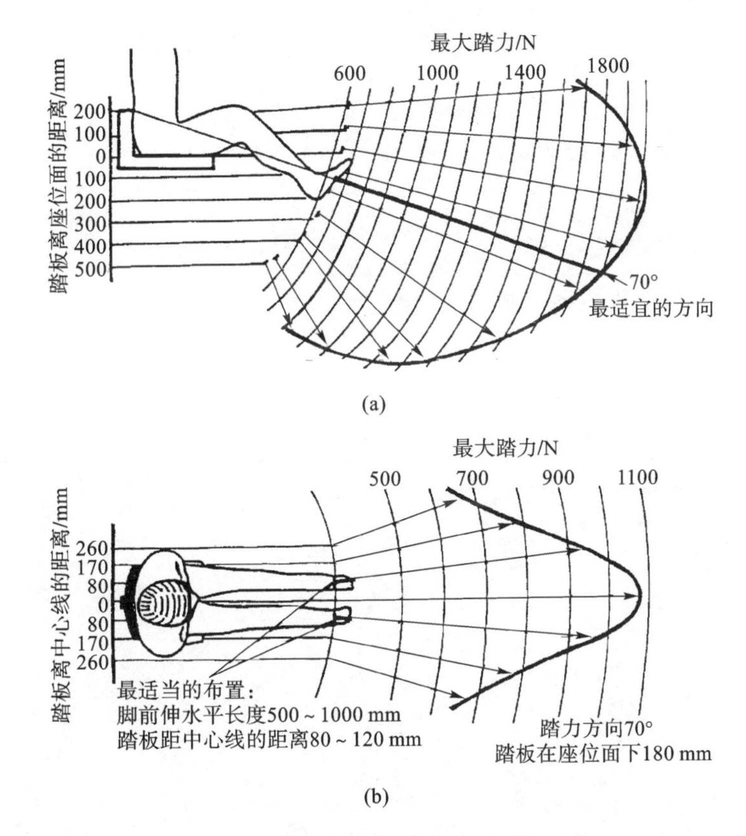

图 3.14 人体坐姿踏力的影响因素示意图

3.7.3 人体运动特征

(1)人体躯干和肢体在水平面的运动比在垂直面的运动速度快。

(2)人体躯干和肢体垂直方向的操纵动作,从上往下的运动速度比从下往上的运动速度快。

(3)人体躯干和肢体水平方向的操纵动作,前后运动速度比左右运动速度快,旋转运动比直线运动更灵活。

(4)人体躯干和肢体顺时针方向的操纵动作比逆时针方向的操纵动作速度更快,更加习惯。

(5)一般人的手操纵动作,右手比左手快;而右手的动作,向右运动比向左运动快。

(6)向身体方向的运动比离开身体方向的运动速度更快,但后者的准确性高。

小　结

人体是一个神奇的复杂系统,具有难以估量的感知、能力。人体的感觉是一种与生俱来的安全机制,它能对外界刺激做出反应。感觉能解读外部信号,并允许内部系统做出反应。感觉到危险状况,必须注意这些信号,消除急性危害。一些灾害带来的风险可能不会立即检测到,将会导致长期的健康问题。在工作场所的设计中考虑这些危险至关重要,因为短期工作内不会意识到长期影响造成的后果。

身体的感觉感官是人体感知外部世界的通道。身体对压力的响应来自内部和外部的刺激。减少外部刺激是很重要的,这样身体系统就不会过分紧张。

练习与讨论

(1)讨论在职业环境中人的感官具有什么作用。

(2)视觉的特征有哪些? 举例说明。

(3)如何结合感觉系统和运动系统的特征进行产品设计? 举例说明。

(4)查找有关视觉、听觉或振动的职业任务设计的国内或国际标准(或指南)。

(5)听的特征有哪些? 举例说明。

(6)什么叫听觉的掩蔽效应? 举例说明。

(7)讨论在设计中如何实现靠触觉来完成任务。

第4章

人体心理学与行为特征

RENTI XINLIXUE YU XINGWEI TEZHENG

学习目标

了解人体心理学知识,能够灵活应用人体测量学的数据。了解感觉与知觉特征、注意与记忆特征、想象与思维特征、创造性心理特征。掌握人与自然的关系、环境构成、刺激与效应的概念。了解人的行为特征和习惯,通过相关案例研究深刻了解人机交互中的行为心理与环境的关系,并掌握基于用户行为的设计方法,为以后的设计打下理论基础。

4.1 人体心理学

心理学是研究人心理现象及其活动规律的科学。心理现象是心理活动的表现形式。一般把心理现象分为两类,即心理过程和个性差异。心理过程是指人的心理活动过程,包括人的认知过程、情绪和情感过程、意志过程。认知过程是一个人在认识、反映客观事物时的心理活动过程,包括感觉、知觉、记忆、想象和思维过程。个性差异主要包括个性倾向性和个性心理特征两个方面。

人的心理,从字面上解释,就是心思、思想、感情等内心活动的总称。用现代心理学的语言解释,心理是脑的机能,是客观现实的反映,是感觉、知觉、记忆、思维、想象、注意、情感、意志、动机、兴趣、能力、气质、性格等心理现象的总称。感觉是人脑对直接作用于感觉器官的客观事物的个别属性的反映。感觉包括视觉、听觉、嗅觉、味觉、皮肤觉、运动觉、平衡觉和内脏觉等多种现象。如:人们见到颜色,听到声音,闻到气味,用手触摸物体时,感觉到是冷的、热的、硬的、软的等,这都是感觉现象。感觉是最简单的心理现象,是认知活动的开端。

以上所述的感觉、知觉、思维、记忆、想象等,都是人们认识事物过程中所产生的心理活动,统称认知活动或认知过程。感知觉是简单的初级认知过程;思维、想象则是人的复杂的高级认知过程。

心理学把心理现象区分为不同方面是为了研究的需要。实际上,人的心理活动是一个整体,各种心理现象之间是相互联系、相互影响的,在特定的情境中能够综合地表现为一定的心理状态,并在行为上得到体现(见图 4.1)。

4.1.1 感觉与知觉特征

1. 感觉的特征

感觉是一种最简单而又最基本的心理过程,在人的各种活动过程中起着极其重要的作用。人除了通过感觉分辨外界事物的个别属性和了解自身器官的工作状况外,一切较高级的、较复杂的心理活动,如思维、情绪、意志等都是在感觉的基础上产生的。所以说,感觉是人了解自身状态和认识客观世界的开端。

1)适宜刺激

人体的各种感觉器官都有各自最敏感的刺激形式,这种刺激形式称为相应感觉器官的适宜刺激。人体各主要感觉器官的适宜刺激及其识别特征如表 4.1 所示。

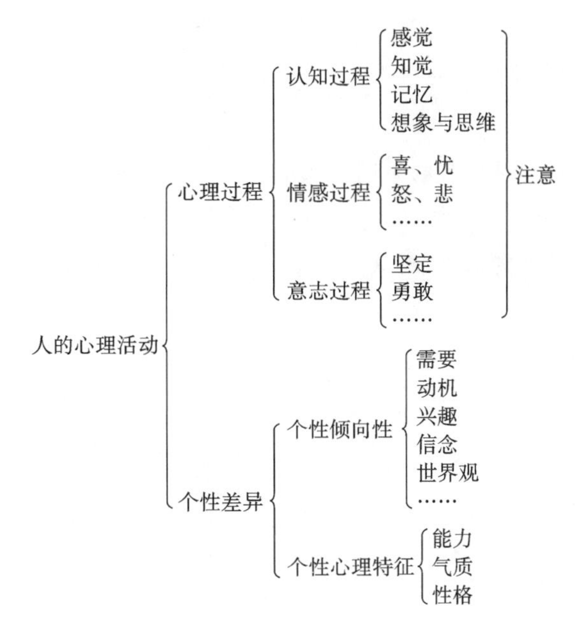

图 4.1 人的心理活动

表 4.1 人体主要尺寸

感觉类型	感觉器官	适宜刺激	刺激来源	识别外界的特征
视觉	眼	一定频率范围的电磁波	外部	形状、大小、位置、远近、色彩、明暗、运动方向等
听觉	耳	一定频率范围的声波	外部	声音的强弱和高低、声源的方向和远近等
嗅觉	鼻	挥发的和飞散的物质	外部	辣气、香气、臭气等
味觉	舌	被唾液溶解的物质	接触表面	甜、咸、酸、辣、苦等
皮肤感觉	皮肤及皮下组织	物理和化学物质对皮肤的作用	直接和间接接触	触觉、温度觉、痛觉等
深部感觉	肌体神经和关节	物质对肌体的作用	外部和内部	撞击、重力、姿势等
平衡觉	半规管	运动和位置变化	内部和外部	旋转运动、直线运动、摆动等

2)感觉阈限

刺激必须达到一定强度方能对感觉器官发生作用。刚刚能引起感觉的最小刺激量,称为感觉阈下限;能产生正常感觉的最大刺激量,称为感觉阈上限。刺激强度不允许超过上限,否则不但无效,而且还会引起相应感觉器官的损伤。能被感觉器官所感受的刺激强度范围,称为绝对感觉阈值。

感觉器官不仅能感觉刺激的有无,而且能感受刺激的变化或差别。刚刚能引起差别感觉的刺激最小差别量,称为差别感觉阈限。不同感觉器官的差别感觉阈限不是一个绝对数值,而是随最初刺激强度变化而变化,且与最初刺激强度之比是个常数。对于中等强度的刺激,其关系可用韦伯定律表示,即:

$$\frac{\Delta I}{I} = K$$

式中,I 为最初刺激强度;ΔI 为引起差别感觉的刺激增量;K 为常数,又称韦伯分数。

3)适应

感觉器官经持续刺激一段时间后,在刺激不变的情况下,感觉会逐渐减小以致消失,这种现象称为"适应"。适应是感觉中的普遍现象,但在各种感觉中,适应的速度和程度是不同的。如:从亮处到暗处,什么都看不到,等一会儿,就能看清屋内物体,这是暗适应;通常所说的“入芝兰之室,久而不闻其香;入鲍鱼之肆,久而不闻其臭。”就是嗅觉器官产生适应的典型例子。

4)相互作用

在一定条件下,各种感觉器官对其适宜刺激的感受能力都将受到其他刺激的干扰影响而降低,由此使感受性发生变化的现象称为感觉的相互作用。例如:同时输入两个视觉信息,人往往只倾向于注意其中一个而忽视另一个;同时输入两个相等强度的听觉信息,对其中一个信息的辨别能力将降低 50%;当视觉信息与听觉信息同时输入时,听觉信息对视觉信息的干扰较大,视觉信息对听觉信息的干扰较小。此外,味觉、嗅觉、平衡觉等都会受其他感觉刺激的影响而发生不同程度的变化。

利用感觉相互作用规律来改善劳动环境和劳动条件,以适应操作者的主观状态,对提高生产率具有积极的作用。因此,对感觉相互作用的研究在人机工程学设计中具有重要意义。

5)对比

同一感觉器官接受两种完全不同但属同一类的刺激物的作用,而使感受性发生变化的现象称为对比。感觉的对比分为同时对比和继时对比两种。

几种刺激物同时作用于同一感觉器官时产生的对比称为同时对比。例如:同样一个灰色的图形,在白色的背景下看起来显得颜色深一些(见图 4.2),在黑色背景下则显得颜色浅一些(见图 4.3),这是无彩色对比;而灰色图形放在红色背景下呈绿色,放在绿色背景下则呈红色,这种图形在彩色背景下而产生向背景的补色方向变化的现象叫彩色对比。

图 4.2　白色背景下的图形

图 4.3　黑色背景下的图形

几个刺激物先后作用于同一感觉器官时,将产生继时对比现象。例如,吃了糖以后接着吃带有酸味的食品,会觉得更酸;又如,左手放在冷水里,右手放在热水里,过一会儿以后,再同时将两手放在温水里,则左手感到热,右手会感到冷,这些都是继时对比现象。

6)后效

刺激停止作用以后,感觉并不立刻消失,而是逐渐减弱,这种感觉残留现象叫作感觉的后效。

皮肤觉的痛觉后效特别明显,视觉的后效也很显著。视觉后效即是视觉后像。例如,在暗室里急速转动一根燃烧着的火柴,可以看到一圈火花,这就是由许多火点留下的余觉组成的。请大家盯住图 4.4 中的四个黑点看 15~25 秒,再将视线转移到白墙上,能看到什么?

2. 知觉的特征

知觉是人脑对直接作用于感觉器官的客观事物和主观状况整体的反映。人脑中产生的具体事物的印象总

图 4.4 感觉后效

是由各种感觉综合而成的，没有反映个别属性的知觉，也就不可能有反映事物整体的感觉。所以，知觉是在感觉的基础上产生的。感觉到的事物个别属性越丰富、越精确，对事物的知觉也就越完整、越正确。

虽然感觉和知觉都是客观事物直接作用于感觉器官而在大脑中产生对所作用事物的反映，但感觉和知觉又是有区别的，感觉反映客观事物的个别属性，而知觉反映客观事物的整体。以人的听觉为例，作为听知觉反映的是一段曲子、一首歌或一种语言，而作为听觉所反映的只是一个个高高低低的声音。所以，感觉和知觉是人对客观事物的两种不同水平的反映。

在生活或生产活动中，人都是以知觉的形式直接反映事物，而感觉只作为知觉的组成部分而存在于知觉之中，很少有孤立的感觉存在。由于感觉和知觉关系如此密切，所以，在心理学中就把感觉和知觉统称为“感知觉”。

1)整体性

在知觉时，把由许多部分或多种属性组成的对象看作具有一定结构的统一整体，这一特性称为知觉的整体性。例如，观察图 4.5 时，不是把它感知为四段直线、几个圆或虚线，而是一开始就把它看成正方形、三角形和圆形。

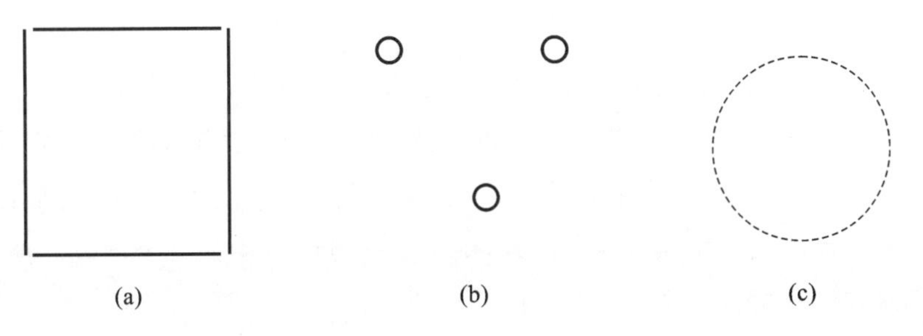

图 4.5 知觉的整体性

在感知熟悉对象时，只要感知到它的个别属性或主要特征，就可以根据累积的经验而知道它的其他属性和特征，从而整体地感知它。例如，有些艺术家绘画时故意留些缺笔，观赏家在心目中自然会把它弥补起来。

在感知不熟悉的对象时，则倾向于把它感知为具有一定结构的有意义的整体。在这种情况下，影响知觉整体性的因素有以下几个方面：

(1)接近。在图4.6(a)中，圆点被看成四个纵行，因为圆点的排列在垂直方向上比水平方向上明显接近。

(2)相似。在图4.6(b)中，点之间的距离是相等的，但同一横行各点颜色相同，由于相似组合的作用，这些点就被看成五个水平横行。

(3)封闭。如图4.6(c)所示，由于封闭因素的作用，把两个距离较远的纵行组合在一起，被知觉为两个长方形。

(4)连续。如图4.6(d)所示，由于受连续因素的影响，被知觉为一条直线和一个半圆。

(5)美的形态。在图4.6(e)中，由于点的形态因素的影响，被知觉为两圆相套。

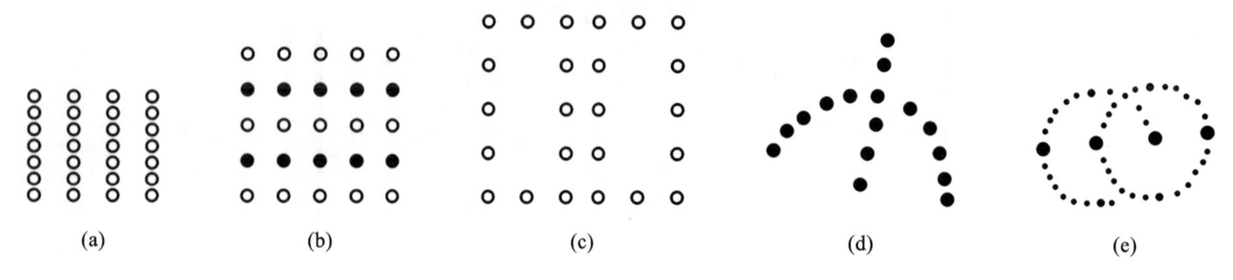

图4.6 影响知觉整体性的因素

2)选择性

在知觉时，把某些对象从某背景中优先地区分出来，并予以清晰反映的特征，叫知觉选择性。从知觉背景中区分出对象来，一般取决于下列条件：

(1)对象和背景的差别。对象和背景的差别越大(包括颜色、形态、刺激强度等方面)，对象越容易从背景中区分出来，并优先突出，给予清晰的反映；反之，就难于区分。例如，重要新闻用红色套印或用特别的字体排印就非常醒目，特别容易区分。

(2)对象的运动。在固定不变的背景上，活动的刺激物容易成为知觉对象。例如，航道的航标用闪光做信号，更能引人注意，提高知觉效率。

(3)主观因素。人的主观因素对于选择知觉对象相当重要，当任务、目的、知识、经验、兴趣、情绪等因素不同时，选择的知觉对象便不同。例如，情绪良好、兴致高涨时，知觉的选择面就广泛；而在抑郁的心境状态下，知觉的选择面就狭窄，会出现视而不见、听而不闻的现象。

知觉对象和背景的关系不是固定不变的，而是可以相互转换的。如图4.7(a)所示，这是一张双关图形。在知觉这种图形时，既可知觉为黑色背景上的白花瓶，又可知觉为白色背景上的两个黑色侧面人像。

3)理解性

在知觉时，用以往所获得的知识经验来理解当前的知觉对象的特征，称为知觉的理解性。正因为知觉具有理解性，所以在知觉一个事物时，同这个事物有关的知识、经验越丰富，对该事物的知觉就越丰富，对其认识也就越深刻。例如，同样一幅画，艺术欣赏水平高的人，不但能了解画的内容和寓意，而且还能根据自己的知识、经验感知到画的许多细节；而缺乏艺术欣赏能力的人，则无法知觉到画中的细节问题。所谓"仁者见仁，智者见智"就说明了主观因素对知觉理解性的影响。

语言的指导能唤起人们已有的知识和过去的经验，使人对知觉对象的理解更迅速、完整。例如，图4.7(b)也是一张双关图形，提示者可以把它提示为立体的东西，而这个立体随着提示者的语言可以形成向内凹或向外凸的立体。但是，不确切的语言指导，会导致歪曲的知觉。例如，当受试者观看图4.8正中间的一排图形时，第一组受试者听到图上左边一排的名称，第二组听到右边的一排名称，然后拿走图形，让两组受试者画出他所知觉的图形。结果表明，画得最不像的图形中，约有四分之三的歪曲图形类似于语言指导的名称。所以，在知觉外界事物时，语言的参与对知觉理解性具有重要的意义。

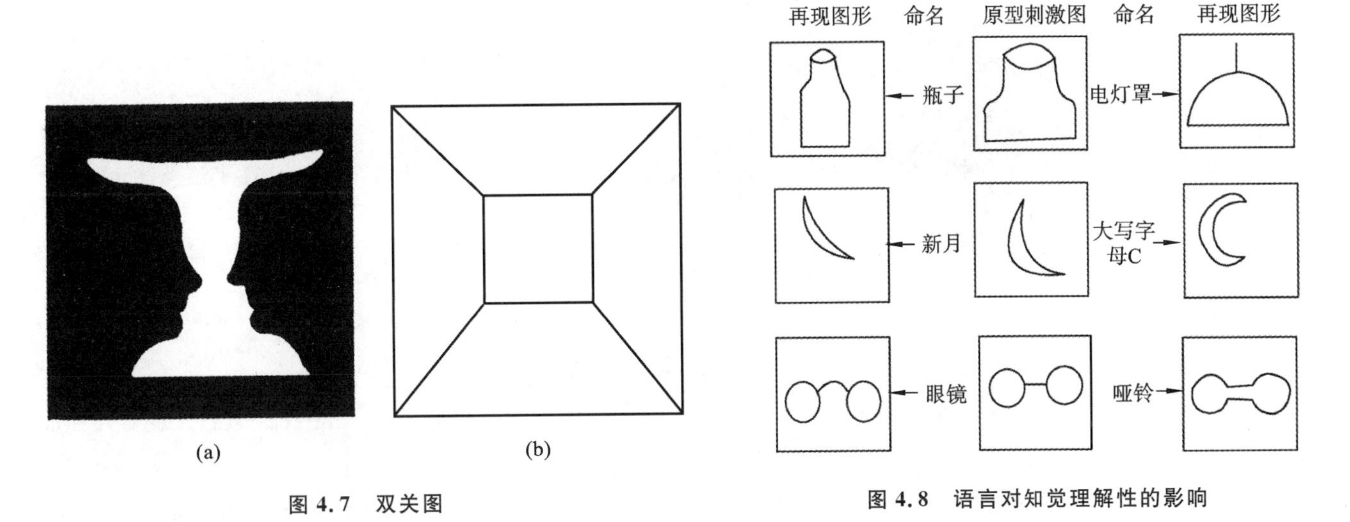

图 4.7 双关图

图 4.8 语言对知觉理解性的影响

4）恒常性

知觉的条件在一定范围内发生变化，而知觉的印象却保持相对不变的特性，叫知觉的恒常性。知觉恒常性是经验在知觉中起作用的结果，也就是说，人总是根据记忆中的印象、知识、经验去知觉事物的。在视知觉中，恒常性表现得特别明显。关于视知觉对象的大小、形状、亮度、颜色等的印象与客观刺激的关系并不完全服从于物理学的规律，尽管外界条件发生了一定变化，但观察同一事物时，知觉的印象仍相当恒定。视知觉恒常性主要有以下几方面：

（1）大小恒常性。看远处物体时，人的知觉系统补偿了视网膜映像的变化，因而知觉的物体是其真正的大小。例如，在 5 m 远和 10 m 远处看一位身高 1.8 m 的人，虽然视网膜上的映像大小是不同的，但总是把他感知为一样高，即在一定限度以内，知觉的物体大小不完全随距离而变化，表现出知觉大小的恒常性。如图 4.9 所示，在不同视角观看同一个钟面，即使钟面在发生透视关系，但是人对钟面大小的感知是不会改变的。

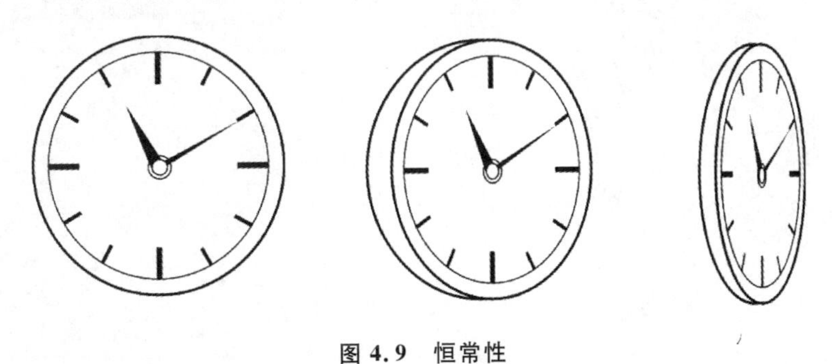

图 4.9 恒常性

（2）形状恒常性。形状恒常性是指看物体的角度有很大改变时，知觉的物体仍然保持同样形状。形状恒常性和大小恒常性可能都依靠相似的感知过程。保持形状恒常性最起作用的线索是带来有关深度知觉信息的线索，如倾斜、结构等。如图 4.10 所示，当一扇门在人的面前打开时，视网膜上门的映像经历一系列的改变，但人总是知觉门是长方形的。

（3）明度恒常性。一个物体，不管照射它的光线强度怎么变化，它的明度是不变的。决定明度恒常性的重要因素是，从物体反射出来的光的强度和从背景反射出来的光的强度的比例，只要这一比例保持恒定不变，明度也就保持恒定不变。因此，邻近区域的相对照明，是决定明度保持恒定不变的关键因素。例如，无论在白天

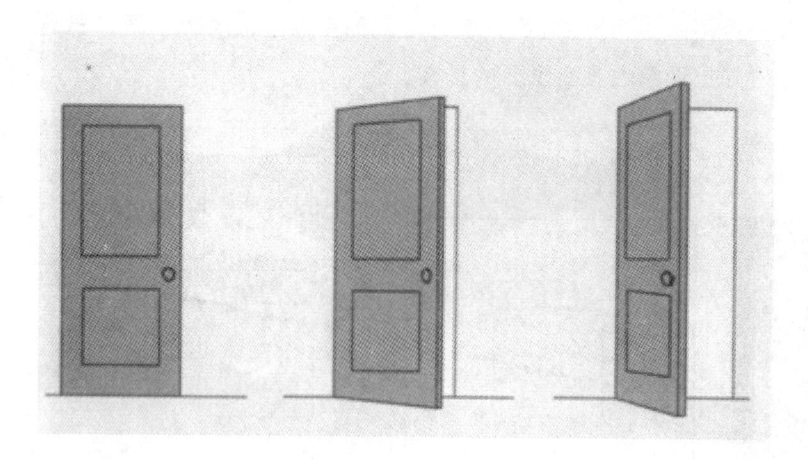

图 4.10　门的恒常性

还是在夜空下，白衬衣总是被知觉为白的，那是因为它反射出来的光的强度和从背景反射出来的光的强度的比例不变。

(4)颜色恒常性。颜色恒常性是与明度恒常性完全类似的现象，因为绝大多数物体之所以可见，是由于它们对光的反射，反射光这一特征赋予物体各种颜色。一般来说，即使光源的波长变动幅度相当宽，只要照明的光线既照在物体上也照在背景上，任何物体的颜色都将保持相对的恒常性。例如，无论在强光下还是在昏暗的光线里，一块煤看起来总是黑的。

5)错觉

错觉是对外界事物不正确的知觉。总的来说，错觉是知觉恒常性的颠倒。例如，在大小恒常性中，尽管视网膜上的映像在变化，而人的知觉经验却完全忠实地把物体的大小和形状等反映出来。反之，错觉表明的另一种情况是，尽管视网膜上的映像没有变化，而人知觉的刺激却不相同。图 4.11～图 4.15 列举了一些众所周知的几何图形错觉。

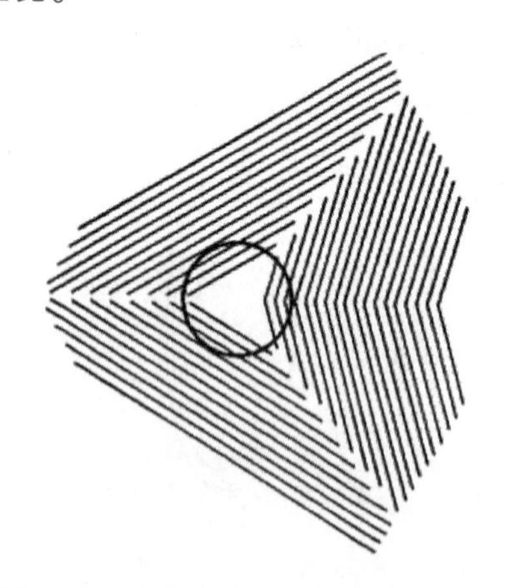

图 4.11　线条中间的图形是一个圆吗？

图 4.12　平行的直线

错觉产生的原因目前还不是很清楚，但它已被人们大量地利用来为工业设计服务。例如，表面颜色不同而造成同一物品轻重有别的错觉，早被工业设计师所利用。小巧轻便的产品涂着浅色，使产品显得更加轻便灵巧；而机器设备的基础部分则采用深色，可以使人产生稳固之感。从远处看，圆形比同等面积的三角形或正方形要大出约 1/10，交通上利用这种错觉规定圆形为表示“禁止”或“强制”的标志，等等。

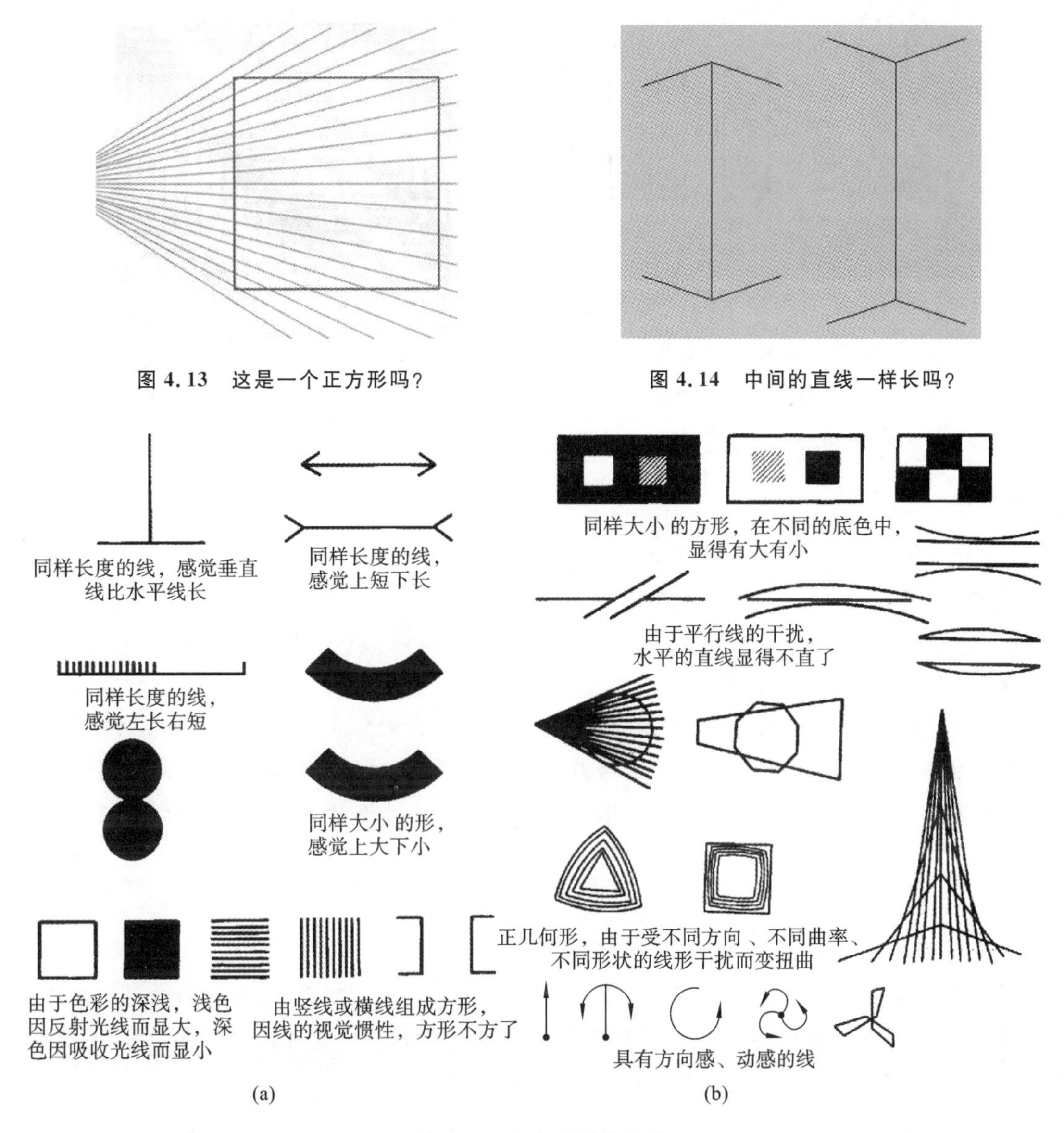

图 4.13　这是一个正方形吗？

图 4.14　中间的直线一样长吗？

图 4.15　几何图形的错觉

4.1.2　注意与记忆特征

注意是一种常见的心理现象，它是指一个人的心理活动对一定对象的指向和集中，这里的“一定对象”，既可以是外界的客观事物，也可以是人体自身的行动和观念。

1. 注意的模型

英国剑桥大学布罗德本特对注意的生理机制做了理论解释。他认为，人对外界刺激的心理反应，实质上是人对信息的处理过程，其一般模式为：外界刺激→感知→选择→判断→决策→执行。“注意”就相当于其中的“选择”。由此他建立了一个选择注意模型，如图 4.16 所示。

由图 4.16 可见，各种外界刺激通过多种感觉器官并行输入，感知的信息首先通过短时记忆存储体系（S 体系）保存下来，但能否被中枢神经系统清晰地感知，要受到选择过滤器的制约。该过滤器相当于一个开关，且按“全或无”规律工作，其结果使得只有一部分信息能到达大脑，而另一部分信息不能进入中枢，以免中枢的接收

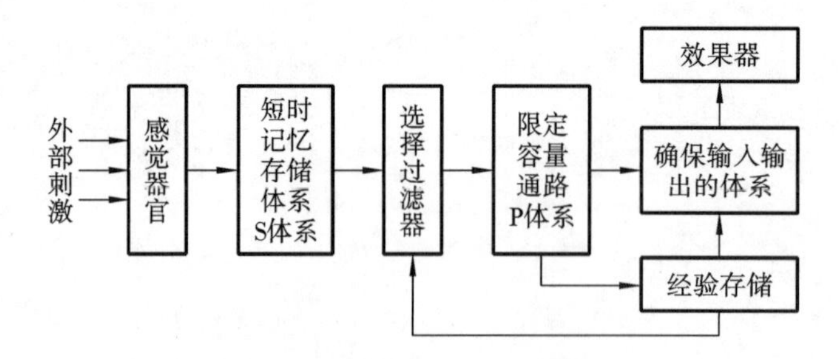

图 4.16　选择注意模型

量太多，负担过重。由此造成注意具有选择性和广度等特性。也就是说，并不是所有的外界刺激都能被注意到，不被注意也就相当于“没注意”或“不注意”。过滤器的“开关”动作受中枢信息处理能力的限定，而哪些信息通过，哪些不能通过，则和人的需要、经验等主观因素相关。

2. 注意的特点

人的各种心理活动均有一定的指向性和集中性，心理学上称之为“注意”。当一个人对某一事物发生注意时，他的大脑两半球内的有关部分就会形成最优越的兴奋中心。同时这种最优越的兴奋中心，会对周围的其他部分发生负诱导的作用，从而对于这种事物就会具有高度的意识性。

注意分无意注意和有意注意两种类型。

无意注意是指没有预定的目的，也不需要做意志努力的注意，它是由于周围环境的变化而引起的。

影响注意的因素有两个方面：一是人的自身努力和生理因素，二是客观环境。注意力是有限的，被注意的事物也有一定的范围，这就是注意的广度。它是指人在同一时间内能清楚地注意到的对象的数量。心理学家通过研究证实，人们在瞬间的注意广度一般为 7 个单位。如果是数字或没有联系的外文字母的话，可以注意到 6 个；如果是黑色圆点，可以注意到 8～9 个，这是注意的极限。

在多数情况下，如果受注意的事物个性明显、与周围事物反差较大，或本身面积或体积较大、形状较显著、色彩明亮艳丽，则容易吸引人们的注意。因此在环境设计时，为引起人们的注意，应加强相对的刺激量，常用的方法有三种：加强环境刺激的强度，加强环境刺激的变化性，采用新颖突出的形象刺激。

有意注意是指有预定目的，必要时还需要做出一定意志努力的注意。

这种注意主要取决于自身的努力和需要，也受客观事物刺激效应的影响。如有意要购买某一物品，则会注意选择哪一家商店最合适。而有关商店就要将商品陈列在使顾客容易注意的地方，这就形成了橱窗设计的要点。

3. 记忆的特点

1）记忆的过程

记忆是一个复杂的心理过程，它可以具体划分为识记、保持、再认、再现等阶段。其生理心理学解释和信息论的解释可归纳为表 4.2 所列。

表 4.2　记忆的解释

记忆的不同阶段	识　记	保　持	再　认	再　现
经典的生理心理学解释	大脑皮层中暂时神经联系（条件反射）的建立	暂时神经联系的巩固	暂时神经联系的再活动	暂时神经联系的再活动（或接通）
信息论的观点	信息的获取	信息的储存	信息的辨识	信息的提取和运用

2)记忆的种类

记忆，按其目的性的程度或采用的方法，可以分为不同种类。掌握不同类型记忆的特点，可以增强记忆的效果。

(1)有意记忆与无意记忆。按在记忆中意志的参与程度，记忆分为有意记忆和无意记忆。两者的特点可归纳为表 4.3 所列。

表 4.3 有意记忆和无意记忆的特点

有意记忆	无意记忆
1.有明确的目的； 2.有意志的参与，需经努力； 3.有计划性； 4.记忆效果好； 5.记忆内容专一； 6.对完成特定任务有利	1.无明确目的； 2.意志的参与较少，一般没经过特别努力； 3.随机的，无计划性； 4.记忆效果差； 5.记忆内容广泛而不专一； 6.对储存多种经验有益

(2)机械记忆与意义记忆。以记忆的方法分，记忆可分为机械记忆与意义记忆。两者的区别与特点如表 4.4所示。

表 4.4 机械记忆与意义记忆的特点

机械记忆	意义记忆
1.对内容不理解的情况下的记忆； 2.死记硬背； 3.对不熟悉的事物多采用此法； 4.方式简单； 5.记忆不牢固； 6.容易遗忘，需经常复习	1.以对内容的理解为基础的记忆； 2.灵活记忆； 3.对较熟悉的事物多采用此法； 4.方式较为复杂； 5.记忆较牢固； 6.不易遗忘，保持较持久

(3)瞬时记忆、短时记忆与长时记忆。以时间特性分，记忆可区别为瞬时记忆、短时记忆与长时记忆。瞬时记忆又叫感觉记忆、感觉储存和感觉登记。它是记忆的最初阶段，对材料保持的时间极短。在视觉范围内，材料保持的时间不超过 1 s，信息完全依据它们具有的物理特征编码，有鲜明的形象性。在听觉范围内，材料保持的时间为 0.25～2 s，这种听觉信息的储存也叫回声记忆。瞬时记忆可以储存大量的潜在信息，其容量比短时记忆大得多，但由于其持续的时间极短，储存的内容往往意识不到，因此易于消失。如果受到注意，则会转入短时记忆。

短时记忆一般是指保持 1 min 以内的记忆。短时记忆对内容已进行了一定程度的加工编码，因而对内容能意识到，但如不加以复述，大约 1 min 内将消退，且不能再恢复。短时记忆的容量有限，通常认为是 7±2 个组块，现代研究指出可能是 5 个组块。

如果对短时记忆的内容加以复述或编码，可以转入长时记忆。长时记忆一般是指保持 1 min 以上以至终生不忘的记忆。从信息来源说，它是对短时记忆加工复述的结果，但也有些是由于印象深刻而一次形成的。在长时记忆中，信息的编码以意义为主，是极其复杂的过程。长时记忆的广度几乎是无限的。

瞬时记忆、短时记忆、长时记忆是记忆过程的三个不同阶段，三者相互联系、相互补充，各有特点，也各有用途。瞬时记忆作为对内容的全景式扫描，为记忆的选择提供基础，且为潜意识充实了信息；短时记忆作为工作记忆,对当时的认知活动具有重要意义;长时记忆将有意义和有价值的材料长期保存下来,有利于经验的积累和日后对信息的提取。

瞬时记忆、短时记忆和长时记忆的特点比较如表 4.5 所示。

表 4.5 瞬时记忆、短时记忆和长时记忆的特点

瞬时记忆	短时记忆	长时记忆
单纯储存	有一定程度的加工	有较深的加工
保持 1 s	保持 1 min	大于 1 min 以至终生
由感受器生理特点决定,容量较大	容量有限,一般为 7±2 个组块	容量很大
属活动痕迹,易消失	属活动痕迹,可自动消失	属结构痕迹,神经组织发生了变化
形象鲜明	形象鲜明,但有歪曲	形象加工、简化、概括

(4)形象记忆、听觉记忆与动作记忆。记忆还可以按记忆内容获得的方式来加以区分。例如,人的大部分记忆内容是通过视觉而获得的视觉形象,因而对此可称为形象记忆;与此相类似,还有听觉记忆。这种以单一感官为主而进行的记忆,相对于综合运用感官或动作来获取记忆内容的方式,其保持的时间要短,记忆的深刻性要差些。对于职业记忆来说,除运用视觉形象和听觉形象,更主要也更多采用的是动作记忆或动作操作记忆,它比单靠言语或直观形象、抽象概念等的记忆更为持久和深刻。所谓"百闻不如一见""看十遍不如做一遍",这体现了实践对记忆的重要影响。例如在安全工作中,单纯背诵安全操作规程、安全生产条例的效果远不如熟练掌握安全操作,即依靠动作操练来记忆其内容更为理想。

4.1.3 想象与思维特征

1. 想象

认识事物的过程,除了感知觉、注意、记忆外,还包括想象和思维。

想象就是利用原有的形象在人脑中形成新形象的过程。

想象可以分为无意想象和有意想象两种。无意想象是指没有目的,也不需要努力的想象;有意想象则指再造想象、创造想象和幻想。再造想象就是根据一定的文字或图形等描述所进行的想象;创造想象是在头脑中构造出前所未有的形象;幻想是对未来的一种想象,它包括人们根据自己的愿望,对自己或其他事物的远景的想象。

工业设计需要想象,每一个作品的创造活动,都是创造想象的结果。科学研究和科学创作大体上可以分为三个阶段:第一阶段是准备阶段,其中包括问题的提出、假设和研究方法的制订;第二阶段是研究、创作活动的进行阶段,其中包括实验、假设条件的检查和修正;第三阶段是对创作研究成果的分析、综合、概括以及问题的解决,并用各种形式来验证、比较其创作研究成果的质量和结论。

2. 思维的过程

思维是人脑对客观现实的间接和概括的反映,是认识过程的高级阶段。人们通过思维才能获得知识和经验,才能适应和改造环境。因此,思维是心灵的中枢。

思维的基本过程是分析、综合、比较、抽象和概括。

分析,就是在头脑中把事物整体分解为各个部分进行思考的过程。如室内设计包含的内容很多,在思维过程中可将各种因素如室内空间、室内环境中的色彩、光影等分解为各个部分来思考其特点。

综合，就是在头脑中把事物的各个部分联系起来的思考过程。如室内设计的各种因素，既有本身的特性和设计要求，又受到其他因素的影响，故设计时要综合考虑。

比较，就是在头脑中把事物加以对比，确定它们的相同点和不同点的过程。如室内的光和色彩，就有很多共同的特点和不同的地方，需要加以比较。

抽象，就是在头脑中把事物的本质特征和非本质特征区别开来的过程。如室内的墙面是米色的，顶棚是白色的，地面是棕色的，通过抽象思考，从中抽出它们的本质特征，如墙面、顶棚和地面是组成室内空间的界面，这是本质特征；而它们的颜色不同，就是非本质的特征了。

概括，就是把事物和现象中共同的和一般的东西分离出来，并以此为基础，在头脑中把它们联系起来的过程。

3. 思维的品质

思维的品质是指人们在思维的过程中所表现出来的各自不同的特点，如敏捷性、灵活性、深刻性、独创性和批判性等。

思维的敏捷性，是指思维活动的敏锐程度。如有的人创造思路敏捷，有的人则较慢。敏捷性是可以培养的，多思考、多观察会提高思维的敏捷性。

思维的灵活性，是指思维的灵活程度。有的人掌握一种创作方法，会举一反三，看到周围环境中对创作有用的东西，会很快在设计中加以运用，这是思维灵活性强的表现。

思维的深刻性，是指思维活动的深度。有的人能抓住创作的本质，根据基本原理进行创作活动，他的思维活动具有深刻性。

思维的独创性，是指思维活动的创造精神，亦即精神创造性思维。有的人对室内设计有独特的见解，有自己的一套创作方法，则他的思维具有独创性。

思维的批判性，是指思维活动中分析和批判的深度。有的人善于发现作品中的不足之处而加以改进，有的人则满足于一时的成果，这就是思维的批判性。

1）思维的特征

思维是人最复杂的心理活动之一，是人的认知过程的高级阶段。在心理学上，一般把思维定义为人脑对客观事物间接和概括的认知过程，通过这种认知，可以把握事物的一般属性、本质属性和规律性。按照信息论的观点，思维是人脑对进入人脑的各种信息进行加工、处理、变换的过程。

任何事物都具有多种属性，有些是常见的，有些是不常见的；有些是具体的，靠感觉、知觉能直接把握的，有些则属于“类”的一般属性，单靠感知觉不能直接把握。任何事物都有外在的现象，也有内在的本质。内在的本质深藏在现象的背后。事物与事物之间的联系也是如此，有的是表面的，一看便知，有的则是复杂的，并非能一眼看穿。因此，要全面而深刻地认识事物，认识事物的本质及规律性，就必须借助思维这种理性认识才能办到。思维是认识在感知觉基础上的进一步深化。

思维具有以下一些基本特征：

（1）思维的间接性。它是指思维对事物的把握和反映，是借助于已有的知识和经验，去认识那些没有直接感知过的或根本不能感知到的事物，以及预见和推知事物的发展进程。如人们常说的“以近知远”“见微知著”“以小知大”“举一反三”“闻一知十”等，就反映了思维的这种间接性。

（2）思维的概括性。它是指思维是人脑对于客观事物的概括认识过程。所谓概括认识，就是它不是建立在个别事实或个别现象之上，而是依据大量的已知事实和已有经验，通过舍弃各个事物的个别特点和属性，抽出它们共同具有的一般或本质属性,并进而将一类事物联系起来的认识过程。通过思维的概括,可以扩大人对事物的认识广度和深度。

(3)思维与语言具有不可分性。正常成人的思维活动,一般都是借助语言实现的。语言的构成是"词",而任何"词"都是已经概括化了的东西,如人、机器、人机系统,等等,反映的都是一类事物的共有或本质特性。它们是人类在社会发展进程中固定下来的,为全体社会成员所理解的一种"信号",是以往人类经验和认识的凝结。利用语言(或词、概念)进行思维大大简化了思维过程,也减轻了人类头脑的负荷。

2)思维的种类

首先,按照思维的性质或思维时所采用的形式(或"思维元素"),思维可以分为两大类:具体思维和抽象思维。其中,具体思维又包括两类:动作思维和形象思维。

其次,按照思维的指向不同,思维可以区分为发散思维与集中思维。这种区分是美国心理学家吉尔福特首先提出来的。

发散思维又称辐射思维、求异思维或分殊思维。它是指思维者根据问题提供的信息,从多方面或多角度寻求问题的各种可能答案的一种思维方式,其模式如图 4.17(a)所示。

发散思维无论在日常生活还是生产活动中都是一种常见的思维方式。一般来说,由"果"求"因"的问题,首先采用的就是发散思维。

发散思维还是一种重要的创造性思维方式。吉尔福特认为,发散思维在人们的言语或行为表达上具有三个明显的特征,即流畅、灵活和独特。所谓流畅,就是在思维中反应敏捷,能在较短时间内想出多种答案。所谓灵活,是指在思维中能触类旁通、随机应变,不受心理定式的消极影响,可以将问题转换角度,使自己的经验迁移到新的情境之中,从而提出不同于一般人的新构想、新办法。所谓独特,是指所提出的解决方案或方法能打破常规,有特色。利用上述三个基本特征可以衡量一个人发散思维能力的大小。

与发散思维相对立的是集中思维。集中思维也称辐合思维、聚合思维、求同思维、收敛思维等。它是一种在大量设想或方案的基础上,引出一两个正确答案或引出一种大家认为的最好答案的思维方式,其模式如图 4.17(b)所示。

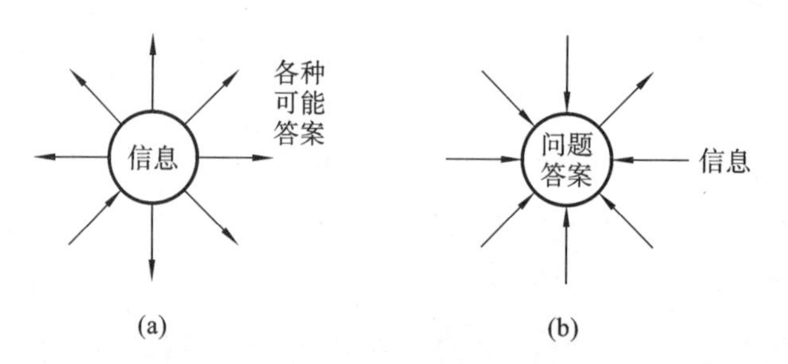

图 4.17 发散思维与集中思维

集中思维的特性是来自各方面的知识和信息都指向同一问题。其目的在于通过对各相关知识和不同方案的分析、比较、综合、筛选,从中引出答案。如果说发散思维是"从一到多"的思维,集中思维则是"从多到一"的思维。

发散思维和集中思维作为两种不同的思维方式,在一个完整的解决问题的过程中是相互补充、相辅相成的。发散思维是集中思维的前提,集中思维是发散思维的归宿;发散思维都运用于提方案阶段,集中思维都运用于做决定阶段。只有将两者结合起来,才能使问题的解决既有新意、不落俗套,又便于执行。

4.1.4 创造性心理特征

1. 创造性机理

人的创造才能正是区别于其他动物的本能，其物质基础存在于人脑的结构之中。人脑在劳动和创造实践中得到了进化，一般高等动物的脑子都有一些“剩余”空间，而人脑有大得多的“剩余”空间。这种“超剩余性”允许人脑存储、转移、改造和重新组合更大量的信息，这就形成了人人都具备的一些创造性思维能力，诸如逻辑推理、联想、侧向思维、形象思维和直觉等。

1）创造力五要素

创造的成功受知识、经验、才能、心理素质以及机遇等因素的影响。一个人做一百件事，上述五种因素都适合的也许只有几件。一百个人各自做同一件事，成功的概率也受上述五种因素的影响。

2）创造性的三个推动力

一个人即使具备了上述五个创造力要素，也不一定能发挥出创造力来，还需要具备发挥创造力的三个推动力：创造性欲望、创造性思维和创造性实践。

3）创造性素质

人们从事创造性工作，成功的可能绝不像解一道数学难题那样，只要努力，大家都可以得到同样的结果。有人把求解功能原理这样的创造性活动比作在茫茫大海中寻找一座宝岛，最后的成功者只能是那些最有事业心、自信心、毅力并且机敏和勇于进取的人们。这些因素再加上好奇心强、富于想象、洞察力强、合作精神好、幽默乐观、不怕失败等，就形成了一个人良好的创造性“心理素质”。图 4.18 所示为人的创造性本能和影响成功的因素。图 4.19 表明了创造性形成的机理：心理素质是核心；知识、经验、能力是基础；灵活的思维不断探索方向；实践是成功之路；如果在前进的道路上遇到了成功的机会，就有可能抓住机会取得成功。

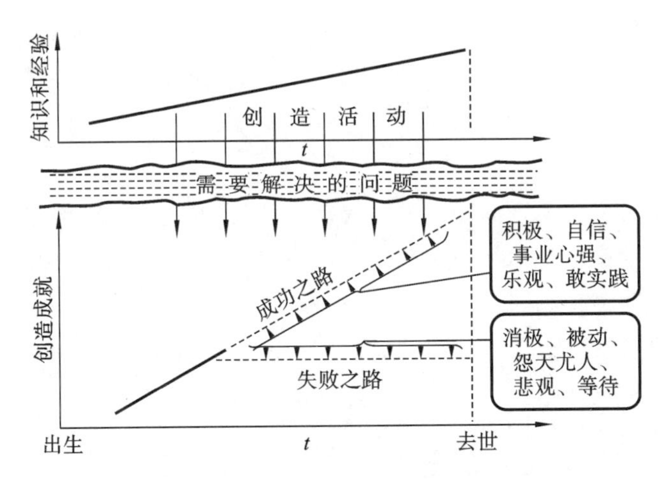

图 4.18 人的创造性本能和影响成功的因素

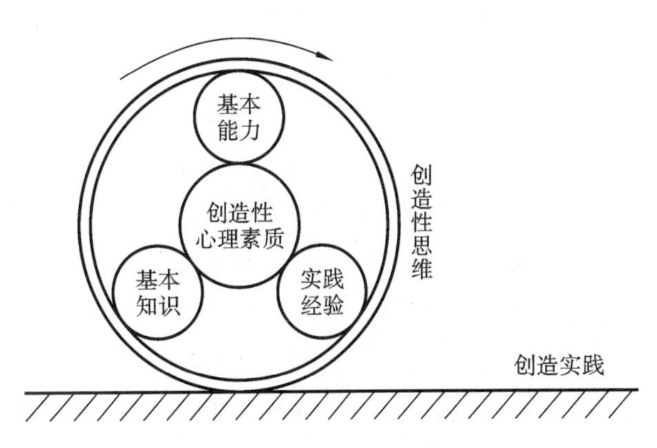

图 4.19 创造性形成的机理

2. 创造性知识基础

一个好的设计师应该具有很广的知识面和较坚实的知识基础。为了扩大人们在求解过程中搜索的眼界，人们编制了一些知识库供参考。最典型的是德国学者洛特(Roth)编制的“设计目录”，其中列举了各种已知的物理效应、技术结构等。有些德国学者还提出一种系统化(systematic)思想，他们力图把各种技术问题的解法分类排序，系统地编排成表格，以供设计人员查阅。这些都属于知识系统化的工作。

创造活动肯定是需要知识的，而且更需要高科技知识。但是，书本知识如果不和实际相结合，确实很难说是有了真正的知识。相反，有丰富实践经验的人如果不掌握现代科学技术知识，也很难取得有较高科技含量的创造性成果。对于从事创造活动的人来说，必须要有清楚的物理概念，这就要学习和掌握现代科学知识。

对于设计人员来说，最宝贵的还是在不断参加设计和制造实践中积累起来的知识和经验，特别是那些失败的经验。

3. 创造性思维规律

人的思维类型有以下几种：

(1)动作思维——边动作边思维，这是一种最原始也最重要的思维方式。

人们要了解钟表的工作原理和结构，最好能亲手拆装一遍。如果只是看了钟表的图样资料，可能对钟表的原理有了一个理性的认识，但是如果亲手拆装一遍，调试一遍，你就可能得到更深刻、更真切的认识。

在从事创造性设计时，动作思维是最重要的思维方式。必须通过模型实验或样机实验，才能取得对构思和原理的评价，确定是否实现了要求的功能、性能和指标，是否达到了预定的目标。

(2)形象思维——以一种“智力图像”的形象进行的思维方式。

形象思维是相对于抽象思维而言的思维方式。人是唯一能进行抽象思维的生物，而形象思维是抽象思维的有力助手。当人们看着某种实物进行思维时，较易于获得正确的认识，而且能产生解决问题的灵感。在解数学问题时，这本是一种抽象思维，但人们必须借助于草稿在纸上推导公式，而不可能从头到尾完全靠脑中的抽象思维。这说明草稿纸上的公式符号不仅是一种记号，而且是一种“智力图像”，它帮助人们进行抽象思考。

形象思维的另一个意义是在思维时，在头脑中产生“形象”来帮助思维。例如我们看到平面三视图，就应该能想象出空间的立体实物。又如我们在坐车或休息时，脑子里构思一种机器，而手头又没有纸笔，那么最好在脑中想象一种“形象”来帮助构思，而不要仅仅做抽象思维。

(3)逻辑思维——抽象的推理性思维。

逻辑思维是人们最熟悉的思维方式，人们从小学到大学一直在受逻辑思维的教育，人们用这种思维方式去求解问题，所有的人都得出同样的答案。逻辑思维的思维方式导致人的思维的教条化，影响人们创造性的发挥，但逻辑思维又是创造性的基础，缺乏逻辑常识的人很难得出合乎物理规律的结果。因此，在提倡创造性思维时，千万不可反对逻辑思维。

(4)直觉思维——非推理性思维。

无数实践证明，创造性的思维往往不是人们在集中精神考虑某个问题时直接得出的结果，而是当人们绞尽脑汁不得其解，而在休息、散步、聊天甚至做梦时突然出现的思维“火花”。因此，不得不相信人脑本身存在一种我们称之为直觉的思维方式，这种思维方式是不能被主观意志控制的，但也不是唯心的。

科学实践证明，创造性思维是包括上述四种思维类型的综合思维方式。当人们偏重逻辑思维时，他的创造性就表现得差一些，极端的例子就是教条主义；当人们的思维偏重于直觉思维时，他的创造性也许全是不合乎科学的空想。因此，从事创造性工作的人们，一定要注意加强科学修养，尤其重要的是要有“清楚的物理概念”。在重视科学的基础上，重视培养自己的创造性思维能力，即动作思维、形象思维和直觉思维能力。应该知道，创造性思维的主要思维方式是直觉思维。为此有必要介绍创造性思维的各种方式和规律。

4. 创造性思维方式

1)直觉和灵感

直觉(intuition)是创造性思维的一种重要形式，几乎没有任何一种创造性活动能离开直觉思维活动。直觉和灵感并不是唯心的东西，它们的基础是平时积累的“思维元素”和“经验”。直觉和灵感不过是它们的升华。直觉由于往往出现在无意识的思维过程中(如散步时、睡梦中……)，而不是在集中注意力思维的时候，因此常常给人们一种“神秘感”。

爱因斯坦说:“我相信直觉和灵感。”他还画了一个模式图来描绘直觉产生的机理。他认为直觉起源于创造性的想象,通过反复的想象和构思并激发起潜意识,然后就可能在某种环境条件下飞跃、升华为直觉或灵感,如图 4.20 所示。

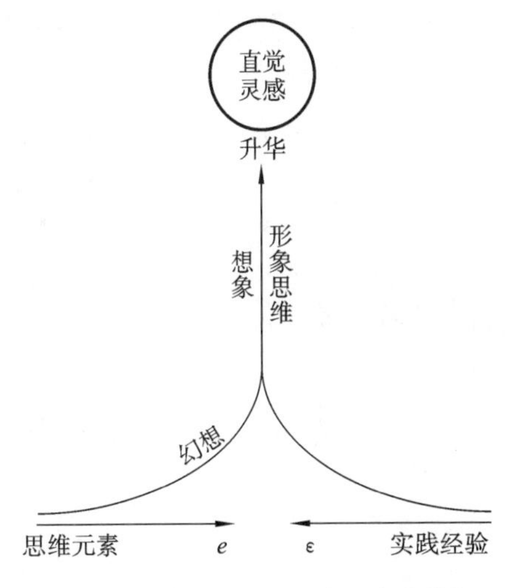

图 4.20　爱因斯坦描述的直觉产生的机理

2)潜意识

有些心理学家认为在人脑的思维活动中,存在着无意识的思维。所谓“无意识”和“下意识”的行为就和这种思维活动有关。这些心理学家强调这种“无意识”思维的重要性并称之为“潜意识”。他们把它看得比有意识的思考更重要。在他们看来,创造性思维活动过程可以分为四个意识阶段,即有意识活动(准备)阶段、无意识活动(潜伏、酝酿)阶段、过渡(产生灵感)阶段和有意识活动(发展、完善)阶段。其中第二、三阶段就是潜意识活动的过程。

3)形象思维和思维实验

形象思维是指头脑里产生实物形象的思维方式,这种形象是介于实物和抽象概念之间的一种图形。爱因斯坦认为直觉思维必须借助于这种“智力图像”,只有这种形象思维才能使人对空间状态和变化过程进行思维。

思维实验则是指在头脑里对所构思的过程进行模拟性的实验。

4)视觉思维和感觉思维

视觉思维和感觉思维是一种强化认识、强化联想和诱发灵感的重要手段,都属于动作思维的范畴。视觉思维的重要性在于它能从形象上修正人们的主观臆测,从形象上启发人的想象力,从而进一步引发人的灵感。工业设计强调视觉思维,机械设计强调实验和模型试验。模型试验可以给人以视觉以外的更多的感觉,因为它可以使人们在形象思维的基础上,通过视觉和感觉得到更真切的思维判断。

5)想象力

发明创造需要有丰富的想象力。虽然并不是所有想象到的东西都能做得到,但是想象不到的东西肯定是不能做到的。

人的实践可以启发想象力,在实践中,经常会出现很多原来不曾想象到的现象,它补充了人们想象力的不足。有很多发明创造往往是人们在某种实践中受到意外的启发,而发明了另一种东西。

脱离科学性的想象或离当前科技发展水平过远的想象,是不可能实现的,或者说是今天难以实现的,这是人们在选择发明创造的目标时应该注意的。

6)敏感和洞察力

创造性思维的一个重要能力是要善于抓住一闪即逝的思想火花。一个好的构思,它的基本点在开始时是不成熟的,大多数人往往会把它轻易放过,只有思想敏感的人才会抓住它,看出其与众不同的特点并将其发展为一个很好的解法。“机会只偏爱那些有准备的头脑。”丰富的知识和敏锐的洞察力使人们不致放过那些偶然出现、转瞬即逝的机遇。

7)联想、侧向思维、转移经验

创造性思维要求“发散”,尽可能把思维的触角伸到很多陌生的领域,以探索那些尚未被发现的、更有前途的解法、原理。这类思维方法中最典型的要算“仿生法”,但这只是发散思维的一个方面,还应向更广的方向去联想。侧向思维和转移经验则是联想的另一些方式。

发明就像向世界纪录挑战的奥运会选手一样，需要一定的素质和才能。素质好又有才能的话，经过实际工作的磨炼便可能得到成功。因此，对于一个设计工作者来说，更重要的是要加强创造性素质的修养和实际创造活动的锻炼，同时不断提高自己的知识、经验和能力。

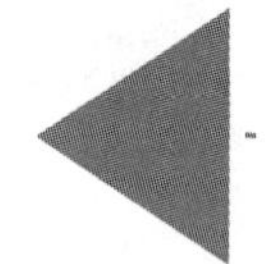

4.2 人的行为特征

4.2.1 人的行为构成

行为受遗传、成熟、学习、环境四个因素的作用和影响。

遗传因素一经形成，即已被决定，后天无法对其产生影响。

成熟因素受到遗传因素和成熟环境两种因素的共同作用、共同影响。一般来说，个体成熟遵循一定的自然规律，先后顺序是固定的，婴儿先会爬后会站立，先会走后会跑。但是在自然成熟过程中，其所处环境的诱导刺激因素的作用是不能低估的。

学习因素是个体发展中必经的不可缺少的历程。个体经过尝试与练习，或接受专门的训练培养或个体自身主动地探求追索，使行为有所改变，逐渐丰富了知识和经验。学习与成熟是个体发展过程中两个互相关联的因素，两者相辅相成。成熟提供学习的基本条件和行为发展的先后顺序，学习的效果往往受成熟的限制。常有这种现象，有些儿童到了某一年龄段，智慧“开窍”了，功课突飞猛进，表现十分突出，这就是因为成熟而将潜在学习能力发挥出来的结果。

环境因素是人与环境系统中的客观侧面。上面讨论了构成人的主观侧面的遗传、成熟、学习各因素，其中在成熟与学习因素中已经含有环境因素，只是已经涉及的环境是近距离的、近身的，而行为模式中单独提出的环境因素则是广义的，既可是微观的近距离的，又可是宏观的远距离的；既有自然环境，又有社会环境；既可以是自然的环境，又可以是加工改造或人们创造的人工环境。

4.2.2 人的行为反应

行为是有机体对于所处情境的反应形式。心理学家将行为的产生分解为刺激、生物体、反应三项来讨论，即：

$$S \rightarrow O \rightarrow R$$

式中，S为外在、内在刺激(stimulator)；O为有机体——人(organism)；R为行为反应(reaction)。

1. 刺激

刺激一词在心理学上是使用频率很高的词汇，它的含意十分广泛。围绕机体的一切外界因素，都可以看成是环境刺激因素，同时也可以把刺激理解为信息。人们对接收的外界信息会自动处理，做出各种反应。构成刺激的来源十分复杂，图 4.21 对刺激源做了归纳分类。

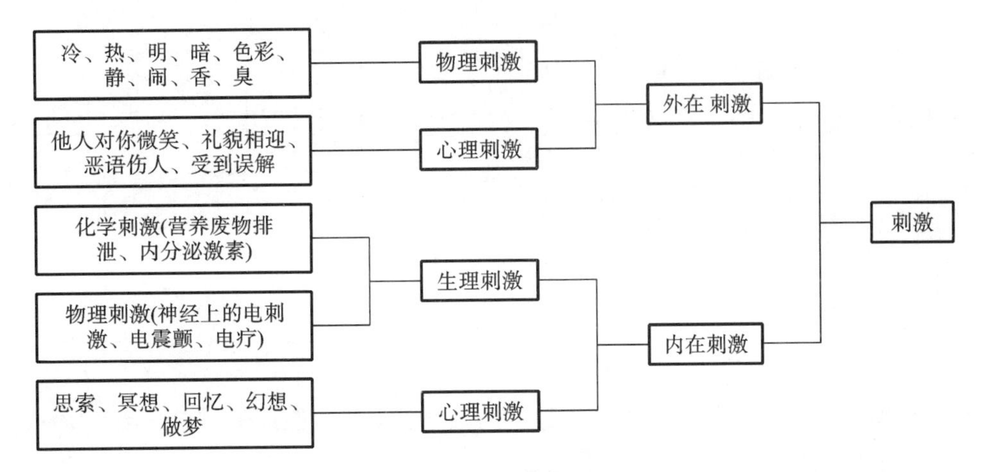

图 4.21　刺激源分类

刺激来源可分成来自体外和来自体内两个方面，前者称为外在刺激，后者称为内在刺激。外在刺激又可分为物理刺激和心理刺激；内在刺激可分为生理刺激与心理刺激。

(1)外在物理刺激在生活中随处可见，可以通过人的感觉器官而感受到。皮肤可以感受到环境温度的冷热；眼睛可以看到色彩和光的明暗；耳朵可以听到悦耳的声音也可以听到喧闹的噪声；鼻子则可以区分空气中的气味或香或臭；舌头则可以品尝入口食物、饮料的苦辣酸甜咸以及其他美味。这些外在环境物理刺激通过人们的感觉器官，经过传入神经纤维，到达中枢神经系统，产生各种感觉。

(2)内在刺激是不依赖于身体外表感觉器官而产生的刺激。其中生理刺激虽不直接借助于身体外表感觉器官，但需借助于体外刺激因素。如化学刺激，人们日常饮食消化过程中营养物被身体吸收，废物被排出体外，内分泌激素的变化等，既表现为生物化学过程，也属于生理化学刺激。这种刺激表现为自律性，人的主观意识是不能控制的自动过程。

内在生理刺激有时也会借助于外在物理刺激，但其途径并不借助于身体外表感觉器官，而是借助于物理手段，如在医疗过程中对神经系统的电刺激、电震颤、电疗等，均属于生理物理刺激。

内在刺激不仅产生于生理，也产生于心理活动。日常生活中每个人都经历过独自思索、冥想，或者回忆过去，或者幻想未来，或者在梦境中遨游世界。这些思维活动，并非直接现实的感知活动，然而会在心理精神世界产生情感上的影响。

上述一切刺激现象都可以理解为环境对人体的直接或间接影响，处于核心地位的人体，在接受刺激后都会做出相应的行为反应。

2. 人体

人的中枢神经系统，脑和脊髓，是接受外界刺激及做出相应反应的指挥中心，它既负责接受刺激，又负责对刺激进行判断后做出必要的相应反应，所以称为中枢神经系统。在此系统中，脑处于中心地位，处于协调指挥地位。而这一切都是自动进行的，属于自律行为。

就机体来看，围绕中枢神经系统，还存在负责接受刺激的传入神经系统，也存在指挥反应的传出神经系统，在机体外围还存在周围神经系统。有些反应不需经过中枢神经系统，可将环境刺激经传入神经系统直接传递给传出神经系统，如图 4.22 中虚线所示。

机体的神经系统外观是看不到的，而机体接受环境刺激需要借助于感觉器官，健康的正常人感觉器官，包括眼、耳、鼻、舌、皮肤、内脏，直接同外界环境相接触，成为接受外界刺激的桥梁。机体同时存在复杂的反应器

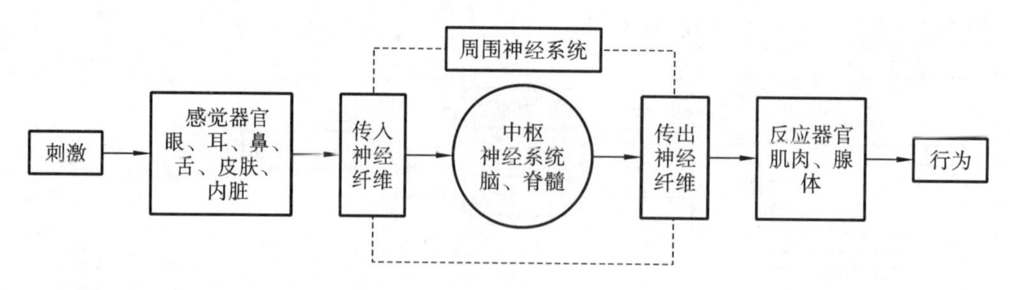

图 4.22 刺激与行为关系示意图

官，由肌肉、腺体完成反应动作，做出明确的反应。

3. 反应

行为既包括内在蕴含的动机情绪，也包括外在显现的动作表现。机体接受刺激必然要做出反应，这种反应不论属于内在的或者是外在的，都是行为的表现形式。

人们由于外界的刺激而产生某种需要和欲望，驱使人们做出某种行为去达到一定的目标，这一过程如图 4.23所示。当外界的刺激产生需要，需要未得到满足，就出现心理紧张，产生某种动机，在动机的支配下，采取目标导向行动和目标行动。倘若目标达到了，当前的需要就满足了，就会又有新的需要产生，进入新的循环；如果目标没有达到，就出现积极行动或对抗行动，并反馈回来，开始新的循环。故满足人的需要是相对的、暂时的。行为和需要的共同作用将推动人类社会的发展。

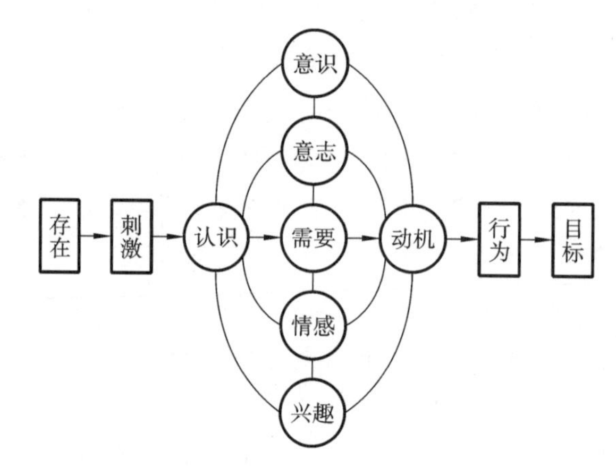

图 4.23 行为的基本模式

上述模式告诉人们，人的行为是受动机支配的，动机产生于需要。然而，支配人的动机的心理因素是比较复杂的，动机除了受到需要的支配之外，还受到人的意识、意志、情感、兴趣等心理因素的影响。

人的心理活动一般可以分为三大类型：一是人的认知活动，如感觉、知觉、注意、记忆、联想、思维等心理活动；二是人的情绪活动，如喜、怒、哀、乐、美感、道德感等心理活动；三是人的意志活动，这是在认知活动和情绪活动基础上进行行为、动作、反应的活动。而影响人的行为的首要心理因素是认知心理。因此，要探讨人在工业设计活动中的心理，首先需要了解人的认知心理。

4.2.3 人的行为过程

人的行为过程是人在做每一件事情时需要经历的步骤。基本概念很简单，要做一件事时，人首先需要明白做这件事的目的，即行为目标；然后，必须采取行动，自己动手或是利用其他的人和物，即行为和行为对象；最后，看自己的目标是否已经达到，即评估结果。所以，在整个过程中，要考虑四件事：行为目标、行为、行为对象、评估结果。行为本身包括两个方面：做某事和检查做某事的结果。这两个阶段分别称为“执行”和“评估”（见图 4.24）。

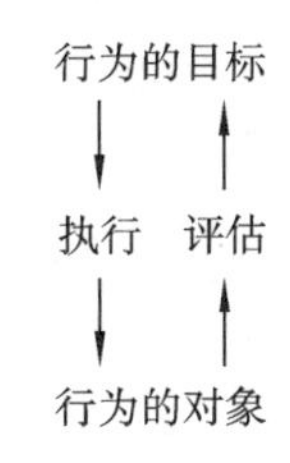

图 4.24 人的行为过程

现实生活中大多时候最初的目标并不十分明确，例如“找点东西吃”“去上班”“穿好衣服”“看电视”等。目标并不会准确表明行动的具体内容，在哪儿做，如何做，需要什么样的工具，要想采取行动，还需将目标转化为明确的行动步骤，即“意图”。假设你坐在沙发上看书，天色已晚，光线越来越暗，想让光线变得亮一些（目标：得到更多的光源），则目标转化成意图：开台灯。但你还需要明确如何移动自己的身体、如何伸手去接触开关、如何用手指去按开关而不会打翻台灯。把目标转化为意图，再把意图转化为一系列的具体动作，从而控制你的身体。同时，你还可以有其他的意图，用其他的动作来实现同样的目标。比如，有人正好从台灯旁边路过，你可以改变自己开灯的意图，请这个人帮忙开灯。目标虽没有改变，但意图和具体动作却发生了变化。

具体的动作是连接人们的目标及意图和所有可能的实施方法之间的桥梁。人们在明确行动步骤后，必须付诸实践。总而言之，目标之后还有三个阶段：意图、动作顺序和执行（见图 4.25）。

评估也分为三个阶段：第一，感知外部世界的变化；第二，解释这一变化；第三，比较外部世界的变化和所需要达到的目标（见图 4.26）。

这样一来，行为共包括七个阶段：目标是一个阶段，执行分为三个阶段，评估分为三个阶段（见图 4.27）。

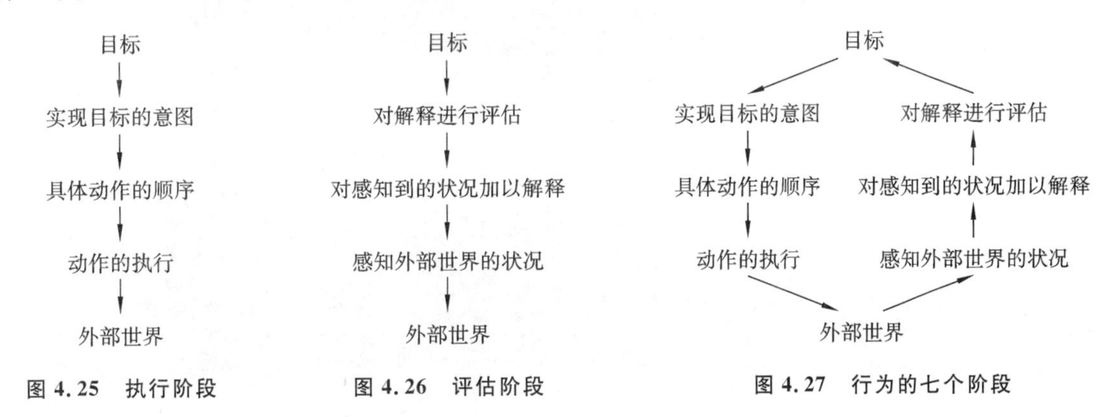

图 4.25 执行阶段　　图 4.26 评估阶段　　图 4.27 行为的七个阶段

对七个阶段的描述并没有形成一套完整的心理学理论。人大多数的行为无须经历这些所有的阶段，还有很多活动不是靠单一行动来完成的，而是要经历多次这样的过程，整个活动或许要持续几个小时，甚至是几天。其中有一连串的信息反馈，一次活动的结果被用来指导下一步的活动，大目标被细分为若干小目标，主意图下面还有次意图。在某些活动中，原有的目标会被忽视、放弃或进行修改。

行为可以从七个阶段中的任何一点开始，因为人并不总是思维缜密、讲究逻辑和道理的。人们的目标通常不完善，或者模糊，所采取的行动有时只是对外界事件做出的反应，没有周密的计划和分析，不是精心规划的结果。遇到合适机会时，会为某种目标而行动。人们不会特意安排一个时间去商店购物、去图书馆借阅图书或是向朋友询问某件事，如果碰巧在商店、图书馆附近，或是偶然遇到朋友，就会顺便做一些相关的事。如果没有这样的机会，也就作罢。这种没有明确的目标和意图、视情况而采取的行动，做起来比较轻松、方便，可能更有趣。实际上，也会有人通过努力调整自己，控制自己的行为。例如，当必须做一项重要的工作时，他会正式承诺要在何时完成，而且提醒自己履行诺言。

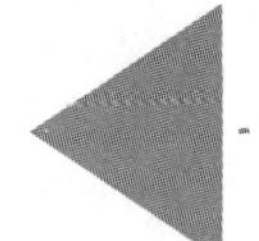

4.3 人的行为习惯

红灯等待、吃饭用碗等都已成为人们的习惯性行为，视其为理所当然，这样的行为习惯正是社会构建的基础。

行为方式是由人的年龄、性别、所在地区、种族、职业、生活习惯等原因形成的动作习惯、办事方法。犹太民族或阿拉伯民族习惯于从右向左的读写方式，如图 4.28(a)所示，老一辈的中国文化人习惯自上而下的读写方式，如图 4.28(b)所示。这些特定的行为方式往往会直接影响到人们的操作习惯，设计人员应在设计中尽可能地把握这些因素。例如，按照不同顺序排列的 ATM 机数字键盘，频繁改变人们操作习惯，容易使人产生差错(见图 4.29)。

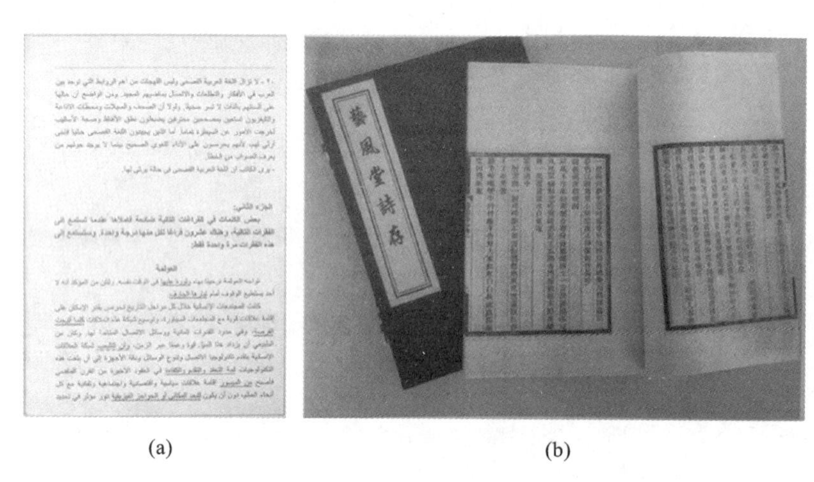

(a) (b)

图 4.28 不同地区的人的读写方式

图 4.29 ATM 机数字键盘

4.3.1 人的行为习惯分析

日常生活中，人们很多的产品使用行为已成为习惯，几乎是在无意识和自然状态下进行的。许多设计人员在从事设计工作时都存在一个相同的问题，那就是往往重视外在形式的改良这一环节，而忽略了设计工作更重要的目的是让产品变得更好用，在功能改良基础上不断修正形式才能使得产品存在的理由更加充分。

对物的设计可以先从对人的行为习惯的观察开始。虽然不同年龄、性别、种族、文化背景的人有着不完全一样的生活习惯与行为方式，但大体上讲，人与人的本能是基本相同的，这一点由人的基本生理特点决定。所以设计人员可以通过观察人的行为过程，了解人使用器物的方便程度，或者为人的行为匹配一些与之对应的器物。许多设计从前是没有的，而是根据人在实际生活当中的需要而产生的。为了将物的功能不断地改进以使其变得越来越好用，就需要将人操作的步骤进行细致的分解，找出其中不符合使用性的原因，并提出更好的解决办法。采用折叠式收缩形式的自行车设计，是对人的操作步骤进行分解、研究后得出的改良设计。与改良之前的设计相比，它不仅节省存放空间，使用也较为省力、方便(见图 4.30)。

图 4.30 折叠式自行车

从心理上来说，人的行为一旦变成了习惯，就会成为人的一种需要，当再遇到类似情景的时候，不用经过大脑就会这样做。如果不这样做，就会觉得很别扭。这说明行为已经具有了相对稳定的动作，也就是平常说的“习惯成自然”。每个人都会有一些习惯性动作，人的固定习惯性姿势不受基本运动区指挥，受本能和习惯指示，重复动作不需要过多意识控制，把身体移动到特定的位置，仅神经和肌肉的记忆能力就能做出来。有些时候，需要设计人员能观察到人的习惯性本能动作，并利用物的设计很好地满足人的这种习惯。有些时候，设计人员应考虑到人长时间保持一种姿势或一种劳动状态会感到疲劳，从而为使用者提供多种操作模式或不同尺度的器物以供选择。如图 4.31 所示的凳子设计，就是考虑到人在坐着的时候，有时会习惯性向前倾，因此底座的一部分设计成向上翘起，除了满足人的普通坐姿外，还可使人在身体前倾时利用腿部的支撑帮助减少臀部受力。类似的平衡椅设计还有很多(见图 4.32)。

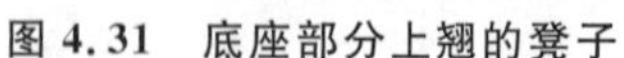

图 4.31 底座部分上翘的凳子

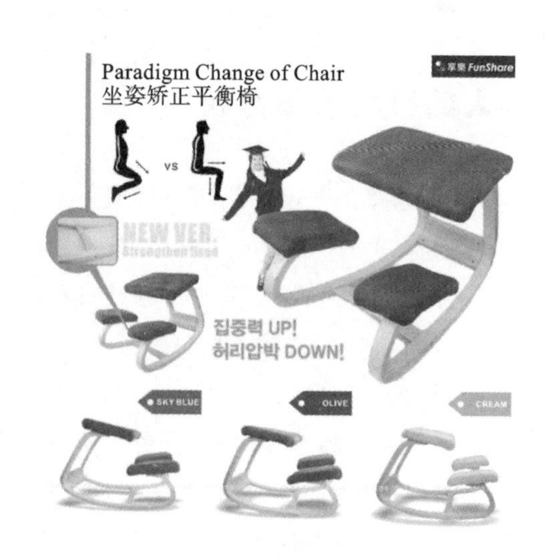

图 4.32 平衡椅设计

人的行为习惯是人在一定情境下自动化地去进行某种动作的需要或倾向。或者说，是人在一定情境中所形成的相对稳定的、自动化的一种行为方式。人的行为习惯长期养成、不易改变，习惯形成是学习的结果，是条件反射的建立、巩固并臻至自动化的结果。有些时候设计人员还可从人的行为习惯出发进行物的设计，诱导人以特定的条件使用物，以此减少对自然环境的污染或他人的劳动量等。

习惯有着很大的个体差异，一件产品一个人用得得心应手，对另一个人来说却未必用得习惯，设计人员无法满足所有用户的习惯，但可以在使用群体的行为特质间找到尽可能多的共性。如果把产品设计作为一个信息传达的系统来看，设计结果这一“信息”首先要为用户正确认识，进而实现用户与设计人员的交流。在这一过程中，与产品的基本功能相对应的典型的形态特征，在把握设计对象的基本属性以及提高思考的效率方面发挥着重要作用。它起到一种抽象符号的作用，常常与习惯的形成相关。当设计人员设计某一产品的时候，为了新产品能够为用户所认识和接受，很多情况下要考虑用户的使用习惯。设计物沿用人们长久以来约定俗成的界面，为的是不频繁改变人们的使用习惯，如键盘的设计。

以上这些都需要设计人员对日常生活有细致入微的观察，了解人的基本生活习惯，并能从普通使用者的立场出发，切身体会作为一个自然人的需求究竟有哪些。作为设计人员，感觉应比普通人更加敏锐，更加善于辨别健康与非健康的生活方式，并能判断出造成这种差别的症结在哪里。习惯分析的作用在于针对人们的生活方式，为人们设计真正好用的产品，也真正将设计往更合理的方向推进，避免以取悦消费者为目的的重复生产。

4.3.2 下意识行为

生活中的你会不会经常下意识地做一些小动作？会不会因为习惯使用某产品而对其他相似的产品直觉地进行操作？相信很多人都会感到迷糊，觉得做出这些动作时什么都没想，它就是自然发生的。这就是人的下意识行为。在一定的环境下，下意识行为发生的时候，人是不会意识到的，人自身会直觉做出相应的反应。这样的下意识行为经常发生在使用某些产品的时候。这种神秘而琢磨不定的行为的发生和外界产品有着什么样的联系呢？下面就对这个问题进行探讨。

1. 下意识行为的概念

关于下意识行为的概念，不同行业领域对其定义也不相同。诺曼认为人的很多行为都是在下意识状态中进行的，人自身意识不到，也觉察不出这种行为。下意识活动的速度很快，而且是自动进行的，无须做任何的努力。费钎认为下意识行为是人不自觉的行为趋向,是人在长期生活中的经验、心理作用、本能反应以及心理和情感暗示等不同的精神状态下自然流露的客观行为。从认知科学的角度来看,下意识行为是认知主体客现存在的一种精神活动、一种潜在的认知过程,是未被主体自觉意识到的意识行为。人们通常会直觉地发现环境中的问题以及不平衡性,并且试图使之和谐。而这个过程中人们用来平衡自身与环境之间需求的直觉行为,叫作下意识行为,它并不是经过真正意义上的思考之后产生的理性行为。

综合来看,下意识行为是指当前不受主现意识控制的、自动化的行为,是在长期生活中的经验、心理作用、本能反应以及心理和情感暗示等不同的精神状态在客观行为上的反映,是人不自觉的行为趋向。

下意识行为发生时间点很重要,在这里特别强调并提出"当前"情况下发生的下意识行为,也就是说下意识行为发生在当下是无意识的,没有主观意愿掺杂其中,但并不表示它发生在过去或者在某个时间点也是无意识的。同一行为发生在过去某时间点也许是有意识的,也许是下意识的,什么时候是下意识行为就要看发生行为的当时是否存在主观意愿,是否自动发生。

2. 下意识行为的内涵

1)从生理学的角度分析

人的大脑半球、大脑皮层有许多区域,在每一瞬间只能有一个相应区域作为兴奋点运动,而其他区域的活动表现为人们下意识的自动反应。另一方面,人的整个机体的技能是协调的、统一的。如:手被烫了,会自动地抽开;心里痛苦,额头会皱起来(见图 4.33);跌倒了会自动用手撑地(见图 4.34);累了会不由自主地打哈欠、伸懒腰等(见图 4.35)。

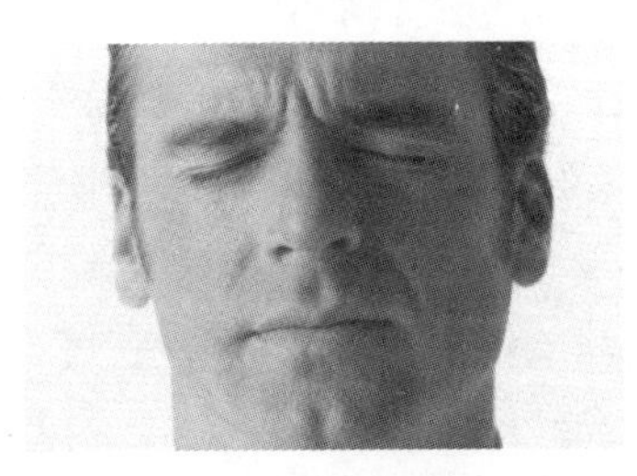

图 4.33 皱眉

图 4.34 跌倒

图 4.35 打哈欠

2)从熟练和习惯的角度分析

下意识行为是人们直接接受客观刺激,产生条件反射的适应能力,意识与下意识的出现主要是由注意的心理功能所形成的,注意到的地方即是意识到的地方。人在任何一个瞬间只能有一个注意点,其他则视为注意的边缘。当对一件事情还不熟练的时候,注意力会分散在不熟悉的细节;当基本技能熟练后,注意力就着重在如何把事情做到更好。在熟练的工作环节上会产生较多的下意识行为。

习惯则是在长期的生活环境和生活方式下产生的。一件事物经过无数次的重复,在大脑皮层就会留下记忆和痕迹,达到一定程度产生条件反射。家庭、学校、社会生活的潜移默化,使人们形成了诸如生活习惯、职业习惯、动作习惯、语言习惯等的习惯。下意识行为可通过习惯、熟练及协调反射动作而产生。因此,人们生活中许多习惯动作及重复分散动作都可归类到下意识行为的范畴当中。

3. 下意识行为的特性

1)内隐性

下意识行为的内隐性是指行为不被个体察觉,没有主观感受,是内隐行为。这种内隐性通常不会表现出来,除非是在特定的环境下才会被察觉。

人的下意识行为发生时主观意识并不会注意到,但它实实在在地发生着,是隐藏在人的内心深处的意识。

例如人们在做饭炒菜时会把勺子或者锅铲拿出来放在锅盖上，而锅盖往往是有弧度的，勺子或铲子很容易从上面滑落下来(见图 4.36)。这种行为发生时人们并不进行思考，只是顺手而为。把勺子或铲子放在盖子上的下意识行为隐藏着人们需要找个方便放铲子的地方。设计人员可以通过对这种行为的观察，挖掘人的隐形需求，为设计提供方向，以满足人的这种隐形需求。

2)自动性

下意识行为是在感觉阈限下的刺激引起的行为活动。下意识活动不受个体自觉的调节控制，具有自动性的特点。人对外界的刺激感知有感觉阈限，若外界的刺激强度超过感觉阈限，这个刺激可以被个体感知和感受。若外界的物理刺激强度小于感觉阈限，那这种刺激强度不会被个体感知和感受。下意识行为由外界适当的刺激引发，自动提取脑中已存信息，它们发生很快。自动性一旦形成，很难被其他因素影响及改变。自动性行为更快速、更准确、更稳定。人每天都要行走，要是有人问为什么会走，肯定很难回答，走路就是那么简单，不用为什么，就是一步一步走，不用思考先要迈出哪一步，这个动作是自动发生的。

3)本能性

生物体都会有生理本能反应，它是生物体对外界刺激本能的反应，生理学上的条件反射就属于其中的一种。当遇到危险时会下意识地躲避，会惊慌，这就属于本能反应。迎面飞来一本书即将打到身上，人不需经过思考就会自动躲闪。夏天女生穿裙子，来了一阵大风把裙子吹起，本能地就会用手捂着裙子。

4)自然匹配性

这里的自然匹配性是指对已有认知信息的记忆在遇到相似情况发生时会发生自动匹配。诺曼认为下意识思维就是一种横式匹配的过程，是人从长期的认知、情感、经验中积累并以记忆的形式储存在脑内的。当发生较以往类似的情况时，在过去的经验中寻找与目前情况最接近的行为进行匹配，大脑储存的信息自动提取，匹配当下发生的事情，无须思考，下意识地使用信息即可。比如人在解一道数学题时，发现这道题跟以前解过的一道题很相似，就会马上套用以前解题时使用过的公式来做。虽然不一定会成功，但这就是人的下意识行为。再比如，无印良品(MUJI)的设计师深泽直人设计的果汁盒，这些果汁包装盒模仿水果的色泽和质地，人们通过大脑存储的信息自然匹配水果的外形，不用文字说明，就能分辨出果汁的种类(见图 4.37)。

图 4.36　放在锅盖上的勺子

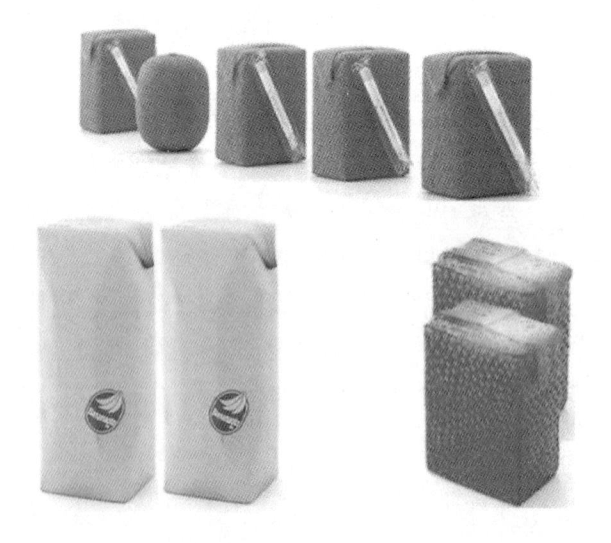

图 4.37　果汁盒包装

5)转换性

下意识和有意识是可以转换的，其产生的行为也是在相互转化的。经过前期有意识的学习、摸索，反复机械性地训练熟练后就会产生有意识向下意识的转化。而在进行下意识行为或作业时，一旦流程中断，或出现状况，下意识操作又会马上转换到有意识的过程。生活中，经常可以看到从有意识转化成下意识的行为。如人一开始学骑脚踏车会很努力，需要有意识地支配自己的行为，让自己保持平衡，不至于跌倒。经过反复练习，待骑自行车的技术熟练后，人有意识产生的行为，将逐渐转变为一种无意识行为（见图4.38）。又如 iPhone 的解锁是从左向右滑动的，熟练使用 iPhone 的用户习惯这个操作后，拿起 iPhone 自然而然地就会用手指从左向右滑动解锁，即使没有汉字的提示，也会自然而然地发生这种解锁的下意识行为动作（见图 4.39）。

图 4.38　学习骑车

图 4.39　手机解锁

4. 生活中的下意识行为

日常生活中留心观察，会发现下意识行为并不陌生。经过调查与统计，比较有共性的下意识行为的例子有：

(1)上课的时候会转笔；

(2)边咬笔头边做题；

(3)在餐厅等人时，手指轻敲桌面；

(4)看到地上有空易拉罐或小石子就想踢；

(5)听音乐时，身体会不由自主地跟着晃动；

(6)与陌生人聊天时，一觉得不自在就喝水；

(7)习惯把包装用的气泡一颗颗压破；

(8)坐在转椅上的时候常常左右转动；

……

你是否从中找到了自己的一些影子呢？

4.3.3　人的差错

由于人的行为存在“有限理性”，所以常会犯各种错误，如忘记关煤气、在 ATM 机取款后忘记取银行卡等。在人的作业和行为的各个阶段，差错随时可能发生。Rouse 等人的研究发现，在诸如核电站、航空、过程控制等复杂系统的重大事故中，60%～90%是由人为差错引起的。Gopher 等人对某个医疗机构的研究发现，医生和护士平均每天在每个病人身上要犯 1.7 个错误。出现差错是人的失误和各种因素综合产生的结果，比如，在紧急状况下误读仪表，除了有可能是用户在紧张的情况下具有慌乱的内部状态，同时，也可能是仪表显示不当造成认读困难。Norman、Reason 和 Wood 等人的研究发现，人为差错多数并不是由人不负责任的行为造成的，而是由不合格的系统设计和不好的组织结构造成的(见图 4.40)。

图 4.40 仪表盘显示不当

1. 人的差错的类型

差错有几种形式，其中最基本的两种类型是失误(slip)和错误(mistake)。

失误由习惯行为引起，是一种下意识的行为，下意识的行为本来是用来满足人的目标的，却在中途出了问题。错误则产生于意识行为中。意识行为让人具有创造力和洞察力，能从表面上毫不相关的事物中看出它们的联系，并使人根据正确的或者是错误的证据迅速得出正确的结论，但是这一过程同样可以导致差错。面对新情况时，人能够从少量信息中归纳出结论，这一能力至关重要。

通过分析行为的七个阶段，来观察失误和错误的不同。如果一个人设立了一个正确的目标，但在执行过程中出了问题，那就属于失误。失误大多是小事：找错了行动对象，移错了物体，应该做的事没去做。只要稍加注意和观察就能察觉出这些失误。错误往往是选错目标导致的。相对的，错误可能是严重的事，而且很难察觉出。

1)失误

失误通常是由于行动规则选择错误而导致的行为目标意图错误，它是由于在人的行为实施层面上出现错误而产生的。与错误不同，失误是正确的意图被错误地执行了。最为典型的失误有捕获性失误(capture error)和描述性失误(description error)。

捕获性失误是指一系列目标行为被类似且熟悉的行为模式捕获时产生的错误，具体表现为某个经常做的动作突然取代了想要做的动作。比如某人正在唱一首歌，突然跳到另外一首他更加熟悉的歌曲上面去了。如果两个动作的初始阶段十分相似，其中一个动作比另外一个动作更加熟悉，就容易出现捕获性失误：不熟悉的动作被熟悉的动作所"捕获"。

描述性失误是一种普遍的现象。描述性失误是由于执行对象或行动过程描述不够精确，将正确的动作施加在错误的对象上。错误对象与正确对象之间越相似，描述性失误越可能发生。比如，想拿酱油，却拿成了醋，因为两者形态、色彩十分相似。还有相似的饮料在同一货架上容易被搞混(见图 4.41)。在设计中，如果两个形状相似又相邻的控制器排布在一起，就容易发生描述性失误。以及 1999 年发行的第五套人民币中的 50 元和 10 元纸币在使用过程中的混淆，也属于描述性失误(见图 4.42)。

其他的失误还有数据干扰失误、联想失误、忘记动作目的造成的失误和功能状态失误等，在此就不一一赘述。

图 4.41　货架上相似的饮料

图 4.42　1999 年发行的第五套人民币

2)错误

错误是没有形成正确的目标或意图,在信息加工层面上造成的错误。人的错误可以区分为两种,即基于知识的错误和基于规则的错误。

基于知识的错误,是由于对情景的错误理解而形成了不正确的行动计划。这样的错误往往起源于信息加工能力有限、不正确的知识或不愿意投入巨大的努力来形成正确的意图等原因。比如,亚里士多德根据他观察的现象指出,下落的速度与物体的质量有关,但现代物理学证明,下落速度与物体质量无关。这就是典型的基于知识的错误。

基于规则的错误发生在操作者存在某种自信的情景下。操作者在长期的生活和工作实践中形成了关于进行某项工作的规则,那么他在处理目前的情况时,往往会把现在的情况与过去的经验进行“类比”操作。正如前面所提到的,这些过去的经验并不总能运用到目前的情况中。比如用户之前使用的是摩托罗拉公司生产的一款手机,该款手机接听键设计在右侧,挂机键设计在左侧。之后他换了一款诺基亚手机,这款手机的接听键与挂机键位置与之前的手机正相反。用户已经习惯了摩托罗拉手机右键接听电话,所以刚使用诺基亚手机时很容易发生错误。

2. 人的差错的主要原因

人习惯于对周围的事物进行解释。但由于人的心理模型存在“有限理性”,人对周围事物的解释往往是不正确的。例如,在 R 结果产生之前,做过动作 A,一旦两件事情接连发生,人们就会认为它们之间具有某种因果关系，会得出结论说 A 导致了 R，即便 A 和 R 之间并没有关系。人们倾向于找出事情的缘由。不同的人可能会找出不同的原因。

失败了，是谁的错？没有明确的答案，在寻找失败的原因时，所拥有的信息太少，有些信息或许还是错的。“归罪心理学”相当复杂，目前还没有人把它彻底地研究明白。有时，人们似乎认为归罪对象与结果之间存在因果关系；有时，人们会把一些与结果毫无关系的事情认定为原因；有时，人们会忽视真正的罪魁祸首。

一件产品不知如何使用，这到底是谁的错？用户很有可能会怪罪自己，因为他相信其他人都知道使用方法，所以下结论认为是自身的错。其实可能是产品设计的问题，用户却认为是自身的错，也不会向别人提及所遇到的困难。

人在做某件事情的时候，历经多次失败，错误地认为自己不能做好该件事情，会陷入一种无助的状态，这叫作习得无助感（learned helplessness）。用户在使用产品的时候，很容易产生习得无助感。如果产品设计得不好，出于人的心理模型的特点，用户会容易产生误解，错误地认为自己不能使用该产品，从而放弃使用，特别是在别人可以使用该产品时，用户会产生内疚和畏惧。诺曼认为，出现这样的情况，多半是由于设计失误造成的。生活中容易让用户陷入习得无助感的产品主要是数字高科技产品，多功能，却让人不知道怎么用，例如打印机（见图 4.43）和单反相机（见图 4.44）。单反相机复杂的操作按键和程序界面，让用户无从下手，即使阅读说明书后仍然不会使用，看到别人用单反相机拍摄出优美的照片，而自己却不能时，用户就会产生畏惧和放弃心理。

图 4.43　打印机

图 4.44　照相机

总体来看，按人机系统形成的阶段，人的差错可能发生在设计、制造、检验、安装、维修和操作等各个阶段。但是，设计不良和操作不当往往是引发人的差错的主要原因，如表 4.6 所示。

表 4.6　人的差错的外部因素

类型	失误	举　例	类型	失　误	举　例
知觉	刺激过小或过大	1. 感觉通道间的知觉差异； 2. 信息传递率超过通道容量； 3. 信息太复杂； 4. 信息不明确； 5. 信息量太小； 6. 信息反馈失效； 7. 信息的存储和运行类型的差异	信息	按照错误的或不标准的信息操纵机器	1. 训练： (1)缺乏特殊的训练； (2)训练不良； (3)再训练不彻底。 2. 人机工程学手册和操作明细表： (1)操作规定不完整； (2)操作顺序有错误。 3. 监督方面： (1)忽略监督指示； (2)监督者的指令有误

续表

类型	失误	举　例	类型	失　误	举　例
显示	信息显示设计不良	1. 操作容量与显示器的排列和位置不一致。 2. 显示器识别性差。 3. 显示器的标准化差。 4. 显示器设计不良： (1)指示方式； (2)指示形式； (3)编码； (4)刻度； (5)指针运动。 5. 打印设备问题： (1)位置； (2)可读性、判别性； (3)编码	环境	导致操作机能下降的物理、化学的空间环境	1. 影响操作兴趣的环境因素： (1)噪声；(2)温度； (3)湿度；(4)照明； (5)振动；(6)加速度。 2. 作业空间设计不良： (1)操作容量与控制板、控制台的高度、宽度、距离等； (2)座椅设备、脚、椅空间及可动性等； (3)操作容量； (4)机器配置与人的位置可移动性； (5)人员配置过密
控制	控制器设计不良	1. 操作容量与控制器的排列和位置不一致。 2. 控制器的识别性差。 3. 控制器的标准化差。 4. 控制器设计不良： (1)用法；(2)大小； (3)形状；(4)变位； (5)防护；(6)动态特性	心理状态	操作者因焦虑而产生心理紧张	1. 人处于过分紧张状态； 2. 裕度过小的计划； 3. 过分紧张的应答； 4. 因加班、休息不足引起的病态反应

在进行人机系统设计时，设计人员可以对表 4.6 中的“举例”进行仔细分析，由此获得有益的启示，对系统进行优化，从而使诱发人的差错行为的外部环境因素得到控制，并最终减少人的差错行为。图 4-45 所示的防尘鹈鹕杯设计，是一个带有兜状形态的弹性塑料罩，当电钻在墙面上钻孔时，套于电钻前，可自然地贴合于墙面，使各个方向的粉尘自动滑入鹈鹕喙状的容器中，保持环境清洁，防止散落的灰尘影响空间环境而降低使用者操作的准确性。

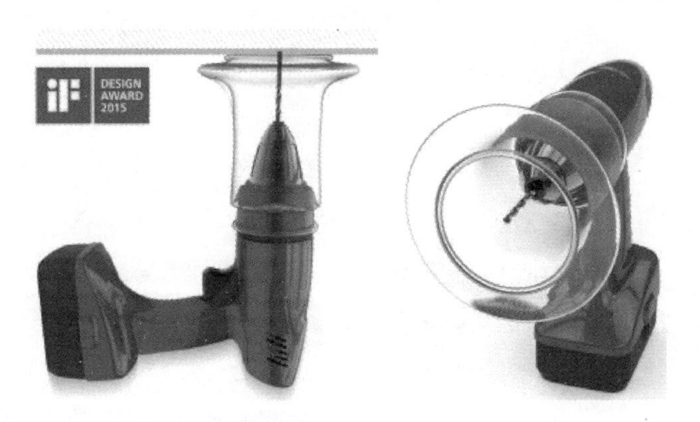

图 4.45　防尘鹈鹕杯

至于诱发人的差错行为的人体内在因素则极为复杂，仅将其主要诱因归纳于表 4.7，设计人员在设计时可以对其进行分析，灵活运用。

表 4.7 人的差错的内在因素

项 目	因 素
生理能力	体力、体格尺度、耐受力、有否残疾(色盲、耳聋、音哑等)、疾病(感冒、腹泻、高烧等)、饥渴
心理能力	反应速度、信息的负荷能力、作业危险性、单调性、信息传递率、感觉敏度(感觉损失率)
个人素质	训练程度、经验多少、熟练程度、个性、动机、应变能力、文化水平、技术能力、修正能力、责任心
操作行为	应答频率和幅度、操作时间延迟性、操作的连续性、操作的反复性
精神状态	情绪、觉醒程度等
其他	生活刺激、嗜好等

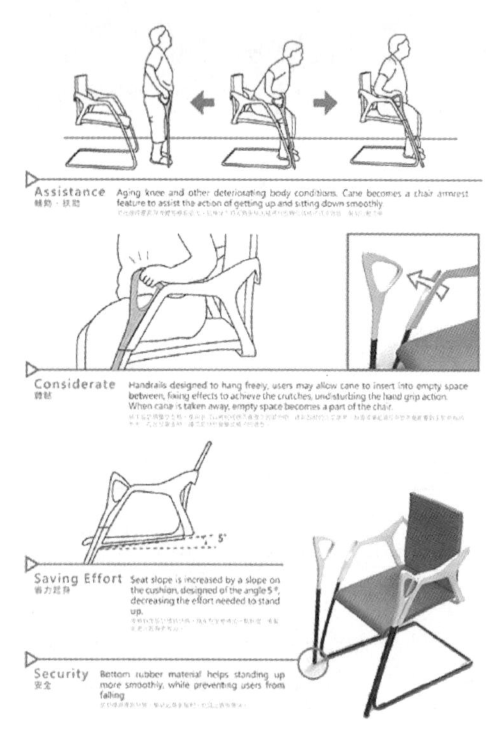

图 4.46 多功能老人手杖

设计人员可以对表 4.7 中影响设计的人的内在因素进行仔细分析。了解不同的人的特征,优化设计,减少人的差错行为。图 4.46 所示的多用十字手杖是一套保证老年人日常行动安全的设计方案。老年人随着年龄增长,生理、心理逐渐老化,抓握力减弱,腿脚不便,蹲起需要人的帮助。这套设计方案由手杖和底座两个部分组成。手杖的把手位置由 L 造型改进为十字造型,增加了抓握力。手杖卡进椅子,可以在 90°范围内旋转,即从垂直转动到水平。垂直状态时手杖可以从底座放进、取出;水平状态时手杖锁住。在老年人需要蹲起的床边或者马桶边安装底座,把手杖变成一个牢固的扶手,为其提供帮助。

3. 与差错相关的设计原理

人们常常认为应该尽量避免出错,或者认为只有那些不熟悉技术或不认真工作的人才会犯错,其实每个人都会出错。设计人员的错误则在于没有把人的差错这一错误考虑在内,设计的产品容易造成操作上的失误,或者操作者难以发现错误,即使发现了,也无法及时纠正。尽管人的差错有时无法避免,但事实上,如果运用正确的方式,很多时候还是可以减少差错的发生。人的差错与人机系统的安全、效率等密切相关。因此,避免人的差错对于提高系统的可靠性、效率等具有十分重要的意义。

如果设计人员对人的差错行为进行有效的分析与预测,做出相应的对策,虽然不能完全避免差错的发生,但至少会大大减少差错发生的概率。针对人的差错的避免与预防,设计人员应该注意以下几点。

(1)了解各种导致差错的因素,在设计中尽量减少这些因素。由于导致人的差错的因素是多方面的,而且每次导致差错的主要因素可能完全不同,这就要求设计人员在设计时,应当针对涉及不同因素的各种具体差错问题,进行有差别的分析与考虑。如此,才能根据不同差错因素的特点针对性地制订出不同的设计对策,将负面因素的影响减小到最小,并最终避免或减少人的差错的发生。比如,针对信息太复杂和信息反馈失效的问题,可以考虑将信息归类简化,并提供产品使用过程中清晰行为反馈,这样就可以使操作者在产品使用过程中明确执行自己的任务,预见或注意到自己的行为差错,减少差错的出现或减小差错的后果。

图 4.47 所示是韩国 ID+IM 设计实验室设计的 heartea 触摸感温杯,杯身有一个凸起的小圆球 LED 灯,随

着杯子里的水温不同,小圆球会显示出三种不同的颜色。红色代表热情沸腾,这意味着杯子中的水温在 75 ℃以上,需要慢慢喝,不然会烫嘴;橘色代表不温不火,此时杯子中的水温在 35～75 ℃,入口刚刚好;蓝色则是入口稍显冰冷,此时水温为 0～35 ℃。杯子平时放在桌子上时,小圆球并不会发光,只有当手和它接触时,才会根据杯子的水温显示出相应的颜色。小圆球 LED 灯根据不同温度显示出不同颜色的信息提示,使操作者在产品使用过程中能够预知水温,减少意外的发生。

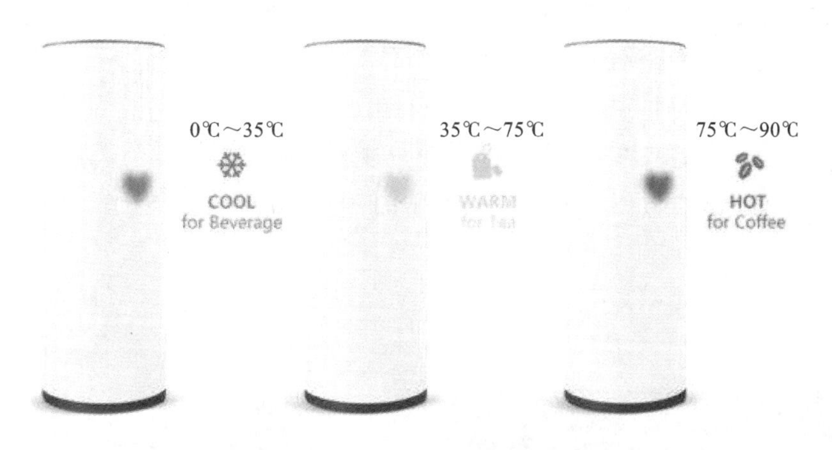

图 4.47　heartea 触摸感温杯

(2)使操作者能够撤销以前的指令,或是增加那些不能逆转的操作的难度。人们在实施某一项任务时,常常会出现这样的差错:实施了某一不应该实施的任务;对任务做出了不适当的决策;没有察觉到某一危险情况等。针对这样的问题,设计人员需要把人的差错考虑在内,让操作者能够察觉发生差错,并及时采取措施纠正差错,避免失误操作。如在搭乘电梯时,操作者如果按错楼层,可长按错误楼层的键,两三秒后就可取消,避免电梯在错误的楼层停留,浪费时间(见图 4.48)。

图 4.48　长按电梯按钮取消

(3)使操作者能够比较容易地发现、纠正差错。人们经常会出错,在平常的交谈中,很少人在一分钟之内没有发生说错、重复、说了一半停下来或是重新说一遍的现象,人类的语言具有某种特殊机制,能够自动纠正错误,以致说话人很少会意识到这些错误的存在,若有人指出他们话语中的错误,他们或许还会感到很惊讶。人造的物品就没有这种容忍度,一个键按错了,就有可能带来麻烦。因此,设计人员在进行设计时,应当考虑通过多种方式，包括形态、声音、指示灯、振动等，提醒人们发现自身的行为差错，并迅速进行纠正。比如，有很多产品电池仓口，设计成不同规则形状，如此一来，在塞电池的时候用户就容易发现电池是否放对方向，如果塞不进，说明出错，马上换一个方向即可正确使用(见图 4.49)。

改变对差错的态度，要认为操作者不过是想完成某一任务，只是采取的措施不够完美，不要认为操作者是在犯错。如果你设身处地地想明白人们出错的原因，就会发现大多数差错都是可以理解的，而且是合乎逻辑的。不要惩罚那些出错的人，也不要为此动怒。尤为重要的是，不要对差错置之不理，想办法设计出可以容错的系统。设计人员处理差错的方法很多，但是关键的一点是，要用正确的态度看待差错问题。不要认为差错与正确的操作行为之间是截然对立的关系，而应当把整个操作过程看作人和机器之间的合作性互动，双方都有可能出现问题。例如，给老年人设计手机(见图 4.50)时更应该考虑可逆操作，因为老年人的适应能力减弱，感知功能衰退，因此在手机设计上操作方便是关键，功能模块化、界面友好、突出亲近感，重视和保护老年人。这种设计哲学应用在具有智能的产品上很容易，然而在设计不具有智能的产品时，比如门，就有些困难。但是不论哪一种情况，设计人员都应该实行以用户为中心的设计原则，从用户的角度看问题，考虑到有可能出现的每一个差错，然后想办法避免这些差错，设法使操作具有可逆性，以尽量减少差错可能造成的损失。

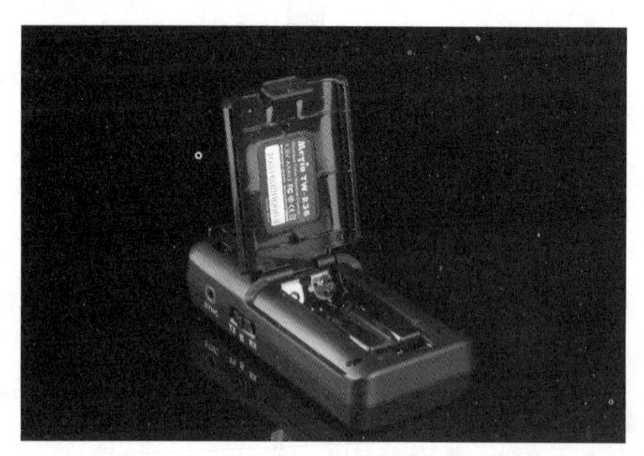

图 4.49 电池仓口

图 4.50 为老年人设计的手机

人们在出现差错时，通常能够找到正当的理由，如果出现的差错属于错误的范畴，往往是因为用户得到的信息不够完整或是信息对用户产生了误导作用。如果是出现失误，就很可能是设计上的弊端或是操作者精力不集中造成的。人们正常的行为并非总是准确无误，要尽量让用户很容易地发现差错，且能采取相应的矫正措施。有时，甚至可以考虑将出现的差错操作变成一种正确的方式。

也许在你身边会遇到这样的情况：落水者被好心人救上岸，但旁边的人因为不懂急救知识而错失了最佳急救机会。图 4.51 所示的溺水急救毯的功能是在紧急情况下帮助人们展开急救，该设计材质和瑜伽毯差不多，大小规格是 1.5 m×2.5 m 左右，打开以后，上面会显示急救知识，比如胸口的位置，人们根据急救毯上提供的急救知识，一步一步地实施急救。该设计可以作为一种急救设备放置在湖边等公共场所。

在日常生活中很多东西人们用得不顺手，但是又不得不去适应它，事实上，可以将人们出现的差错操作变成一种正确的方式。比如，U 盘是大家经常使用的一个小产品，将 U 盘插入 USB 接口时，要事先区分顶端和底部，否则插不进去，人们往往得试两次才能成功。如果要插在计算机机箱后那些看不到的地方就更麻烦。图 4.52所示的双面 U 盘，其接口取消传统的矩形金属框，采用超薄设计，在接口端的两面均装了金属触点，无论哪一面插入 USB 接口，都能连接传输数据，用户不需要多次尝试，一次成功，提供操作便利性。

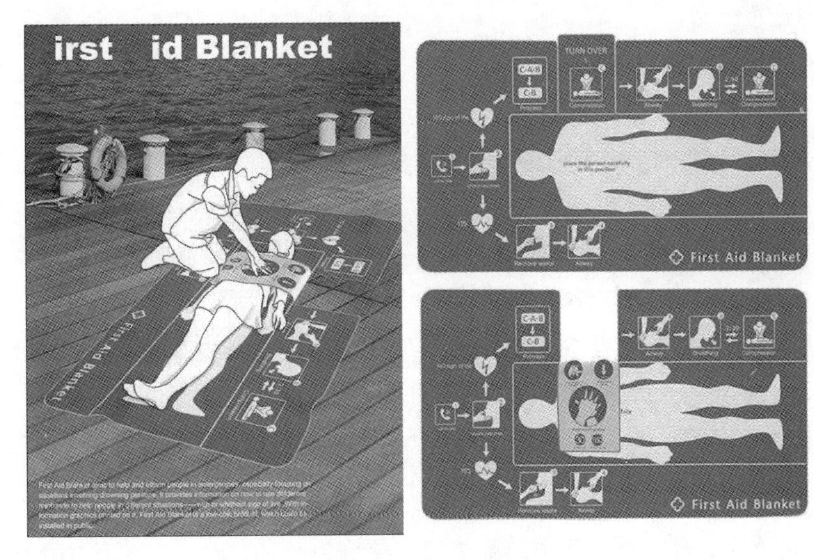

图 4.51 溺水急救毯

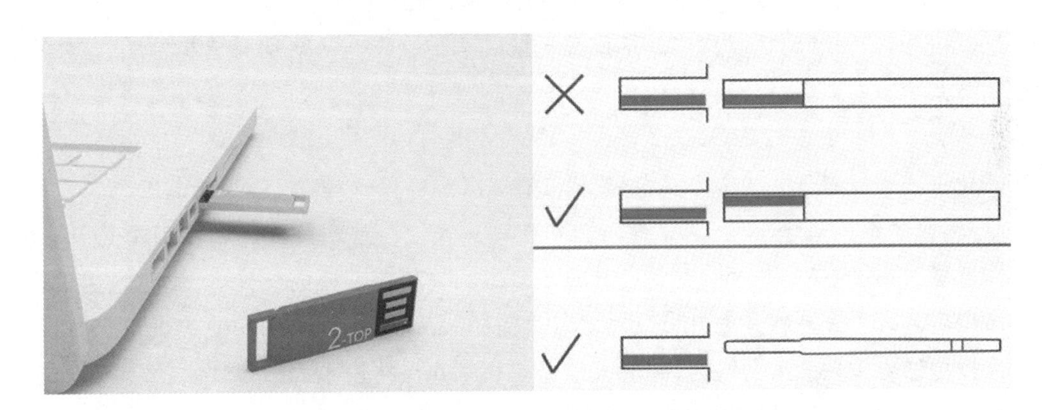

图 4.52 双面 U 盘

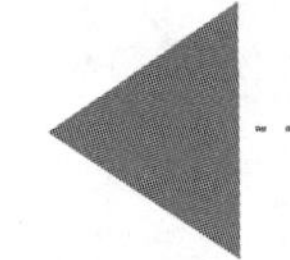

4.4 基于用户行为的人机工程学设计

人性化设计不是一个简单的概念，它涉及很多层面的研究。这与设计对象的繁简并无直接关系，而是关系使用它的行为。人的行为背后存在动机和需要，需要引起动机，动机决定行为。通过研究行为，了解人背后的生理、心理需要和相关动机，才能设计出更好的作品。同时，优秀的设计也有可能改变人们的旧有行为方式。无论是行为指引设计，还是设计引导行为，都建立在行为研究的基础上。行为研究就是研究人类行为的动机、情绪，以及人与环境之间的关系，它对指导设计有着重要的意义。基于人们的行为方式来进行设计，是实现人性化设计的重要途径之一。

4.4.1 行为对设计的导向作用

人对产品的使用是通过各种感觉器官来感受，再靠认知判断来判别其功用和性能，然后产生行为。优秀的设计并不是设计师一时灵感闪现的结果，而是对用户的需求做出贴切应答的结果。这一过程中，将人的行为作为设计导向是一种有效的途径。经过一系列精密细致的行为预想，能够了解到人的需求，从而设计出令其满意的产品。

根据人的行为来引导设计方向，就需要清楚了解人的操作行为与其背后操作意图之间的匹配关系。这就要求设计人员对人们使用产品的行为进行仔细的观察和分析，了解人在使用过程中的每一个动作，思考隐藏在内的人的意图。总体来看，主要可以从认知行为、使用行为和购买行为三个方面来分析行为在设计中的导向作用。

1. 认知行为对设计的影响

从认知学的角度看，所有的设计都具有不同程度或者不同方式的信息传达意义，产品信息设计与功效性、可用性、易用性等要素存在密不可分的关系。认知主要包含几个方面：对于物体的感觉，对于环境刺激的注意和解释，对于过去事件和知识的记忆以及在此基础上形成的思维过程。认知是有选择性的，认知行为对设计的影响可以考虑以下几个方面。

1）设计的情感化

设计的情感化是一种着眼于人的内心情感需求和精神需要的设计理念，它能创造出令人快乐和感动的产品，使人获得内心愉悦的审美体验，让生活充满乐趣和感动。人们都喜欢美观的物品而不是丑陋的物品，这是人类本能的认知感觉，是人们在第一时间看到设计时所产生的一种最直接的认知感受，它是由设计外现呈现出来的某些特性所引发的。当设计在外观、肌理、触觉等方面给人一种美的体验时，使用者就会有好的情绪感觉。成功的设计之所以能够完美融入人的行为，并使人们能够长时间保持愉悦的心情支持这种行为，是因为它们总是与用户行为和产品使用的环境紧密相连的。只有通过对人的行为进行细致的观察和梳理，设计出符合行为特性的产品，人们才会被这些带有情感的设计所吸引并产生认同，继而改变原有的生活态度、环境意识、价值取向等心理方式。

图 4.53 所示为一个良好的情感化设计案例。这是泰国 QUALY 公司设计的一款松鼠抽纸盒，通过小松鼠和树木压着盒内的纸张，防止纸张浮起，每抽取一张纸，松鼠和树苗就会下降一些，抽取的纸张越多，松鼠和树苗就会消失得越快。该设计通过一种有趣的形式，来提醒人们尽量减少纸张的使用，由此来保护树木和动物。与以往一些设计不同，它不是对人们进行枯燥的教导式行为引导，而是通过人们使用产品时的良好情感体验，使人们从视觉上和心理上愉快地接受环保意识，从而增强整个社会的环保意识。

再比如，图 4.54 所示的泰国品牌 PROPAGANDA（该品牌的设计理念为将生活里所有的物品注入幽默的生命）的“TWINS”调味瓶设计，2000 年在美国获得了“Good Design Award”，并被芝加哥博物馆列为永久性的收藏。它就像黑白分明的两个朋友拥抱在一起，可以分开独立使用。也许厨房在很多人眼中是单调乏味的，但是如果你拥有这样可爱的拥抱调味瓶，厨房就会让你的生活充满乐趣和感动。由此可见，优秀的情感化设计，能够仅仅通过一个小小的调味瓶，使厨房拥有巨大的快乐和强大的吸引力，从而彻底改变人们的生活态度。

由以上两个优秀的情感化设计案例可以看出，情感化设计在人们的日常生活中随处可见。情感化设计能够实现产品的精神功能，满足人们的精神需求，使产品具有良好的亲和力，让人们在使用产品时拥有愉悦的心情。情感化设计拉近了人与产品、人与人之间的距离，在更深层面上体现出对人性的关怀和体贴，把对人的情感需求的关注融入设计之中，满足了产品在实用性以外的功能，为人们带去更多可以获得愉悦和感动的产品，

图 4.53　松鼠抽纸盒

图 4.54　"TWINS"调味瓶

让生活丰富多彩。情感化设计加强了人的认知行为,不仅使设计变得生动有趣,也帮助设计获得巨大成功。

2)设计的可视性

可视性是基于视觉感受来创造可识别的优美视觉环境,它的出发点是人们的行为习惯和生活需求。可视性要做到把人的视觉心理放在第一位。设计的可视性就是要能提供正确的引导,通过正确清晰的设计模式,给用户建立正确的概念模式,使用户的操作得到正确的反馈。设计所传达出的信息应该使消费者易于接收和理解,并且引起消费者的注意。

一般来说,设计的形式可以向使用者提供关于固定方式、安置方式、物与物相对位置等方面的信息;可以向使用者提供关于当前工作状态方面的信息;可以提示使用者正确的操作方法和操作步骤,让人轻易就能明白哪些属于看的,哪些属于可动的,哪些部分是危险的、不可随意碰的,哪些部分是不可拆解的,从而减少认知的负荷。例如儿童玩具设计,可供儿童操作的部分应该色彩醒目,形态特点明确,以吸引儿童的注意力;而避免儿童操作的部分应该色彩低调,形态弱化,以减少儿童的注意力(见图 4.55)。

图 4.55　儿童玩具

设计的可视性在操作时是尤为重要的。正确的操作部位必须显而易见,而且还要向用户传达出正确清晰的信息。图 4.56 所示的车内饰各个区域划分明显,中控一侧向驾驶员倾斜,增强驾驶者的可操作性;液晶屏信息显示字体有利于驾驶者更好地获取行车信息。再比如,十字路口红绿灯的设计对人们的行为改变尤为明显,"红灯停,绿灯行,黄灯亮了等一等"已经成为人们的口头禅,并渐渐成为人们的潜意识,从而彻底改变人们过马路的习惯,大大提高了交通的安全系数(见图 4.57)。

2. 使用行为对设计的影响

诺曼针对日常生活中人们在产品使用上所遭遇的问题,提出他的主张:使用一件好的产品时,用户不需要通过错误行为的尝试,就可轻易地在产品的设计上找到答案,使用时不会在心理上产生负担。使用行为是人类维持生存的基本功能,好用的设计应是顺应人的使用行为,符合人们的需求的。使用行为往往需要从产品以及使用环境中获取相关的信息来完成,并且为了今后的使用还需要对相关信息加以记忆。所以,从人的使用行为

图 4.56　车内饰

图 4.57　红绿灯

分析的角度着手进行设计，不仅有利于产品在使用状态时的人机系统化，使产品与人之间产生好的互动性，达到方便、准确、高效地使用产品的目的，也有利于设计塑造真正的“以人为本”的形象。

1)使用的目的性

人们使用一个产品实际上是一种有目的的行动。首先是确定目标、明确意图，然后是采取行动。虽然具有相同的目标，但是由于使用情境的不同，采取的行动内容也会有所不同。在一个情境中适宜的行为可能在另一种情境下并不适宜。例如，同样是口渴了想喝水，在办公室会选择用精致的杯子冲一杯咖啡细细品味，在郊外则会选择一瓶矿泉水一饮而尽。因此，在设计时应考虑人们在不同的情境下的不同需求。

消费者买一个产品到底是为了什么？其实就是为了要达到某种使用目的。洗衣机，是为了能洗衣服；相机，是为了能照相等。人们的使用目的存在多样性，它受到人种、年龄、性别、性格、能力、经验和社会阶层等多方面的影响，存在着巨大的差异性。所以，设计时还应考虑不同使用者的不同需求。比如，不同人群对于手机的使用目的是不同的，老年人主要是接打电话，年轻人则是多功能、多媒体的使用。同样是一个手机，对于年轻人而言，由于需要看电影的功能，所以手机屏幕就应当能够横屏显示。

再比如，同样是饮料瓶，Y Water 儿童饮料瓶就设计得非常有特色，有针对性。一般来说，对于很多消费者，饮料瓶除了盛装饮料的功能之外，别无他用。而这款为儿童设计的饮料瓶，不仅是一个饮料瓶，还是一款智力玩具。该设计除了根据不同的特质进行色彩的区分外，还可以在饮料喝完之后进行二次使用，将瓶子逐个连接起来，成为一种积木玩具。这个设计不仅鼓励孩子的创造性，更教育儿童学会废物再利用(见图 4.58)。

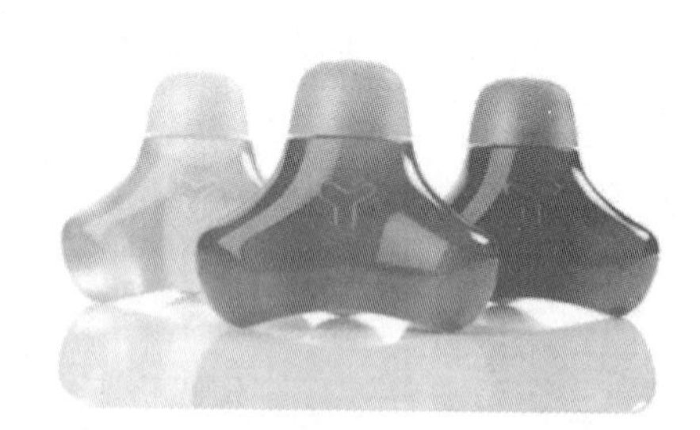

图 4.58　Y Water 儿童饮料瓶

由此可见，很多时候，使用的目的对设计有着非常大的限制性。这种限制其实在设计的最初阶段就存在了，并且根据其使用者不同，设计也变得有所不同。所以要仔细分析使用者的需求与特性，从使用行为中去了解使用者，给予他们真正需要的功能。

2)使用的易用性

易用性是设计中要考虑的重要特质之一。自从原始人开始利用器具改造自然那一刻起，借助外物来方便自己行动的愿望就慢慢萌芽，这就是最初的易用性。任何产品对用户来说都是完成行动的一个工具、一种方法、一种途径,而不是目的。当人们第一次接触某种产品时,通常会借助于认知行为,通过调用记忆中的知识进行匹配,或者从产品的设计中寻找可供解释的信息。如果能够满足这两个条件,使用者操作起来就会轻松自如。反之,如果某种产品在使用前必须详细阅读说明书,理解并记忆复杂的操作过程,使用者每次使用都需要考虑操作步骤是什么,那么他可能早就把这个产品置于一边不予理会了。因此,必须尽可能地减少使用过程的思维负荷,使产品变得简单易用。易用性理念其实在中华民族造物的远古时代就开始萌芽,老祖宗们擅长于用简单巧妙的方式去解决复杂的问题,筷子的发明就是个很好的例子。筷子使用的广泛性和便利性不仅体现在功能上,而且体现在它的形态结构上。如此简单的两支小棍,却精妙绝伦地应用了物理学上的杠杆原理,使其成为人类手指的延伸,轻巧、灵活、方便,夹取食物的适应性很强。不仅如此,筷子还能通过手功能的训练促进脑的发育,有利于人类智力的发育(见图 4.59)。

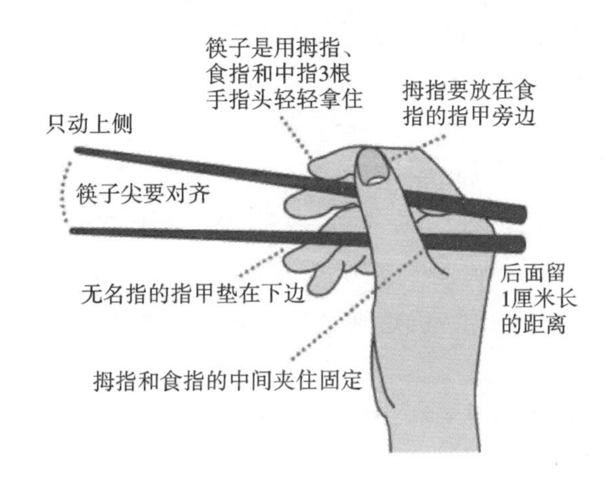

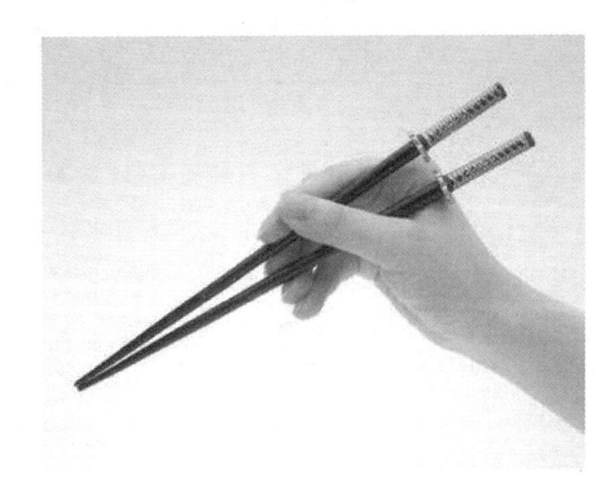

图 4.59 筷子

对于产品的易用性,可以考虑通过产品上的限制因素和预设用途来实现。也就是说,设计师充分考虑使用者可能出现的错误,利用各类限制因素,使消费者只有一种选择,以限制和简化使用者的操作。例如乐高玩具摩托车的设计(见图 4.60),它虽然由 13 个零件组装而成,但是由于每一个部件在结构、语意或者文化上考虑了限制因素,即使不看说明书也能把玩具摩托车成功组装。此外,将设计者的心理模型与用户的心理模型相匹配,也是一种使产品易用的有效方法。图 4.61 所示的"线龟"是针对家庭或办公室里杂乱无章的电线而设计的,把电线缠绕并藏进球内,帮助用户整理了电线,简洁、美观而又方便使用。它从视觉上和心理上给予人们良好的用户体验,使产品的使用状态与用户所期望的状态保持一致,从而达到设计者的心理模型与用户的心理模型相匹配的效果。

图 4.60 乐高玩具摩托车

图 4.61 线龟

产品的易用性是体现人性化设计的重要因素，设计师应该树立“以人为本”的设计理念，在设计之初就将各种因素尤其是易用性考虑到设计当中去，协调与设计相关的各类学科，设计出更多人性化的、方便人们生产和生活的产品，改善和丰富人们的生活。

3. 购买行为对设计的影响

购买行为是指消费者在寻找、购买、使用和评定希望满足其需要的产品、服务和思想时所表现出来的行为。消费者的购买行为十分复杂，通常对消费者而言，实现一次购买行为是一次解决问题的决策过程，它集中表现为购买商品。消费者做出购买决策并非一种偶然发生的孤立现象，它通常分为五个阶段(见图 4.62)，其中既有表露于市场上的有形活动，又有看不到的心理活动过程。

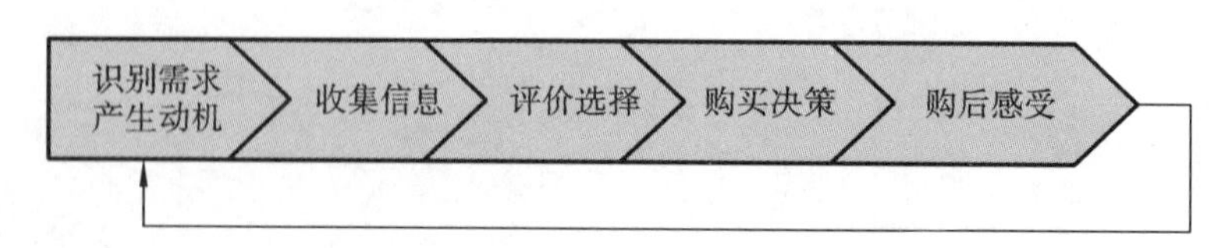

图 4.62　消费者产生购买行为的五个阶段

现代设计的主要目的之一就是满足消费者的需求。所以，设计师应当研究与剖析消费者的购买行为，并以此作为基础，展开各种产品的设计，满足消费者需求，从而达到设计和消费者购买行为的和谐统一。消费者的购买行为不仅受到产品外观、功能、颜色等方面的影响，还受到社会、文化、心理和消费者自身因素的影响。研究这些购买行为的影响因素，对设计有重要的意义。

购买行为的产生能促进设计的完善和演变，可以说，产品设计与消费者购买行为是互为前提的辩证统一的关系。因此，在设计时，应该以消费者的需求和购买行为为前提。没有消费者的购买，再好的设计也只能是枉然。同时，也应该了解消费者的需求和购买行为，设计好的产品，主动满足消费者的需求和购买行为，让设计在满足消费者需求的同时得到发展与升华。比如，儿童的购买行为主要受感情动机的影响，表现出冲动性和不稳定性，求新、好胜、好奇等都可以促进儿童的购买行为。如儿童玩具的卡通造型、服装上奇特的口袋、食品袋里赠送的小玩具、童车外表模仿动物外形的喷漆花纹等，都可引起儿童强烈的购买欲望。而老人的购买行为则越来越受到健康因素的影响。老人由于生理退化等因素，更倾向于购买具有健康保健功能的产品，例如足浴盆、颈椎按摩器等，由此达到健康长寿的良好意愿。

4.4.2　设计引导及改变人们的行为方式

意大利设计师索特萨斯认为：“设计就是设计一种生活方式，因此设计没有确定性，只有可能性。”也就是说在满足最基本的功能要求之外，设计的内涵和外延可以无限扩大。设计的对象是产品，但设计的目的是满足人的需求，创造一种更合理的生活(或使用)方式。从这个角度来看，设计不仅要适应人们当下的行为方式，还要引导人们形成新的、操作性更强、更舒适、更符合习惯的行为方式。

随着经济、技术、文化等的发展，大量的新设计也不断涌现。这些新设计与过去已有的设计共同发挥作用，潜移默化地影响和改变着人们的观念与生活习惯。从设计的角度来看，主要有以下几个方面。

1. 功能

功能是指设计所具有的效用并被接受的能力。设计只有具备某种特定的功能才有可能进行生产和销售。设计实质上就是功能的载体，实现功能是设计的终极目的。人们购买、使用的都是依附于设计实体之上的功能。人在与设计发生关系的行为中，功能需求是第一位的，具有良好功能的设计往往会给人带来愉快的行为体验。

在物质供应极为丰富的当今时代，设计的功能引导行为显得尤为重要。优良的功能设计引导人们的行为举止走向优雅文明，使人们的生活环境更加美好和谐。在一个高度文明的城市，看到十字路口的红绿灯，人们会下意识地自觉遵守交通规则；看到路边的垃圾桶，人们不会乱扔垃圾。例如在印度的某城市，人们曾经不愿意或者不习惯使用垃圾桶，造成了城市环境污染严重。为了改变人们在街道上乱扔垃圾这类情况，印度当地组织请来设计师设计了一款有趣的垃圾桶。图 4.63 所示的这款万花筒垃圾桶放置在孟买的一处公园内，尝试与路人互动。它的设计原理是在垃圾桶内部嵌三面玻璃，经由折射创建出如万花筒般的美丽图案，在有新垃圾丢入之时，图案又会随之产生变化。在这一案例中，设计师正是从"以人为本"的设计理念出发，利用了反向思维，通过合理的设计引导人们改变乱丢垃圾这一行为，而不是去适应人的这一行为。

图 4.63　万花筒垃圾桶

在设计工作中，设计师只有充分体现对人的行为、人的存在的关注，尽力提供能够帮助人们更好生活的具体手段，设计才能真正体现创造的独特价值，并推进社会经济的进步和发展。设计师应当通过对人心理层面的研究，通过合理的设计优化产品的功能。从以人为本的设计理念出发，通过大量的对具体的设计实践的调查，获得尽可能多的资料，在分析的基础上加以比较与归纳，展现出设计对行为的影响。比如，如今在公共交通中使用的一卡通，就是产品非物质化设计典型。传统的纸质车票使用后就被抛弃，无法重复利用，这不仅是对纸张的浪费，也是对环境的污染。公交一卡通不仅继承了票据本身的功能，还可以重复充值使用。同时，由于一卡通使用便捷，很多公交线路可以实现无人售票，节约了人力成本，规范了乘车秩序，可谓一举多得。

当前，不少设计开发出来的新功能，正在逐渐改变着人们的行为。比如手机，它经过了几代发展，已经不再是单纯意义上的移动通信工具，它不仅拥有通信功能，还拥有游戏、拍摄、多媒体播放和上网等功能。手机从信息获取到购物、娱乐、生活，衣食住行无一不包。手机的这些功能将人们从繁忙的工作运转中解脱出来，让人的身心放松。现代手机强大的多种功能，已经使人们的生活、学习和工作方式发生了彻底的改变。不管在哪儿，人们都喜欢拿着手机，盯着手机看，不管周边环境，它已经成为人们随身携带的必备物品之一。今后，随着多媒体通信技术的实现与发展，手机可能会变成万能的产品，包括钥匙、遥控器等各类功能，都会成为它的一部分。到那时，人们的行为又将发生巨大的改变。

2. 形态

如果说设计是功能的载体，形态则是设计与功能的中介。形态是设计最基本的属性特征，给人最直观的视觉、触觉和操作使用时的心理感受，这些决定了设计的形态与使用者的因素息息相关。设计形态包括意识形态、视觉形态和应用形态。设计形态不仅带给使用者视觉、触觉上的生理体验，而且还引导他们产生心理境界与情绪意识的感受。形态更多地在人的行为、认知等功能层面发生作用。人们通过基本的感官,体验到设计较为抽象的造型、色彩、情感及内在文化,这些因素的集合,构成了设计形态的精髓,表现了人们对社会文化、时尚潮流的倾向与品位,从而与设计产生情感共鸣。没有形态的作用,设计的功能就没有办法得以实现。

形态具有表达语意的作用,设计通过形态传递信息,使用者接收信息做出反应,在形态信息的引导下,正确使用产品。设计形态传达出的信息应该能使人接受和理解,它通过自身的解说力,使人可以很明确地判断出设计的属性。以剪刀为例,即使以前从未见过或使用过剪刀,你一看也能明白它的使用方法:剪刀把手上的圆环显然是要让人放东西进去,而唯一合乎逻辑的动作就是把手指放进去;圆环的大小决定了使用上的限制,圆环大可以放进数根手指,圆环小则只能放进一根手指。同时,剪刀的功能不会受到手指位置的影响,放错了手指,照样可以使用剪刀(见图 4.64)。

微笑钥匙(见图 4.65)将钥匙由平板变成了弧形,与普通钥匙相比,这一形态变化带给人们更多的便利:①自然的弧度,贴合拇指和食指,用着更舒服;②更容易分辨钥匙的朝向,不用去记忆哪面是正确的朝向;③钥匙平放的时候,因为有弧度,更容易被拿起来;④钥匙上面有数目不等的凸起的小颗粒,用于区分种类,比如,1 个小颗粒的是办公室的,2 个的是自家大门的,而 3 个的是卧室的。这在晚上视线不清晰时很方便,不用一串钥匙挨个尝试。它是 2013 年德国 iF 设计奖的获奖作品。

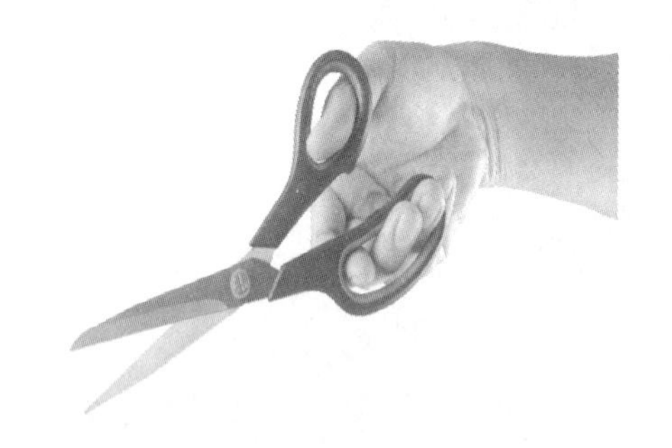

图 4.64 剪刀

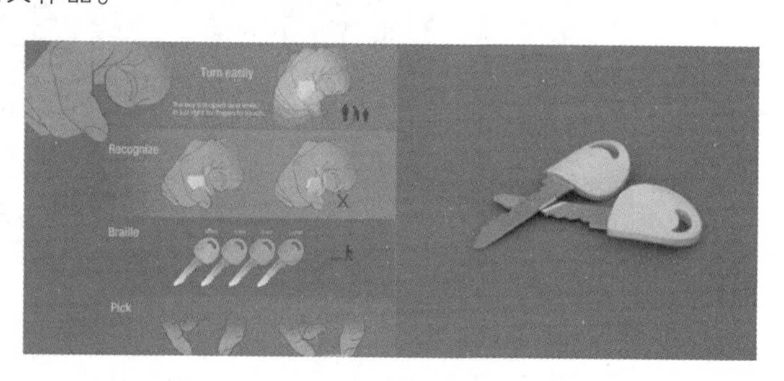

图 4.65 微笑钥匙

家庭影院的控制系统有着各种不同形态的操控界面,圆形的、方形的、凸起的、下凹的等,一些好的界面形态设计,虽然没有任何说明,人们依然能够很容易辨别各种不同的操作方式,如圆形凸起的是旋转控制,下凹的为按压控制等。

形态规范着个体的行为方式,起着导向作用。男性在公厕小便时,时常会溅出来弄脏地面,后面的人为了不弄脏自己的鞋子就站得更远,导致地面更脏,于是就有了类似“向前一小步,文明一大步”的宣传语,但收效甚微。其实,只要对小便器进行形态上的一点点变化,就可以改变人们的行为,解决这个一直困扰人们的社会行为问题。比如,德国的小便器设计,在小便器中间贴上一只以假乱真的苍蝇,小苍蝇会吸引注意力放松的人们,无形中使人集中精力去瞄准苍蝇,使其成为“射击”的目标,这样就减少了溅出的可能,如图 4.66(a)所示。类似地,2014 年南非世界杯期间,上海一家商场的男厕所小便池内就出现了绿色的“草坪”和白色的“球门”,本来放置的白色清洁球则换成了黑白相间的足球模样,利用人们的射门欲望,有效控制了尿液溅出,如图 4.66(b)所示。这些小改动改变了人们的行为,保证了公厕的环境卫生。

再比如,日本设计师坂茂设计的卷筒卫生纸(见图 4.67)是一个良好的形态引导行为案例。卫生纸由圆形改成方形,表面上看增加了人们使用产品时由形态的变化引起的阻力,制造了使用上的不便,但事实上,它能通过拉动手纸时发出的“嘎达嘎达”声,引起人们的注意,提醒他们节约纸张,由此实现增强社会环保意识的目的。此外,这种形态上的改变,还能够通过更好的叠放方式,节省运输、存放等方面的空间与成本。

3. 交互界面

在现代生活和工作中,人们与设计的交互行为无处不在,如开车上班,用手机发邮件,用洗衣机洗衣服等,

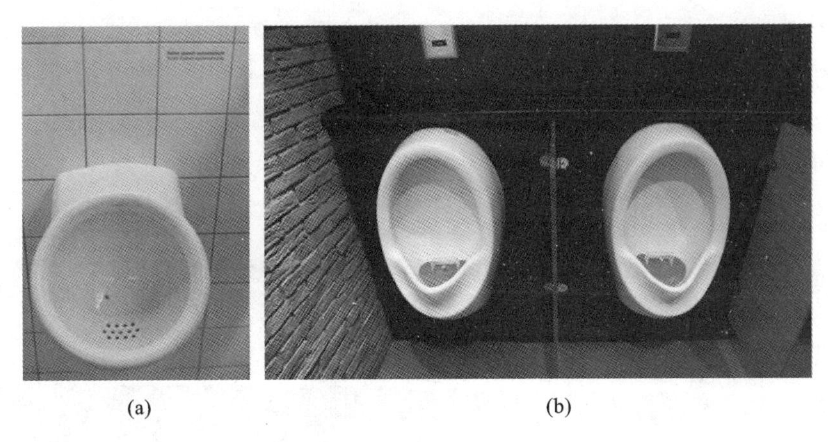

(a) (b)

图 4.66 男性公厕小便池

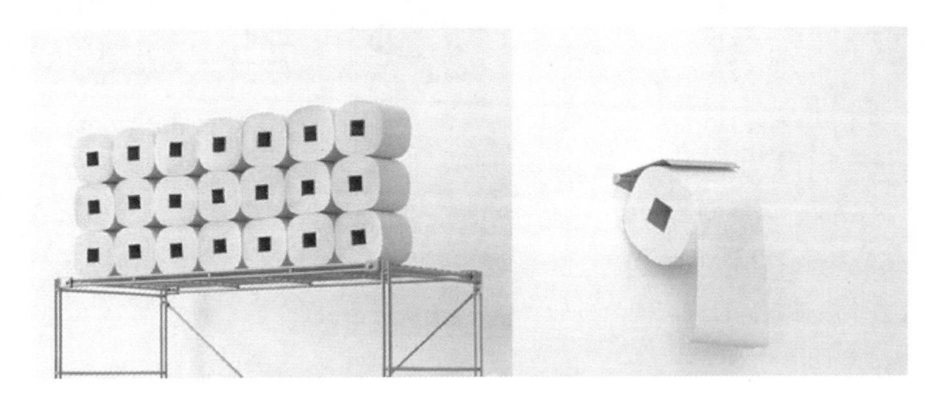

图 4.67 卷筒卫生纸

都是在交互过程中完成的。设计的交互界面作为用户与设计沟通的桥梁，起到用户与设计沟通交流的媒介作用，它表现的是设计对用户的适应性、用户对设计的主动性，需要以思维、意向为目的。它所体现的共同之处皆在于避免用户与设计之间的鸿沟，建立用户与设计之间的友好界面。界面的职责就是为用户提供他们所需的信息，引导用户方便、准确、迅速地完成任务。优秀的家庭影院电源开关与音量调节等控制设计，即使是幼儿也能成功地进行播放与调节操作，正是得益于优秀的界面设计。

也许每个人都有过这样的经历：面对新买的产品，欣喜地打开包装尝试使用的时候，却困惑于复杂的产品用户界面，不知如何操作，结果只好硬着头皮去啃厚厚的说明书，这样的问题正是由于不良的设计交互界面所带来的。从某种角度来说，设计的交互界面就是向使用者传达信息，在与使用者的交流过程中帮助使用者达到特定目标。在设计过程中，设计人员应当很好地去定义设计的形式、功能、消费观念，让设计适应人，让设计愉悦人。

产品的交互界面设计在连接用户和设计之间的关系时所起的作用非常大，很多时候，这种用户界面的设计其实就表现在对设计的细节处理。例如飞利浦公司于 1996 年推出的“philishave reflex action”剃须刀，它的侧面与男性头颈部的侧面有着完美的一致性，调节开关的按钮正在男人的喉结处，按钮有增加摩擦、便于推动的凸起，明确地指示了产品的操作方式。通过交互界面的设计来引导人的行为，当剃须刀中的剃须残留物满的时候会提示用户及时清理，当充电结束时有图形及语音提示，在剃须刀不使用的时候有相应的保护装置(见图 4.68)。

在细节方面精心处理的用户界面设计还有 IBM 公司生产的 ThinkPad 笔记本电脑上一触即发的小红帽(见图 4.69)。镶嵌在 ThinkPad 键盘中央的 TrackPoint 代替了鼠标，实现鼠标的功能，已经成为 ThinkPad 笔记本电脑的象征，被诸多爱好者称为“小红帽”。它完全按照人机工程学原理设计，用户操作时手指不需要离开机体，点触即调整光标的走向，同时可以用来选择启动 TrackPoint 的滚动功能和放大显示功能，向下按压还能实现普通鼠标左键的单击或双击功能，使需要大幅度移动指针的操作和拖曳的操作都变得异常简单。虽然只是一个小红点，但它却凝结了各种精心设计，让操作更加舒适，改变了人的使用行为。这一设计成为日后众多品牌模仿的对象。

图 4.68　剃须刀

图 4.69　ThinkPad 笔记本电脑

还有易拉罐的罐口设计也是成功的产品用户界面设计，它符合人的认知心理习惯和行为模式，不管是哪个国家，哪个民族，说哪种语言，无须任何的操作说明，都可以轻松解读其所表达的含义，并做到操作简单。

由此可见，对用户行为的研究是设计中重要的组成部分。设计要参照人的行为，但不是完全地依赖人的既定行为方式。优秀的产品可以通过更合理的设计，引导用户的行为，改变用户的行为。

小　结

本章探讨了人机关系中影响心理状态的因素及心理特征在设计中的应用等。人机工程学的研究为工业设计全面考虑“人的因素”提供了人体结构尺度、人体生理尺度和人的心理尺度等数据，这些数据可有效地运用到工业设计中去。在人—机—环境的交互过程中，对人的行为与实际案例进行分析，探讨为人创造舒适、安全、卫生的人机环境的基本方法，同时培养学生观察人和环境的习惯。“以人为本”实质上是对人从物质到精神的全面关怀。树立为人民服务、敬业爱岗的主人翁意识，“以人为本”就会真正落到实处；培养思维的全面性，任何设计离不开具体的情境。

练习与讨论

(1)收集生活中与人的心理相关的设计问题，对其进行分析，并寻求改进方法。

(2)调查分析某一品牌手机的硬件与软件界面设计中的基于用户行为的人机工程学问题，提出改进建议。

(3)通过小组讨论(1)和(2)的设计问题与建议，然后以小组为单位用 PPT 的形式进行班级汇报。

第5章

人机工程学中的交互设计

RENJI GONGCHENGXUE ZHONG DE JIAOHU SHEJI

学习目标

本章主要讲述了人机界面设计与交互设计的相关内容，要求学生理解两者的具体含义以及相互之间的关系；了解人机界面与交互技术的发展状况与应用前景；熟练掌握产品交互设计的程序与方法，并在实践中灵活应用。

人机界面是用户与产品相互传递信息的媒介，交互设计是指为用户与产品间的交流和互动进行设计。交互设计是界面设计的延伸，所有的"交互问题"都是在"界面"上发生的，"界面"是交互行为产生的基础，"交互"是界面设计的最终目的。

5.1 人机界面设计

5.1.1 人机界面的含义

在人-机-环境这个系统中，人与机器之间的关系存在着一个相互作用的"形式与媒介"，这就是人机界面。人与机器之间的信息交流和控制活动都发生在人机界面上，人通过视觉和听觉等器官接收来自机器的信息，经过大脑的加工、决策，然后做出反应，实现人-机的信息传递。

人机界面(human-machine interface)，是用户与机器相互传递信息的媒介，其中包括信息的输入与输出，是人与机器之间相互作用的方式。作为一个独立的研究领域，人机界面设计正在受到人们的广泛关注。

人机界面的含义有狭义和广义之分。上面提到的人机界面的概念是从广义上来说的，这里的"机"与人机工程学这个概念中的"机"具有相同的内涵，泛指一切产品，既包括硬件也包括软件。在人机系统中，人与机之间的信息交流和控制活动都发生在人机界面上，机器通过各种形式的显示实现机-人的信息传递；人通过视觉和听觉等多种感官接收来自机器的信息，经过人脑的加工、决策，然后做出反应，实现人-机的信息传递。本章中所指的人机界面，主要是从广义上来说的。

狭义的人机界面是指计算机系统中的人机界面(human-computer interface，HCI)，也称为人机接口、用户界面，它是计算机科学中的一个新兴的分支。这里的人机界面是人与计算机之间传递、交换信息的媒介，是用户使用计算机的综合操作环境。近年来，计算机人机界面设计和开发已成为国际计算机界最为活跃的研究方向之一。

在狭义的人机界面中，计算机系统是由硬件、软件和人共同构成的人机系统，人与硬件、软件结合从而构成了人机界面。该界面为用户提供观感形象，支持用户应用知识、经验、感知和思维等获取界面信息，并使用交互设备完成人机交互，如向系统输入指令、参数等，计算机将处理所接收的信息，然后通过人机界面向用户反馈响应信息或运行结果。

总之，从广义上来说，人机界面是人与机器、工具之间传递和交换信息的媒介，包括硬件人机界面和软件人机界面，是用户使用机器、工具的综合操作环境。

Alan Cooper 先生说，最好的界面是没有界面（而仍然能满足用户的目标）。有很多产品在不知不觉中极大地改变了我们的生活，设计最精巧的人机界面装置能够让人根本感觉不到是它赋予了人巨大的力量，此时人与机器的界线彻底消除，融为一体。扩音器（见图 5.1）、按键式电话、方向盘、磁卡、交通指挥灯、遥控器、阴极射线管、液晶显示器、鼠标（见图 5.2）/图形用户界面、条形码扫描器这 10 种产品被认为是 20 世纪最伟大的人机界面装置。

图 5.1 扩音器

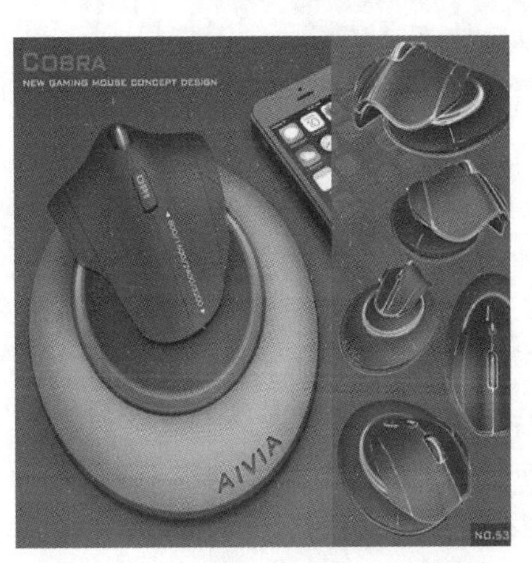

图 5.2 鼠标

可以说关于人机界面的问题最早只是人机工程学的一个部分，但随着学科的不断深入与分化，关于这方面的研究目前已经产生了人机界面学这个独立的学科，因而在研究领域上它和人机工程学有着很多重叠之处，在一定程度上是对同一个问题从不同侧面进行了研究和探索。人机工程学主要关注人与机器之间的关系以及由此带来的关于工作效率、人的健康等问题，但是这些都离不开“人机界面”这个载体。本书将人机界面问题单独列出来，做一个简单的介绍。

5.1.2 硬件人机界面与软件人机界面

1. 硬件人机界面

硬件人机界面是界面中与人直接接触、有形的部分，它与工业设计紧密相关，早期工业设计的发展，主要是围绕硬件所展开的。现代工业设计从工业革命时期开始萌芽，其重要原因正是在于对人与机器之间界面的思考。现代工业设计历经工艺美术运动、新艺术运动和德意志制造联盟的成立等阶段，直到包豪斯确立了现代工业设计，这个过程其实都是在不断探寻物品呈现于人的恰当形式，其实也就是界面问题。之后的设计风格的演变，无论是流线型风格、国际主义风格还是后现代主义风格，都始终围绕着形式和功能的关系这个主题，其实质也是对人机界面的不断思考。工业设计中关于座椅的设计，其实是在探讨“坐”的界面问题（见图 5.3）；而关于手动工具的设计，则主要是在探讨“握”的界面问题（见图 5.4）。可以说，早期的工业设计主要就是在关注硬件界面设计。

硬件人机界面的发展，是与人类的技术发展紧密联系的。在工业革命前的农业化时代，人们使用的工具都是手工生产的，很多情况下会根据使用者的特定需要进行设计和制作，因而界面友好，具有很强的亲和力。18 世纪末在英国兴起的工业革命，使机器生产代替了手工劳动，改变了人们的设计和生产方式，但是在初期也产

图 5.3 “坐”的界面

图 5.4 “握”的界面

生了很多粗制滥造的产品，使很多物品的使用界面不再友好。20 世纪 40 年代末随着电子技术的发展，晶体管的发明和应用使得一些电子装置的小型化成为可能，改变了很多产品的使用界面。

在“第三次浪潮”的席卷下，计算机技术快速发展和普及，人类进入了信息时代。信息技术和 Internet 的发展在很大程度上改变了整个工业的格局，新兴的信息产业迅速崛起，开始取代钢铁、汽车、机械等传统产业，成为时代的生力军，苹果、摩托罗拉、IBM、英特尔等公司成为这个产业的领导者。在这场新技术革命的浪潮中，硬件人机界面设计的方向也开始了转变，由传统的工业产品转向以计算机为代表的高新技术产品和服务。此时的设计，逐步从物质化设计转向了信息化和非物质化，并最终使软件人机界面的设计成为界面设计的一个重要内容。随着信息技术的不断发展，出现了很多智能化的产品，这些智能机器再一次深刻地改变了人机界面的形式，同时也使得界面的设计不再仅仅局限于硬件本身(见图 5.5)。

2. 软件人机界面

软件人机界面是人-机之间的信息界面，它的发展，首先必须归功于计算机技术的迅速发展。今天，计算机和信息技术的触角已经深入到现代社会的每一个角落，软件人机界面也伴随着硬件成为人机界面的重要内容，甚至在一定程度上，人们对软件界面的关注，已经超过了硬件界面。优化软件界面就是要合理设计和管理人-机之间对话的结构。

早期的计算机体积庞大，操作复杂，需要人们用二进制码形式编写程序，这种编码形式被称为机器语言，很不符合人的思维习惯，既耗费时间，又容易出错，大大限制了计算机应用的拓展。

第二代计算机在硬件上有了很大的改进，体积小，速度快，功耗低，性能更稳定。在软件上出现了 FORTRAN(formula translator)等编程语言，人们能以类似于自然语言的思维方式用符号形式描述计算过程，大大提高了程序开发效率，整个软件产业由此诞生。

集成电路和大规模集成电路的相继问世，使得第三代计算机变得更小、功率更低、速度更快，这个时期出现了操作系统，使得计算机在中心程序的控制协调下，可以进行多任务运算。

这个时期的另一项有重大意义的发展是图形技术和图形用户界面技术的出现。施乐(Xerox)公司的 Polo Alto 研究中心在 20 世纪 70 年代末开发了基于窗口菜单按钮和鼠标器控制的图形用户界面技术，使计算机操作能够以比较直观的、容易理解的形式进行。1984 年，苹果公司仿照 PARC 的技术开发了新型 Macintosh 个人计算机，采用了完全的图形用户界面，获得巨大成功(见图 5.6)。20 世纪 90 年代，微软推出了一系列的 Windows 操作系统，极大地改变了个人计算机的操作界面，促进了微型计算机的蓬勃发展。

软件人机界面的主要功能是负责获取、处理系统运行过程中的所有命令和数据，并提供信息显示。目前，在系统软件方面主要有 Macintosh、Windows、UNIX、Linux 等几大软件形式与标准；对于网页浏览器则有微软的 Internet Explore(IE)以及网景的 Netscape 等形式与标准。这些操作系统和应用软件都是以用户为中心

图 5.5　机器人 ASIMO

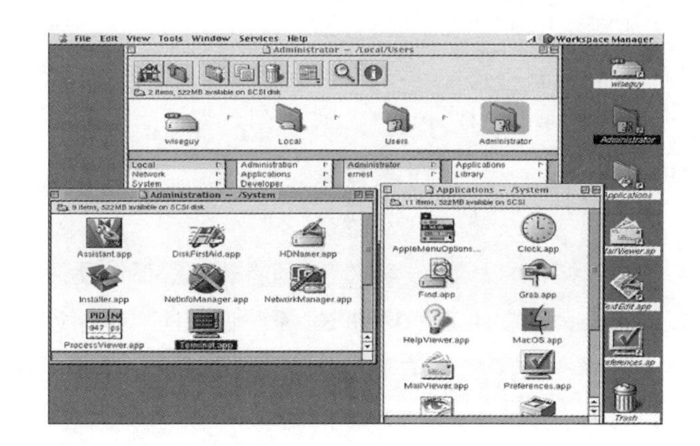

图 5.6　苹果计算机界面

的，具有本质上的联系，它们在发展的过程中，也经历了不同的阶段和形式。

计算机系统最早使用的一种控制系统运行的人机界面形式是命令语言，它广泛应用于各类系统软件及应用软件中。命令界面是用户驱动的，界面功能强大，运行速度快，但用户必须按照命令语言语法向系统发送命令，才能让系统完成相应的功能，因此，命令语言的使用比较困难、复杂。命令语言起源于操作系统命令，直接针对设备或者信息，它是一种能被用户和计算机所理解的语言，由一组命令集合组成，每一命令又由命令名和若干命令参数组合而成。

菜单界面是一种最流行的控制系统运行的人机界面，并已广泛应用于各类系统软件及应用软件中。菜单界面是系统驱动的，它提供多种选择菜单项让用户进行选择，用户不必记忆应用功能命令，就可以借助菜单界面完成系统功能。

数据输入界面也是软件界面的一个重要组成部分，从输入作用上说，可以分为控制输入和数据输入两类。控制输入完成系统运行的控制功能，如执行命令、菜单选择、操作复原等；数据输入则是提供计算机系统运行时所需的数据。当然有时控制输入和数据输入不是完全分离的，而是相互依存的。命令语言和菜单界面一般是作为控制输入界面，但也可以使用菜单界面作为收集输入数据的途径。

20 世纪 80 年代以来，以直接操纵、WIMP 界面和图形用户界面(GUI)、WYSIWYG(What you see is what you get，所见即所得)原理等为特征的技术广泛为许多计算机系统所采用。直接操纵通常体现为所谓的 WIMP 界面。WIMP 有两种相似的含义，一种指窗口、图标、菜单、定位器(windows，icons，menus，pointers)，另一种指窗口、图标、鼠标器、下拉式菜单(windows，icons，mouse，pull-down menu)。直接操纵界面的基本思想是摈弃早期的键入文字命令的做法，而是用光笔、鼠标、触摸屏或数据手套等坐标指点设备，直接从屏幕上获取形象化的命令与数据。也就是说，直接操纵的对象是命令、数据或者对数据的某种操作，直接操纵的工具是屏幕坐标指点设备(见图 5.7)。

软件人机界面在发展的过程中，其有用性和易用性的提高使得更多的人能够接受它、愿意使用它，同时也不断提出各种要求，其中最重要的是要求软件界面保持“简单、自然、友好、方便、一致”。

为了达到上述要求，在软件界面设计开发中，要遵循以下几个基本的原则：

(1)保持信息的一致性；

(2)为操作提供信息反馈；

(3)合理利用空间，保持界面的简洁；

(4)合理利用颜色、显示效果来实现内容与形式的统一；

(5)使用图形和比喻；

(6)对用户出错的宽容性和提供良好的帮助(help)功能;

(7)尽量使用快捷方式;

(8)允许动作可逆性(提供 undo 功能);

(9)尽量减少对用户的记忆要求;

(10)快速的系统响应和低系统成本。

目前,软件界面设计有一种趋势,即将软件界面以硬件产品的形式来进行设计,与人的使用习惯结合起来。青蛙设计公司为微软的 Windows XP 系统设计的媒体播放器(见图 5.8)就是一个很好的例子,它的界面就像一个漂亮的实物产品,让人不自觉地想触摸它,增加了使用的趣味性。软件界面的硬件化设计是软、硬件结合发展的一种形式。事实上,这些软件产品本身也是由硬件所发展而来的,比如媒体播放器中的 CD 机、DVD 机等,现在它们的功能在软件中实现了。

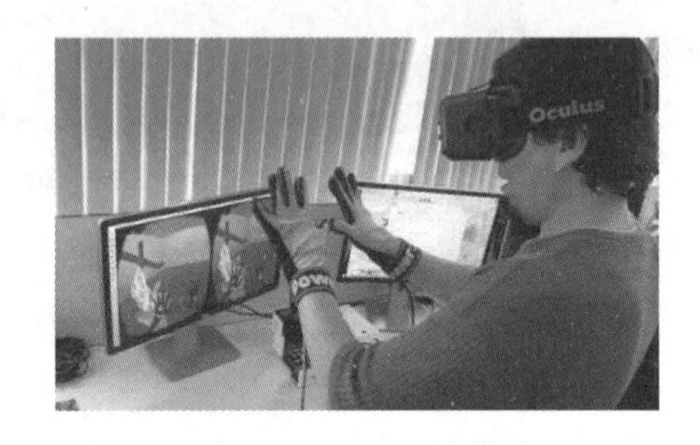

图 5.7 无线数据手套

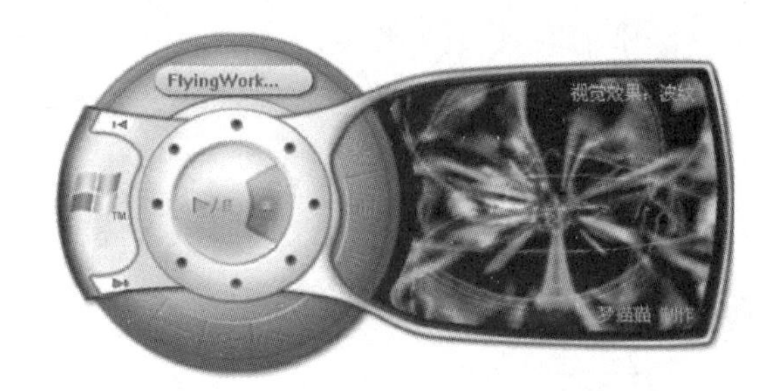

图 5.8 Windows XP 媒体播放器界面

5.1.3 人机界面设计的流程

人机界面设计的方法很多,主要可以分为两大类,即用户为中心的设计方法(又称 UCD,user centered design)和任务为中心的设计方法(TCD,task centered design)。顾名思义,这两种方法出发点不同,围绕的中心也不同。UCD 强调对用户的研究,往往从目标用户的需求与偏好出发,适合全新的交互系统设计;TCD 关注任务的实现,不关注用户的偏好,适合开发特定的专业的交互系统,例如一个加工中心的编程系统。但这两种方法并不是完全割裂开的:UCD 的方法也需要对任务进行定义与分析,TCD 也要关注用户在完成任务时的感受。在设计过程中,设计师往往是根据项目特点偏重于某种方法。不论使用哪种方法,人机界面设计的流程是类似的,可以分为设计研究、原型制作、设计评估三个阶段。

1. 设计研究

设计研究包括用户研究、任务分析等,最终的目的是明确用户的需要以及系统的功能和设计点。

1)用户研究

以用户为中心的设计方法逐渐取代了传统以设计师的经验为设计导向的方法,那么关注交互过程中的用户感受与体验,用户研究这一方法体系就显得尤为重要。它的第一步就是设计面向的用户群体,它可能是在设计一开始,也有可能贯穿整个设计过程。

用户研究是基于心理学的以了解用户为目标的活动。用户研究这一方法广泛地应用在设计、营销、管理等各个领域。对于交互设计师而言,为什么要进行用户研究这一流程?因为设计师不能靠直觉与经验进行交互设计。交互设计不同于家具设计或者建筑设计,它更加关注的是用户在交互过程中的感受与体验,而设计师如果不了解用户的生活经历或者状态,就很难把握用户的体验;而且,交互设计也很关注用户使用产品的流程,如果没有充分的用户研究，就很可能设计出让用户“迷路”的产品。

用户研究的第一步就是定义设计面向的用户群体。每个不同的设计项目都会有特定的用户群体，如何定义这些用户并找到合适的用户研究对象是进行用户研究的第一步。一般可以设定一些参数来对用户进行定义。例如，要设计一个用于手机无线环境下的银行支付软件界面，可以使用这样两个参数来定义用户：

(1)使用手机无线平台的经验；

(2)使用银行支付系统的经验。

可以使用具有两个维度的矩阵图将用户群体进行划分，如图5.9所示。

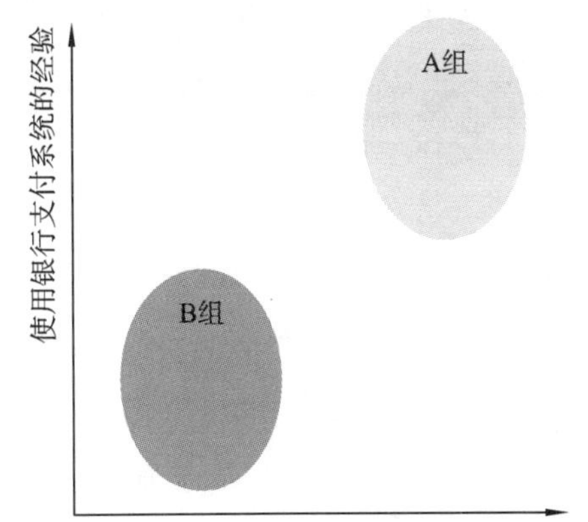

图5.9　从两个维度划分用户群体

从图5.9可以看出，A组的用户群体使用手机无线平台与银行支付系统的经验十分丰富，属于“专家型”用户；而B组用户群体的两项经验都比较缺乏，属于“初学者”用户。而其他用户也可以按照这两个维度进行划分。当然这只是一种两个维度的划分，还可以再设定其他的维度对用户进行定义。进行用户定义的目的是在进行用户研究时找到正确的用户进行研究，而不会因为找到不恰当的用户影响正确的结果。

2)用户研究方法

(1)背景调查类(间接资料搜集、现有流程分析、竞争对手分析)。

使用这一类方法的核心是输入现有的背景资料，输出对于用户研究有用的信息。在这一类别中，有间接资料搜集、现有流程分析、竞争对手分析等多种方法。

①间接资料搜集。这种方法是指在图书、报刊、互联网上搜集与设计内容相关的各种背景资料。

优势：在很短的时间内获得大量的设计相关信息。

需要注意的问题：时效性、重复资料、非权威资料。

②现有流程分析。这一方法的意义在于首先让设计师了解设计目标的现有状态，通过对现有状态的流程分析，获得新的设计机会。使用这一方法时，要将设计对象现有的工作流程进行描摹与细化，必要时可以进行体验式流程分析，也就是设计师要亲身使用系统并将使用的体验进行记录以供分析所用。

③竞争对手分析。设计是一项商业行为，交互设计也是如此。在商业环境下，竞争对手的产品是非常重要的研究对象，不论是成功产品还是失败产品。对于竞争对手的成功产品，需要从设计、商业表现等方面进行分析，获得有益的设计经验；对于失败的产品，则要从失败的原因入手，避免同样的错误再次发生。

例如，IBM公司用衡量软件的方法来分析竞争对手的优势与劣势，衡量标准为CUPRIMDSO——功能性(capability)、可用性(usability)、运行效率(performance)、可靠性(reliability)、可安装性(installability)、可维护性(maintainability)、文件管理(documentation /information)、服务(service)以及综合满意程度(overall satisfaction)。

(2)观察类(影子跟随法、视频观察法)。

观察类的用户研究方法是最常见的方法类型。观察法要求设计师进入到用户使用系统的情境中去，直接接触用户使用的系统，能够方便快捷地获得大量的第一手资料，包括影子跟随法和视频观察法。

缺点：需要耗费较长的时间和较大的费用。

通过观察法，用户研究人员可以详细地研究用户使用交互系统的实例，因此可以获得以下信息：用户的使用环境；环境对界面的影响；用户使用交互系统的方式；用户完成一个任务的过程；用户是否同时还在使用其他的产品或者界面;用户在使用什么样的术语;什么任务花费了用户太多的时间,等等。

(3)访谈类(面谈法、焦点小组、问卷调查)。

访谈是一种传统的用户研究方法,是通过用户描述的方式来获取交互界面使用中用户的问题及感受等。

①面谈法。

面谈法指的是用户与研究人员面对面交谈,并回答研究人员提出的问题。

缺点:效率低,花费时间较多。

准备工作:时间、地点以及参与人员,详细的访谈提纲,用户背景分析。

访谈工具:礼物、记录本、笔、相机、录音笔等。

②焦点小组。

焦点小组方法需要召集6~9名被访用户,在一个主持人的引导下对问题进行讨论。

优点:效率高。

缺点:对主持人要求比较高,主持人要保证整个讨论过程的顺利进行,并调动用户的参与积极性。

③问卷调查。

问卷调查的方法应该是所有用户研究方法中最常用的方法(见图5.10)。

图5.10 www.surveymonkey.com美国在线调查系统服务网站

优点:实施简便,花费较少,数据量大。

缺点:填写问卷不可避免地会有漫不经心的选择。

3)对用户研究数据的整理——获取设计概念

通过上述多种用户研究方法,设计师可以获得多种相关设计的用户数据。那么设计师如何从这些繁杂的数据中获得设计概念呢?在这一阶段,常用的方法有卡片法、虚拟角色以及编写故事板。

(1)卡片法。

卡片法是把通过用户研究方法得来的用户数据转变成一个个需求,写在卡片上,再进行分类与创意思考,从而得出若干设计概念的方法。

卡片法实施的步骤:书写卡片、卡片分类、概念提出(见图5.11)。

书写卡片时,需注意以下几个问题:

①每张卡片只写一个需求;

②用词简洁,避免模棱两可;

③从用户角度出发,如"我需要……";

④尽量多写,但不要超出用户的需求范围。

卡片分类的目的是把用户需求进行整理和组合,每一类别的卡片要重新移动从而按照一定的类别归组,同

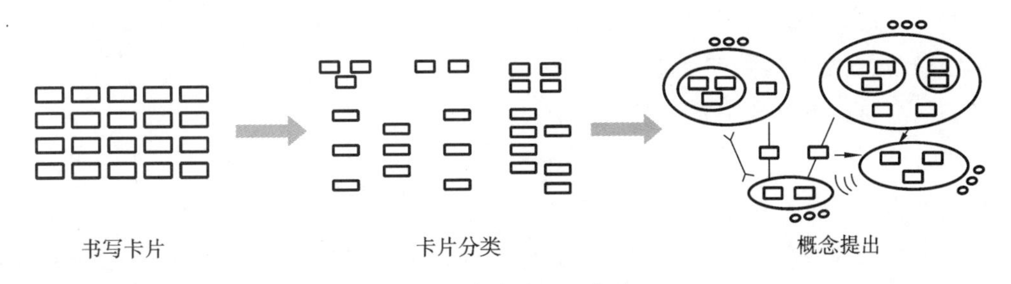

图 5.11　卡片法三步骤

时使用不同颜色的新的卡片把类别名称写出。

概念提出：这一阶段，设计师需要通过前两个步骤进行创意概念的提出。在卡片书写的过程中产生了大量的用户需求，而这些需求有些难以实现，有些又会偏离主题。通过卡片分类这一过程，可以把无效的需求过滤，并通过需求的碰撞产生新的设计概念。

【案例】

校园一卡通概念设计的用户需求展示：

饮食类需要：我希望校园一卡通可以自主点餐。

理财类需要：我希望校园一卡通可以有消费记录；我希望校园一卡通可以有透支消费。

学习类需要：我希望校园一卡通可以记录上课笔记；我希望校园一卡通可以有考勤功能。

卡身改进需要：我希望可以当钥匙用；我希望有紧急呼叫功能；我希望可以显示时间。

(2)虚拟角色。

虚拟角色的核心是创造一个虚拟的用户形象(见图 5.12 和图 5.13)，之后的设计工作都围绕着这一形象进行。虚拟角色是从大量的调研数据中得来的用户形象，具有相应的交互产品的用户的典型特征，同时也具有这些用户的典型需求。它的优点是把复杂的典型用户群体概念化，特定为一个或几个具体的人物。在创建人物时要尽量详尽，包括：生理特征——年龄、性别、形象等，绘制一个人物或使用一张照片去描述；心理特征——性格、好恶、对人生的态度等；背景——人物生活环境与生活状态，如某人一天的生活(这个人物必须是系统用户)。

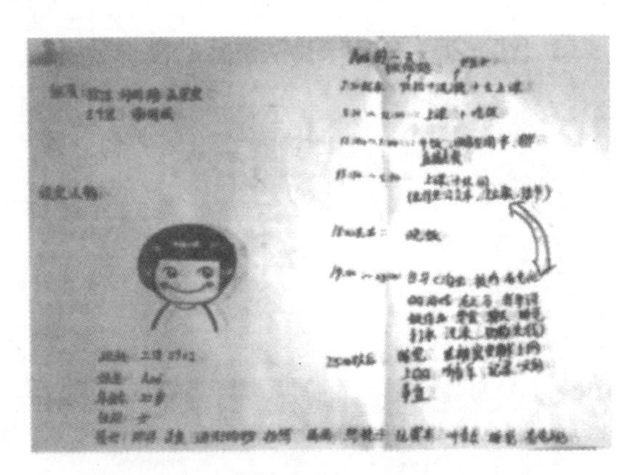

图 5.12　校园一卡通虚拟角色 1

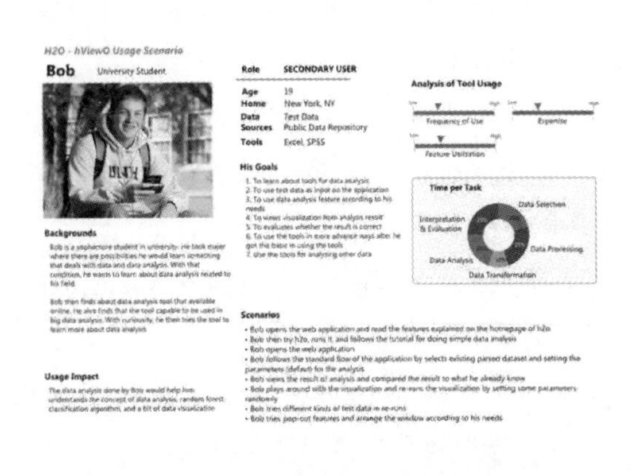

图 5.13　校园一卡通虚拟角色 2

(3)编写故事板。

厘清设计概念、表达设计创意、设定好虚拟角色，就可以进行故事板编写了。任何交互设计都是用户在环境中使用，并且带有一定的流程性，因此在交互设计流程中，单幅的草图无法表达清楚设计概念。这就体现出故事板的两大优势：一是可以把使用环境和交互产品结合起来，二是可以把交互产品的整个流程体现在故事中。故事板可以是文字形式，也可以用手绘或者图片的形式表现出来。故事板编写的依据就是概念提出中得出的设计点，这些设计点在故事板中可以进行形象的展示。

在编写故事板时应该注意以下几个问题：

①不要遗漏设计点。

②故事板要围绕虚拟角色展开，角色的行为要和他的定义相吻合。

③编写故事板不是流程分析与研究，不必绘制过细的使用流程，而要关注使用情境、交互的结果以及用户的感受。

④要根据设计的侧重点绘制故事板，不要描绘太多细节而喧宾夺主。例如，有些针对电脑屏幕的交互设计就不需要过多描绘环境，而有些针对手持设备的交互设计不必过多描绘屏幕界面的细节。图 5.14 和图 5.15 所示是针对校园一卡通概念设计绘制的故事板。

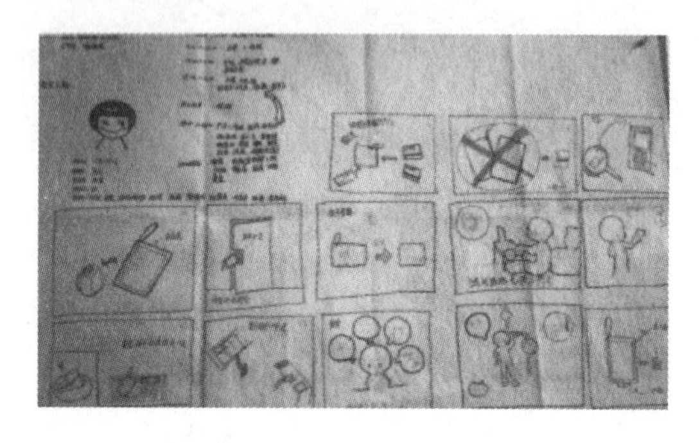

图 5.14 校园一卡通故事板 1

图 5.15 校园一卡通故事板 2

本小节主要讨论了交互设计流程的两个重要问题，一是如何挖掘到用户的需求，二是如何分析需求并得出设计的原始素材，这决定了设计的方向。

在这一阶段要注意以下几个问题：

①选择恰当的用户进行研究(保证用户研究结论的准确性)；

②使用正确的方法(保证研究结论价值，提高设计过程效率)；

③保留原始文档(以备回顾最初的设计定位)。

【课堂实践】

以“大学新生活”为主题，进行界面设计需求分析和故事板的绘制。

分配：每四人为一组，各自完成一部分工作，共同讨论，最后整理成稿。

【实践步骤】

(1)设计项目描述：围绕大学生对校园生活的需求，制作一个可与手机进行联机的 APP 应用。

(2)用户研究：

①间接资料搜集(确认课题，找到设计点；寻找背景资料；进行信息分类；提取关键词)；

②对问卷调查与访谈的数据进行分析；

③使用卡片法对需求进行分类(注册、信息、饮食、生活、理财、学习、人际交往需求等)；

④虚拟角色(创造一个虚拟的用户形象)；

⑤编写故事板(将设计流程体现在故事中)；

⑥得出最终需求(如可以加入自己喜欢的社团，及时从手机上了解活动的时间、地点)；

⑦做成 PPT，讲解小组的研究结果。

4)任务分析

在以任务为中心的设计方法中,设计师会专注于对任务的定义与分析,但这并不意味着以用户为中心的设计方法就可以忽视对任务的分析。实际上,任何用户的动机、需求都需要转化为任务才可以实现。

在以用户为中心的设计方法中,用户研究过程得到的是用户的需求列表和故事板。设计师需要在需求列表中选择有价值的用户需求进行进一步的设计。用户需求只是一些虚幻的概念,如何将这些概念转化为设计对象是本小节主要讨论的内容。在将概念转化为设计对象的过程中,任务分析是将用户的需求转化为目标,再将目标转化为结构化任务,并分析任务之间相互关系的一种方法。

结构化的任务往往会被表达成一个流程图,流程图中包含了用户实现一个目标所需要的每个任务、任务的顺序以及任务之间的交互。在大多数情况下,流程图中的每个任务都对应着交互界面中的一个或者一组页面,根据流程图里包含的每个任务,设计师便可以开展进一步的页面设计。图 5.16 所示为简单的网站功能流程图。

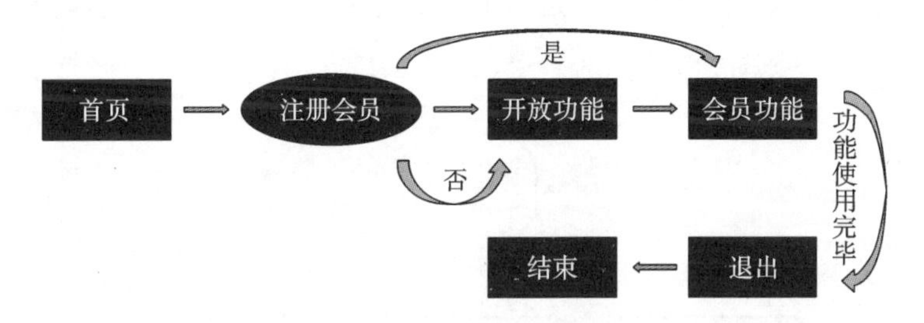

图 5.16　网站功能流程图

任务分析的方法来源于对生活的体验,包括设计师自己的生活体验以及对日常生活中其他人的观察。人们在日常生活中的很多行为都包含着任务与流程,例如下厨房炒菜,如图 5.17 所示。

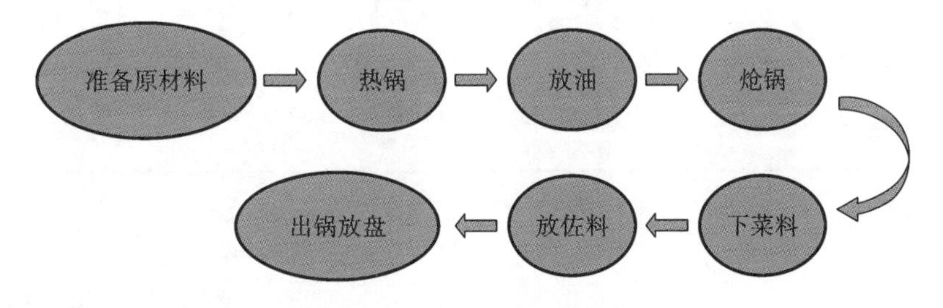

图 5.17　炒菜流程图

(1)任务的分解。

任务的分解是将用户的需求概念转变为明确任务的过程。在界面设计中,用户的需求有时比较简单,例如分享一些信息;有时则比较复杂,例如寻找一家合适的餐馆并在现实生活中找到它。

分解的方面如下:

目标:为什么要有这样的需求? 用户要达成的效果是什么?

方法:方法是实现目标的手段与路径,主要是对界面的操控方法。

任务:目标往往综合而且复杂,而任务则是明确的步骤与行为。

(2)任务的层级分析——生成流程图。

任务流程图的生成可以通过任务金字塔分析来完成。任务金字塔分析是对任务层级的分析,一个复杂的任务需要分解为若干子任务来完成。针对每一个任务按照从上往下的顺序分解为一个流程,直到这一流程中包含的每个行为都不能继续分解为止。例如,在网站寻找餐馆的用户任务分解如图 5.18 所示。

流程图输出之后,设计师就可以把每一个子任务或者几个相关的子任务作为一个页面来处理,这个页面可

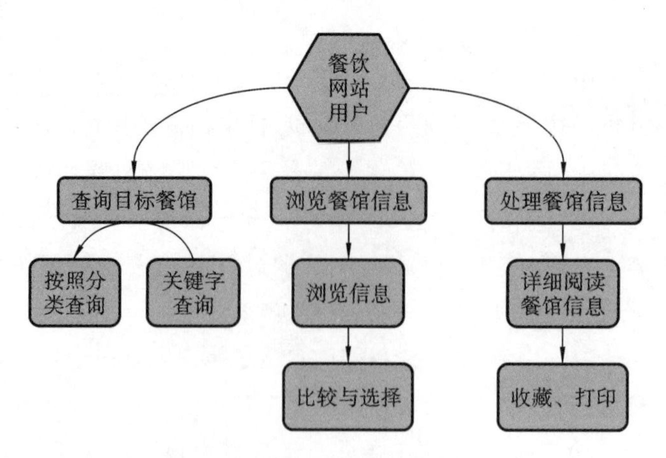

图 5.18 餐馆网站用户任务分解

以称为简略视图。页面定义好之后，需要做的就是确定每个页面里的视图元素，也就是每个页面中应当放置的元素，如图 5.19 中，视图元素＝内容＋行为。

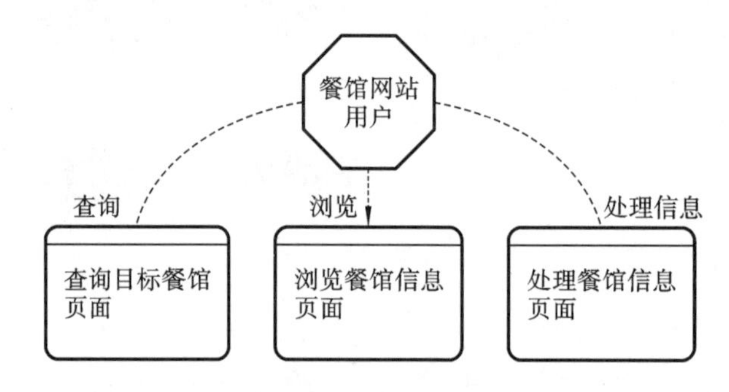

图 5.19 将任务转化为简略视图

这里提到了视图元素的两个分类：内容元素和行为元素。内容元素可以理解为页面上展示出的各种文字、图片、视频等信息而行为元素则是可以带来操作与交互的按钮、链接等，如图 5.20 所示。

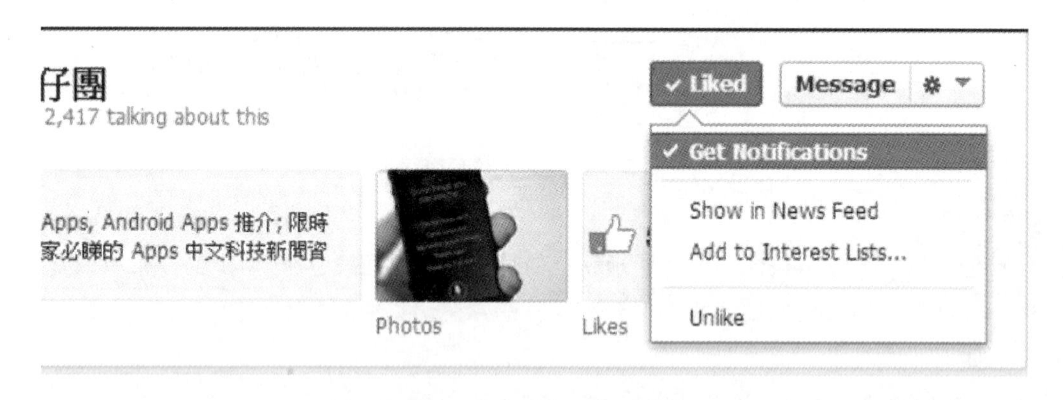

图 5.20 包含内容元素和行为元素的网页

在设计过程中，设计师需要定义出每个任务所对应的页面中的内容元素和行为元素。在上述例子中，定义的餐馆信息的查询、浏览以及处理页面就分别包含了内容元素和行为元素，如图 5.21 所示。

定义好每个页面上的内容与行为，设计时就可以绘制页面的简略视图。大多数情况下，粗略的草图是手绘在纸上，以便迅速修改以及和其他人沟通，有时也可以用简单的图形或者文字处理软件进行设计。图 5.22 所示为查询目标餐馆页面的简略视图。在这个简略视图中，图 5.21 里定义的内容和行为都放置在页面上，并进行了简单的分组。使用同样的方式，完成浏览餐馆信息页面和处理餐馆信息页面的简略视图设计，如图 5.23、

图 5.24 所示。

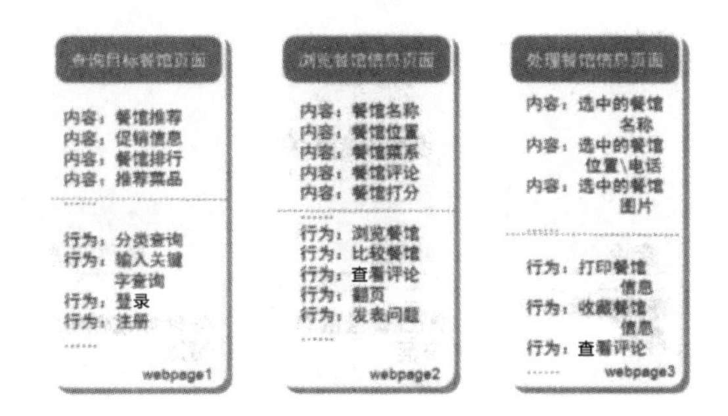

图 5.21　餐馆网站页面中的内容元素与行为元素

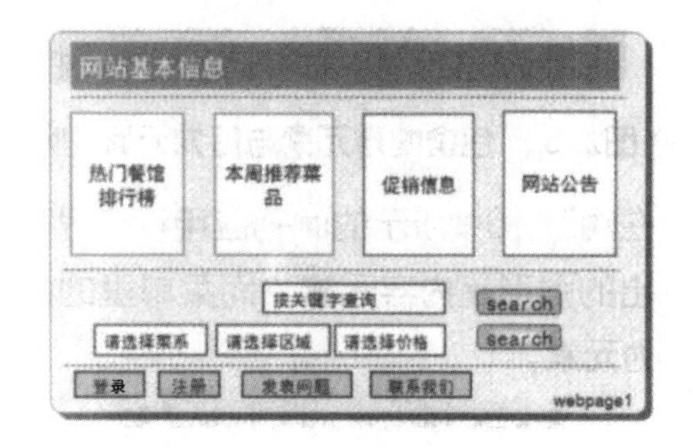

图 5.22　查询目标餐馆页面简略视图

图 5.23　浏览餐馆信息页面简略视图

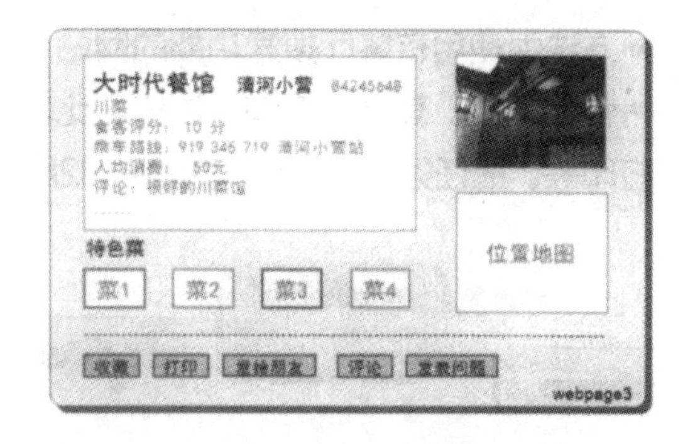

图 5.24　处理餐馆信息页面简略视图

当设计师设计出页面的简略视图，也就说明了每个页面需要呈现的元素。下面可以再多做一点工作，把各个页面的关系用图表的方式表达出来，如图 5.25 所示。

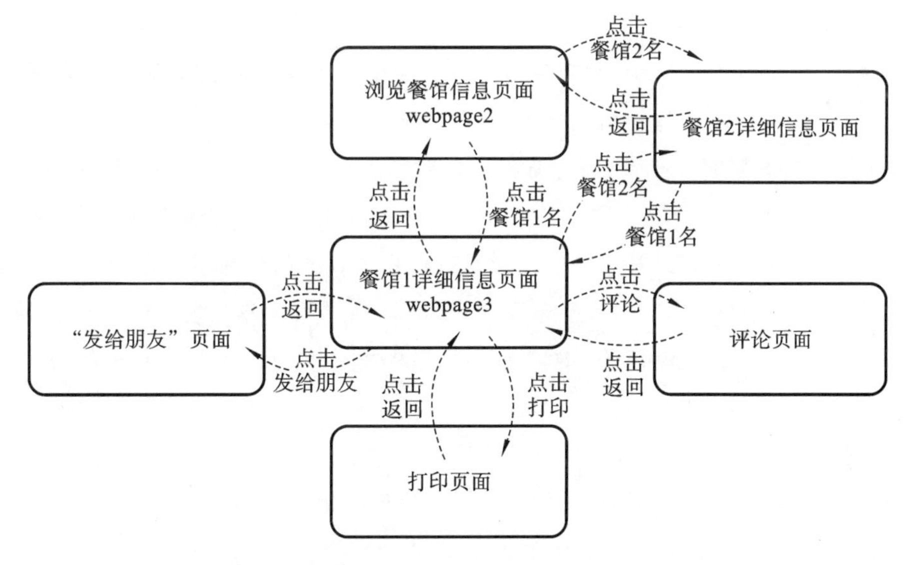

图 5.25　各个页面的关系

【课堂实践】

“校园一卡通”页面设计任务分析。

分配：每四人为一组，各自完成一部分工作，共同讨论，最后整理成稿。

【实践步骤】

(1)设计项目描述：围绕大学生对校园生活的需求，制作一个可与手机进行联机的 APP 应用。

(2)将用户需求转换成页面元素:

①整理出页面元素的内容元素与行为元素;

②画出各页面简略视图(标注出各页面会出现的内容元素与行为元素);

③画出各页面之间的关系视图;

④做成 PPT,讲解小组的研究结果。

2. 原型制作

原型制作的目的是把交互系统的设计方案实物化,可以进行设计讨论、修改和评估,意义在于它可以在不同的阶段让设计变得可以把握。

1)画线框图

线框图是通过把动作脚本里的概念模型转化成视觉模型得到的,如图 5.26、图 5.27 所示。

图 5.26　手绘线框图

图 5.27　标注和切图软件

线框图中参数(单位)说明:

px:pixels(像素),不同的设备、不同的显示屏显示效果是相同的,这是绝对像素,是多少就永远是多少,不会改变。

dp(dip):device independent pixels(设备独立像素),不同设备有不同的显示效果,和设备硬件有关,一般为了支持 WVGA、HVGA 和 QVGA 推荐使用此单位。

这里要特别注意 dip 与屏幕密度有关,而屏幕密度又与具体的硬件有关,硬件设置不正确,有可能导致 dip 不能正常显示。在屏幕密度为 160 的显示屏上,1 dip=1 px,有时候可能屏幕分辨率很大,如 480×800,但是屏幕密度没有正确设置,比如说还是 160,那么这个时候凡是使用 dip 的都会显示异常,基本都是显示过小。

界面中的文字需要提供:字体大小(px),字体颜色;顶部标题栏的背景色值,透明度;标题栏下方以及 Tab bar 上方其实有一条分割线,需要提供色值;内容显示区域的背景色;底部 Tab bar 的背景色值。具体要求如下:

(1)标题栏:背景色,标题栏文字大小,文字颜色(见图 5.28)。

(2)banner:所有撑满横屏的大图,不需要横向尺寸,把高度标出来就可以了(见图 5.29)。

(3)菜单图标:px。

(4)模块间隔:px。

(5)图片+文字:这个比较常见,只标注一个单位(图+文)就可以了。

(6)标出行高,行内元素居中。

(7)标出行内元素、元素上下间距,确定行高(见图 5.30)。

2)原型制作

一个原型是不可能实现所有功能的,所以要确定几个可以实现的功能。

图 5.28　Tab bar 标注

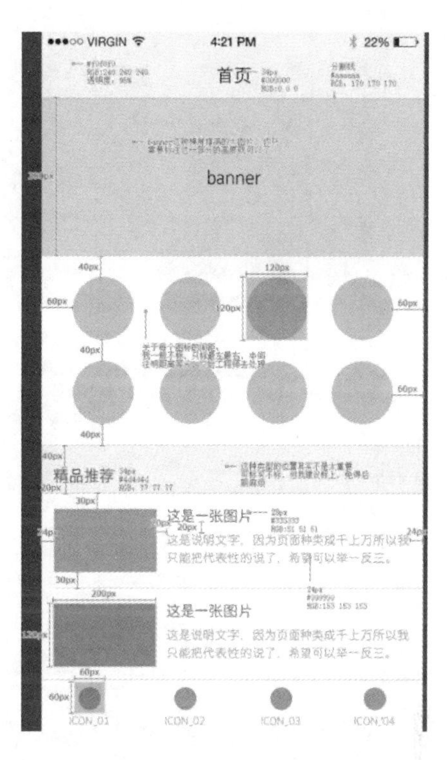

图 5.29　banner 标注

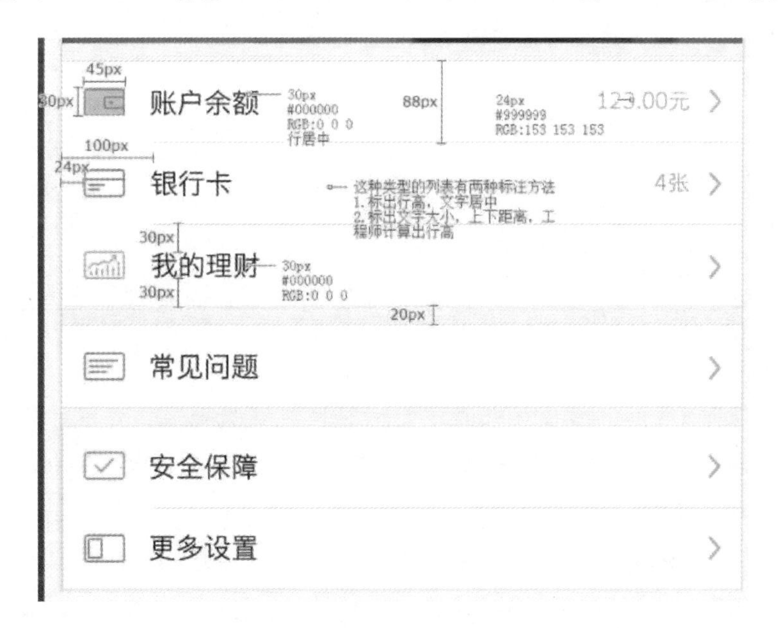

图 5.30　行内元素间距标注

就算没有程序员帮忙，可以使用的原型工具还是很多的。例如 Axure RP 和 Pencil Project 都比较有名，国内的也有不少。不论用什么手法，哪怕是 PPT 或者 PDF，只要做出一个可以交互的东西就行了。

在设计布局时，有一个要特别注意的事情，就是尽可能减少附页（所有布局抽象出来的模板）。比如说 360 安全路由的 APP（见图 5.31），所有页面布局都是由这四个模板变化而来。这样的软件，用户在使用时，会感觉统一、易学。

3. 设计评估

设计评估主要是测试系统实现功能流程是否合理，能否满足用户最初的需求；关注于信息的传达和美学因

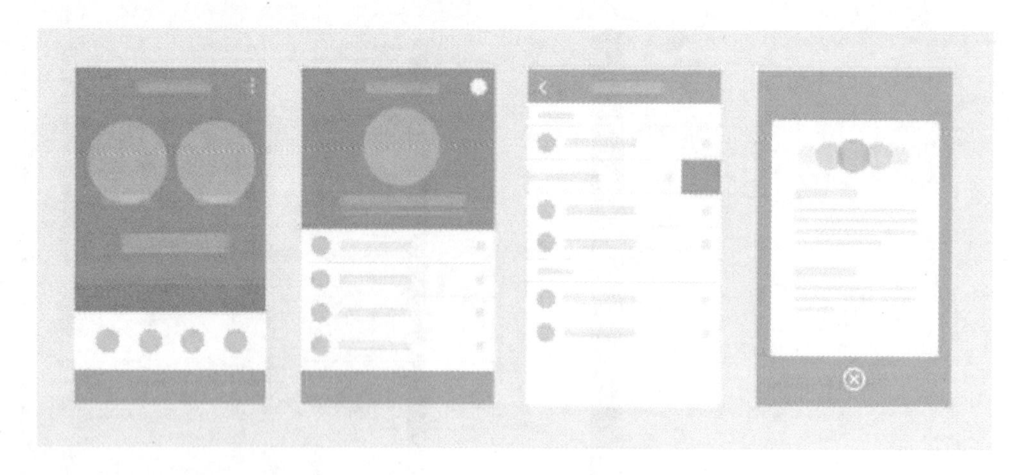

图 5.31 360 安全路由 APP 的页面布局

素，看使用时是否让用户感觉到舒适。

产品或系统的人机界面在完成设计投入市场之前，必须进行严格的测试与评价，这样才能更好地满足目标用户的需求。设计评估主要包含了两大类，即专家测评和用户测评。

(1)专家测评：原型完成后召集至少两、三个设计师或者对交互比较了解的人，使用并评测原型。可以将原型所关注的几个任务列出来，以免专家不知道原型哪部分可交互哪部分不可交互。

比较常用的评测方法是启发式评估法(heuristic evaluation)，而这种方法比较常见的标准是尼尔森交互设计法则(nielsen heuristic)。以下是十条尼尔森交互设计法则：

①系统状态是否可见(visibility of system status)；

②系统是否符合现实世界的习惯(match between system and the real world)；

③用户是否能自由地控制系统(user control and freedom)；

④统一与标准(consistency and standards)；

⑤错误防范(error prevention)；

⑥减轻用户的记忆负担(recognition rather than recall)；

⑦灵活性和效率(flexibility and efficiency of use)；

⑧美观简洁(aesthetic and minimalist design)；

⑨帮助用户认知、了解错误，并从错误中恢复(help users recognize，diagnose，and recover from errors)；

⑩帮助和文档(help and documentation)

如何运用启发式评估法？很简单，专家们各自将自己发现的问题列出来，并将之与对应的法则相关联，或者根据法则来查找问题，然后分别给自己的问题打分。专家们完成自己的问题列表后，一起讨论，将问题整合起来。

常用的打分方法如下：

4 分——问题太过严重，一旦发生，用户的进程将会终止并且无法恢复；

3 分——问题较为严重，很难恢复；

2 分——问题一般严重，但是用户能够自行恢复，或者问题只会出现一次；

1 分——问题较小，偶尔发生，并且不会对用户的进程产生太大影响；

0 分——不算问题。

记住：评测完后别忘记修改线框图和原型！

(2)用户测评:原型通过专家评测后,可以找一些典型用户使用原型,可以把任务列给他们,让他们自己尝试完成任务,并将遇到的问题记录下来,设计师通过观察来进行评分。

比较常用的用户评测方法是 think aloud。做法也很简单,让用户使用原型完成指定的几个任务,让他们在使用过程中将每一步操作和心中的想法说出来。如果他们忘记说或者不知道该怎么说,可以适当提问。与此同时,将屏幕和声音录下来,可以用录屏软件或摄像头。完成后,回放这些视频,把观察到的问题和用户报告的问题全部记录下来,与交互设计法则关联并且打分。

值得注意的是,很多人更习惯给出建议而不是提出问题,例如"这个按钮应该更大一点,这样才看得到"。这时,应该记录下来的是"按钮不够引人注意"。

5.1.4 显示与操控界面设计

显示与操控界面的设计是人机界面设计的重要组成部分。人依据显示装置所显示的关于产品的运行状态、参数、要求等信息,才能进行有效的操作、控制与交流,简单地说,准确地显示,才能获得正确的控制。

1. 显示界面设计

产品中,用来向人表达自身的性能参数、运行状态、工作指令等交互信息的界面,称为显示界面(见图 5.32)。在人机界面设计中,按人接收信息的感觉通道的不同,可以将显示界面分为视觉显示界面、听觉显示界面和触觉显示界面。其中以视觉显示界面使用最为广泛,这一节中我们主要讨论的也是视觉显示界面。由于人对突然发出的声音具有特殊的反应能力,而且声音的传递有多向性,所以听觉显示器作为紧急情况下的报警装置,比视觉显示器具有更大的优越性。触觉显示是利用人的皮肤受到触压或运动刺激后所产生的感觉向人传递信息的一种方式,盲文就是一种触觉显示界面。

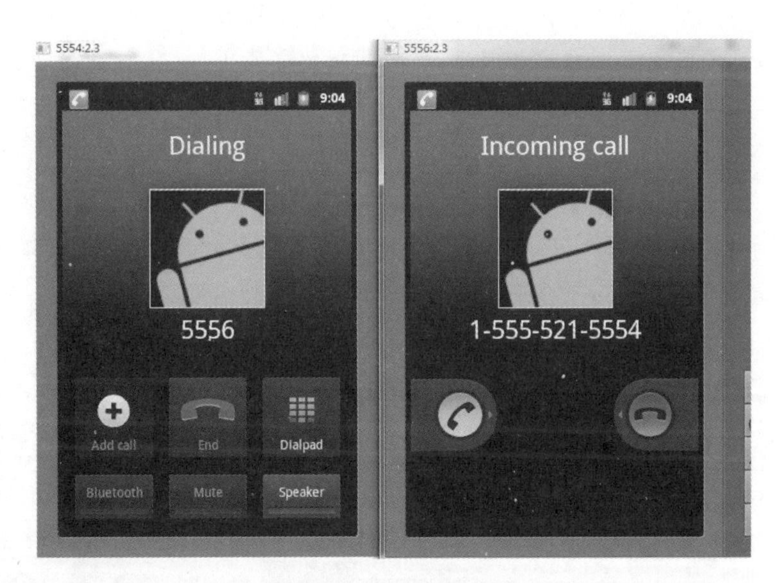

图 5.32 手机显示界面

显示界面的设计一般要求符合人的感知特性,同时结合所显示的信息的特点,要求能清晰、准确、快速地传达信息。同时,显示界面所在的平面应尽量与人的正常视线保持垂直,以方便认读和减少读数误差。

显示界面按照显示的形式可以分为三种类型:仪表显示、信号显示和屏幕显示。随着界面技术的发展,这三种显示界面之间的界限变得越来越小,出现了融合的趋势。

1)仪表显示界面

仪表显示界面按其认读特征分为两大类:

(1)数字式显示界面:它是直接用数码来显示有关信息的界面(见图 5.33),如各种数码显示屏。其特点是显示简单、准确,可显示各种参数和状态的具体数值。对于时刻变化的数据来说,数字式显示界面的采样频率必须有一定的控制,否则会导致数据变化太快、太频繁,影响读数。

(2)刻度指针式显示界面:它是用模拟量来显示有关信息的界面(见图 5.34),其特点是显示的信息形象、直观,使人对模拟值在全量程范围内所处的位置一目了然,并能给出偏差值。刻度指针式显示界面又可分为指针运动式和指针固定式两种类型。

刻度指针式显示界面的指针设计,有很多需要注意的地方。第二次世界大战中美国空军飞机事故发生频繁,经过调查发现,对飞行至关重要的飞机高度表的设计存在问题。当时的高度表将三个指针放在同一刻度盘上,这样要迅速读出准确值非常困难,人脑不具备在瞬间同时读三个数值并判断每个数值含义的能力。后来的设计将它改成了一个指针,消除了因高度表所发生的事故。

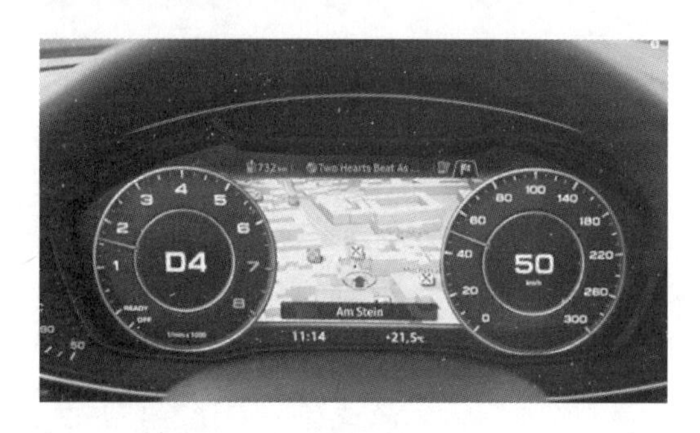

图 5.33　数字式显示界面

图 5.34　刻度指针式显示界面

一般来说,指针的形状要简洁、明快,有明显的指示性形状;指针的宽度,特别是针尖的宽度要与刻度的宽度匹配;针尖与仪表刻度面间必须有一定的间隙,但这个间隙要尽量小,以减少不垂直观察时所形成的投影误差(见图 5.35);指针与刻度盘的色彩对比要明显。

2)信号显示界面

信号显示界面有视觉信号、听觉信号、触觉信号三种界面类型。

信号显示界面主要有两个方面的作用:其一是指示性的,即引起操作者的注意,或指示操作,具有传递信息的作用;其二是显示工作状态,即反映某个指令、某种操作或某种运行过程的执行情况。

视觉信号界面一般由稳光或闪光的信号灯构成视觉信号(见图 5.36),由于信号显示界面不能传达很大的

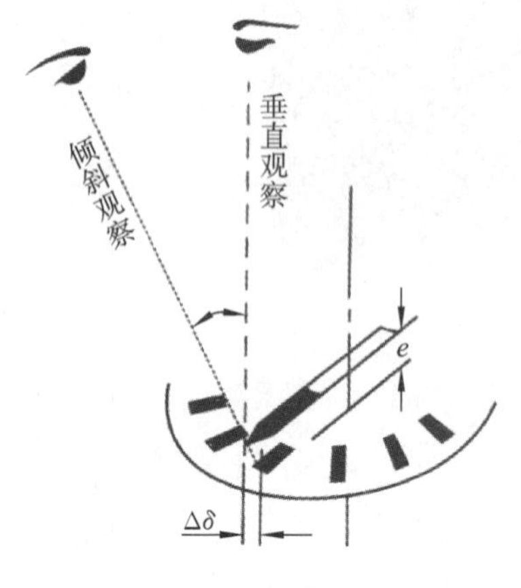

图 5.35　投影误差

图 5.36　交通信号灯

信息量，所以一般情况下，一种信号只用来显示一种状态。固定的信号指示牌也属于视觉信号界面，其应用非常广泛。

听觉信号界面由振铃、蜂鸣器、哨笛、喇叭语言等多种形式构成，听觉信号中的语言能够传达大量的信息，随着多通道交互技术的发展，听觉信号的运用越来越多。

触觉信号界面只是近身传递信息的辅助性方法，一般是利用物体表面轮廓、表面粗糙度的触觉差异传达信息。

3）屏幕显示界面

随着电子信息技术的发展，在视觉信息显示界面方面，新的视频显示装置得到广泛应用，越来越多的界面采用了屏幕显示（见图 5.37），如计算机显示器、彩色 B 超显示、雷达显示、手机显示屏等。

屏幕显示所表达的内容非常丰富，信息量很大，既能显示图形、符号、信号，又能显示文字、多媒体的图文动态画面，从视觉信息上来说，几乎所有的内容都能显示，因而得到迅速的发展，在人-机信息交互中发挥着越来越重要的作用。可以说，现在的电子设备，几乎已经离不开屏幕了，而且现在很多仪表显示界面也都被屏幕显示界面取代了。

屏幕显示界面设计是目前视觉界面设计的重点，人机交互设计的很多内容都是围绕这个界面进行的，包括软件界面设计、网站设计等。

屏幕显示界面设计需要视觉生理、心理等方面的知识，也需要一定的电子、信息等工程技术方面的知识，涉及的内容很多，这里不再详细展开。

2. 操控界面设计

操控界面（见图 5.38）主要指各种操控装置。在人机系统中，人通过操作控制界面使产品启动、与产品进行交互或停止运行。

图 5.37　屏幕显示界面

图 5.38　操控界面

1）操控界面的分类

操控界面的种类很多，为了便于分析研究，可以从不同的角度进行分类。

按操控方式可以分为手动操控界面、脚动操控界面、声音操控界面等，也可以分为直接操控界面和遥控操控界面等操控方式。

按操控功能一般分为开关式操控界面、转换式操控界面、调节式操控界面等类型。

按操控运动轨迹可分为：

旋转式操控界面：这类操控界面有手轮、旋钮、摇柄、十字把手等，可以用来改变产品的工作状态，也可将系统的工作状态保持在规定的工作参数上（见图 5.39）。

移动式操控界面：这类操控界面有按钮、操纵杆、手柄和刀闸开关等，可用来把系统从一个工作状态转换到另一个工作状态，或做紧急制动之用（见图 5.40）。

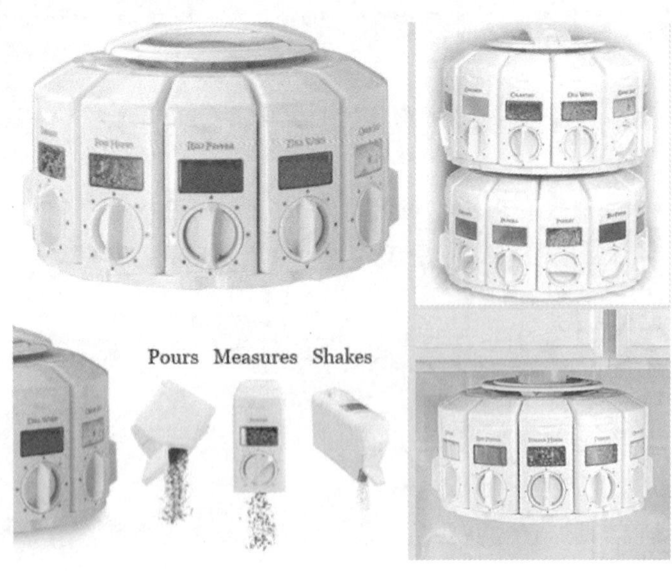

图 5.39 旋转式操控界面

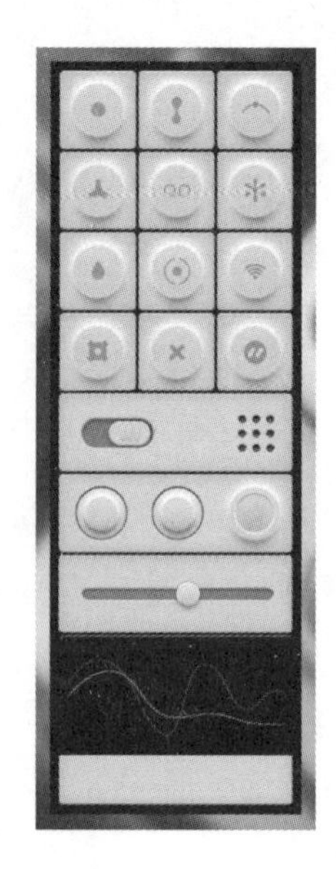

图 5.40 移动式操控界面

按压式操控界面：这类操控界面主要是各式各样的按钮、按键等，具有占空间小、排列紧凑的特点。近年来随着电子技术的发展，按键越来越普遍地用在许多电子产品上（见图 5.41）。

尽管操控界面的类型很多，但对操控界面的人机工程学要求是一致的。操控界面的选择应考虑两个因素：一个是人的操控能力，如动作速度、肌力大小、连续工作能力等；另一个是操控界面本身，即操控装置的形状、大小、位置、运动状态和操控力等，都要符合人的生理、心理特性，以保证操控时的舒适和方便。

在进行操控界面设计时，要力求遵循动作节约原则。人在操控产品的过程中，操控动作的合理性如何，将直接影响操作者的舒适性和工作效率。为了减少操作疲劳，缩短操作时间，提高工作效率，需寻求最节约操作动作的原则。

2）操控器编码

当选择了适当的操控界面后，就必须考虑如何让用户能够很快识别操控器，合理的操控器编码可以提高用户的操控正确性、减少训练时间。操控器的编码一般有形状编码、尺寸编码、色彩编码、材质编码、位置编码、标志编码等多种形式。

选择操控器的编码方式时，要考虑用户的要求、用户已经在使用的编码方式、用户工作区域的照明情况、用户识别时的速度和精确度要求、操控器可以放置的空间、需要编码的操控器的数量等问题。

（1）形状编码。

形状编码使不同功能的操控器具有各自不同的形状特征，便于识别。形状编码所采用的形状最好能对它的功能有所隐喻和暗示，以利于辨识和记忆；同时尽量保证在不观看的情况下或戴着薄手套时，也能通过触觉正确地辨别。图 5.42 所示是一组形态编码的操控器设计方案，这些形态编码被认为是很难混淆的。

（2）尺寸编码。

尺寸编码是通过操控器大小的差异来使之互相区分、易于识别。由于操控器的大小需与手脚等人体尺寸相适应，所以其尺寸大小的变动范围是有限的。另一方面，测试表明，大操控器要比小一级操控器的尺寸大20%以上，才能让人较快地感知其差别，起到有效编码的作用。所以尺寸编码能划分的级别有限，一般只能做大、中、小三个级别的尺寸编码（见图 5.43）。

（3）色彩编码

色彩编码是利用色彩的差别来进行操控器编码。当某个特定的意义能够和色彩联系起来的时候，色彩是最为有效的编码方式。由于只有在照明条件较好的情况下色彩编码才能有效，所以色彩编码一般不单独使用，通常是同形状编码、尺寸编码结合起来。人眼虽然能识别很多色彩，但色相多了，容易混淆，很难快速辨认，所以色彩编码中的用色不宜太多（见图 5.44）。

图 5.41　按压式操控界面

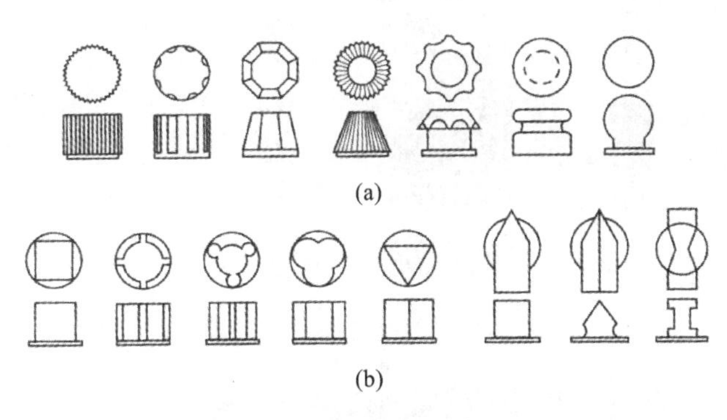

图 5.42　按钮的不同形态设计

图 5.43　计算机键盘上的尺寸编码

图 5.44　按钮的色彩编码

(4)材质编码

根据材质所带来的物体表面肌理的不同，可对操控器进行编码，如使光滑表面区别于粗糙表面（见图 5.45）。在夜间操控或者作业者不能直接观察操控器的情况下，这也是一种解决方法。

(5)位置编码。

位置编码就是利用操控器所处位置的不同而进行的编码形式，位置编码可以用视觉进行辨识，也可以用动觉进行辨识。一般用动觉分辨位置是有一定困难的，操控器之间必须要有足够的距离，而且操控器数量不能过多。位置编码通常在用户对各个操控器的位置都比较熟悉的情况下作用比较明显，比如键盘按键的位置，用户可以不看键盘完成“盲打”（见图 5.46）。但是位置编码有时候可能发生混淆，比如汽车的刹车和油门就是利用位置进行编码的（见图 5.47），但是经常出现将油门误当刹车而引起的交通事故，这也是一个值得我们深入研究的课题。

(6)标志编码。

当操控器数量较多，利用其他编码方式难以分清时，可在操控器上面或附近利用适当的文字或符号进行标注。在进行标志编码时，要注意标志的可辨识性，并考虑照明的因素。标注的文字应该尽量简洁明了；符号、标志要尽量形象化，与操控器的功能相吻合。一个成功的标志编码设计，能够帮助识别操控器的功能并进行正确操控（见图 5.48）。

3. 显控协调性设计

在人机系统中，显示界面和操控界面共同构成了物化的人机界面。显控协调性是指显示和操控的关系保持某种对应，与人们的期望相一致，这是影响人机界面交互效率和可靠性的重要因素。对于显示与操控的协调性设计，应根据人机工程学原理和人的习惯定式等生理、心理特点来进行，一般来说有以下原则：

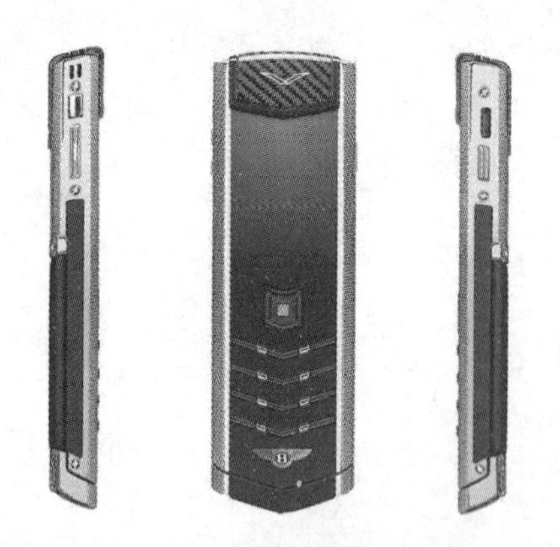

图 5.45　按钮的材质编码

图 5.46　计算机键盘按位置编码

图 5.47　刹车和油门的位置编码

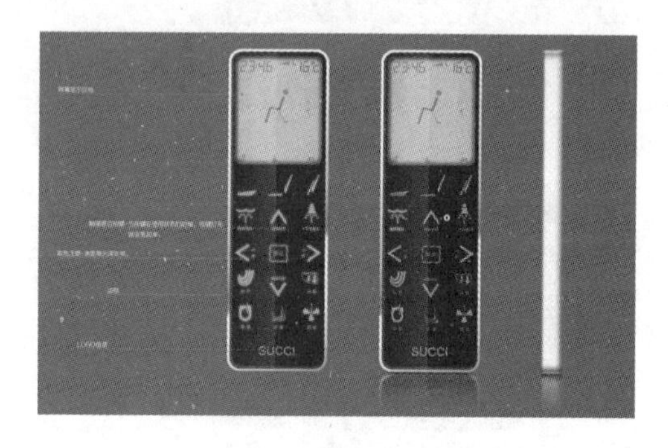

图 5.48　按钮的标志编码

(1)概念协调性:这是指显示与操控在概念上要保持统一,同时与人的期望相一致。例如绿色通常表示安全,黄色表示警戒,红色表示危险。

(2)空间协调性:指显示与操控在空间位置上的关系与人的期望的一致性,主要包括显示与操控在设计上存在相似的形式特性,以及显示与操控在布置位置上存在对应或者逻辑关系(见图 5.49)。

(3)运动协调性:根据人的生理和心理特性,人对显示界面与操控界面的运动方向有一定的习惯定式。一般来说,顺时针旋转或自下而上,人自然认为是增加的方向,反之则减少。操控器的运动方向与显示器或执行系统的运动方向在逻辑上要保持一致(见图 5.50)。

图 5.49　车窗控制按钮与车窗位置相对应

图 5.50　按钮旋转方向与指针运动方向一致

(4)量比协调性:在人机界面设计中,通过操控界面对产品进行定量调节或连续控制,操控量通过显示界面反映出来,两者的量比变化要保持一定的协调关系,灵敏度过高或过低都会影响操控。对于一般的调节来说,通过粗调和精调相结合的方式进行较好,这样有利于快速、准确操控。

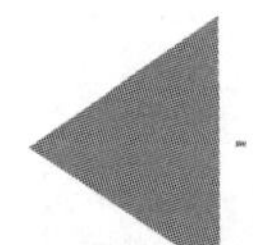

5.2 交互设计

5.2.1 交互设计

交互设计又称互动设计，(英文 interaction design，缩写 IxD 或者 IaD)，是定义、设计人造系统的行为的设计领域。交互设计是一门新兴学科，涉及多个领域，以及和多个领域多种背景人员的沟通，这些领域包括工业设计、视觉设计、心理学、信息学、计算机科学等。人造物，即人工制成的物品，例如软件、移动设备、人造环境、服务、可佩戴装置以及系统的组织结构。交互设计在于定义人造物的行为方式(the interaction，即人工制品在特定场景下的反应方式)相关的界面。如图 5.51 所示，用户在使用网站、软件、消费产品等各种服务的时候，其感觉就是一种交互体验。交互设计首先旨在规划和描述事物的行为方式，然后描述传达这种行为的最有效形式，不像传统的设计学科主要关注形式，它更加关注内容和内涵。

交互设计是一种将人机工程学、人机交互学及相关学科的研究成果运用到实际的产品设计领域的技术方法。交互设计借鉴了传统设计、可用性及工程学科的理论和技术，是一个具有独特方法和实践的综合体，而不只是部分的叠加。交互设计师，要从有用性、可用性和情感因素等方面来评估设计质量。

5.2.2 交互设计与相关学科的关系

交互设计涉及多个学科和多领域多背景人员的沟通。美国设计师 Dan Saffer 在《为交互的设计：创造智能化的应用程序和聪明的设备》一书中列出了交互设计所涉及的相关学科(见图 5.52)：信息构架(IA)、工业设计(ID)、传达设计(CD)、用户体验设计(UED)、用户界面工程(UIE)、人机交互(HCI)、可用性工程(UE)、人因工程(HF)。

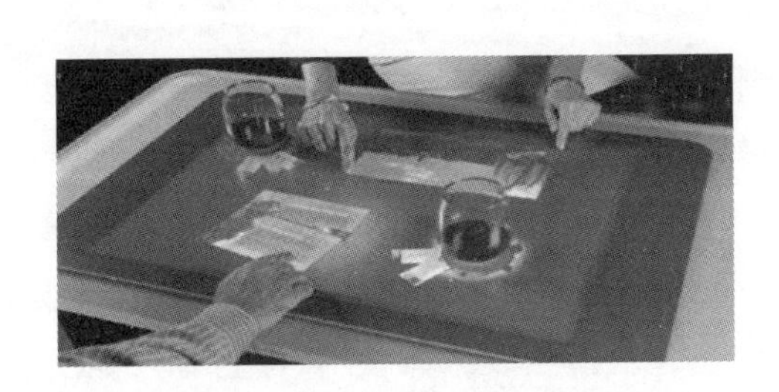

图 5.51 交互式体验桌面

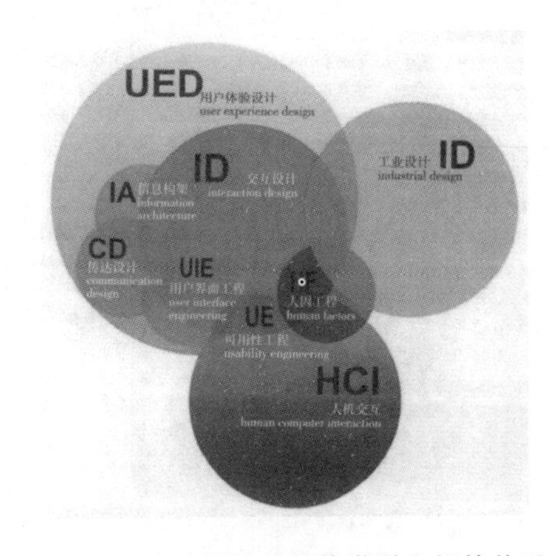

图 5.52 交互设计与其他学科之间的关系

学科根据其面向的对象的不同可分为两类——面向人的学科和面向机器的学科，而交互是这两类学科交叉的基础。人机工程学中最重要的三个要素是人、机器和环境，人机工程学中的交互设计就是要研究环境中的人和机器之间的交互问题，促进人、机器相互间更有效、更准确地交换信息。

交互设计师通常在如下领域活动：软件界面设计、信息系统设计、网络设计、产品设计、环境设计、服务设计以及综合性的系统设计。上述领域各自需要自身的设计特征，同时也会用到通用的交互设计的原则和实践。交互设计师通常需要参与到团队不同的活动中，比如图形设计、程序设计、用户心理、用户测试、产品设计等。一个交互设计团队一般由不同学科背景的设计人员组成，针对不同设计项目的需要进行机动组合。

5.2.3 交互设计的目标、方式和原则

1. 交互设计的目标

通过对产品的界面和行为进行交互设计，使产品和它的使用者之间建立一种有机关系，从而有效达到使用者的目标，这就是交互设计的目的。简单来说，交互设计的两个目标可以归纳为可用性目标和用户体验目标。

1）可用性目标

所谓可用性，就是说产品是否易学、使用是否有效果以及通用性是否良好等。它涉及优化人与产品的交互方式，从而使人们能更有效地进行日常工作、完成任务和学习。可用性目标具体可以分为可行性、有效性、安全性、通用性、易学性和易记性。

可行性是最常见、最基本的目标，指的是产品是否“可行”，即用户能否通过产品达到意图，还有达到意图的程度有多少。

有效性指的是用户在执行任务时，产品支持用户的方式是否有效，从而避免烦琐的操作。

安全性关系到保护用户以避免发生错误以及令人不快的情形。不管是新用户还是老用户，都有可能犯错误。产品应该能避免因为他们偶然的活动或误操作而造成损失。例如电子邮箱系统，当你选定了要删除的信件时，网页会产生一个对话框并询问“是否确定”，从而防止误删除重要的邮件。

通用性指的是产品是否提供了正确的功能接口，以便用户可以做他们需要做的，或是想要做的事情。如果有这样一个绘图软件，它只能使用鼠标而不支持手写板，而且只能绘制多边形，那么它的通用性就很差，没有多少人会使用这种功能单一的软件。也就是说，通用性指系统是否提供了适当的功能，使得用户能够以适合自己的方式来完成任务。

易学性指的是学习使用产品的难易。对任何产品，用户都希望能立即开始使用，而且不费多大力气。经常使用的产品更应该这样。

易记性指的是用户在学会使用某个产品后，是不是能迅速地回想起使用方法。这一点对于偶尔才使用的交互产品尤为重要。用户不应该每次都需要重新学习如何执行任务，起码借助一些简单提示就能回想起它的用法。如果产品的操作含糊、不合逻辑，或者次序不合理，它的使用方法就可能很难记住，用户会经常觉得需要帮助。有很多方法可以提高易记性，例如在执行任务的不同阶段，使用一些有意义的图标、名称或选项来协助用户记住操作次序。另外在组织选项和图标时，把它们进行分组(例如把所有绘图工具放置在界面的同一个区域)，也能使用户知道在什么阶段应该在哪里寻找这些工具。

图 5.53 所示为一款专门为老年人设计的手机，针对老年人有别于年轻人的生理及心理情况(比如视力、记忆力下降等)，采用最简洁的造型、通用易记的操作方式，配合超大的键盘及字体设计，使老年人能更有效地掌握手机的使用并更方便地操作。

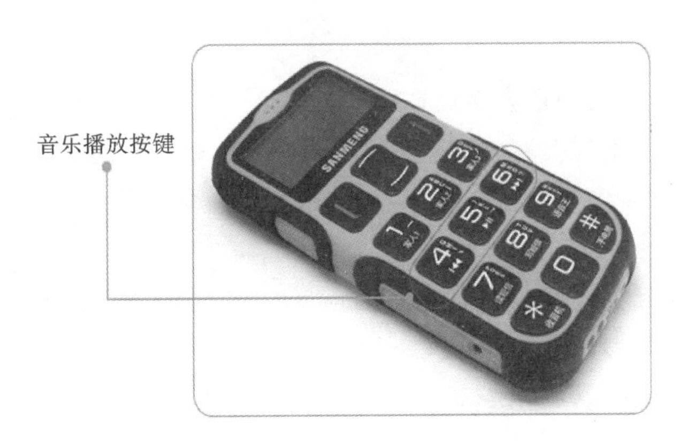

图 5.53　老人机

2)用户体验目标

从用户的角度来说,交互设计是一种如何让产品易用、有效且让人愉悦的技术,它致力于了解目标用户和他们的期望,了解用户在同产品交互时彼此的行为,了解人本身的心理和行为特点,同时,还包括了解各种有效的交互方式,并对它们进行增强和扩充。随着新技术的快速发展,人们对产品也有了更多的要求,这就使得研究人员和业界人士开始思考进一步的目标。交互设计已经不仅仅是如何提高工作效率的问题了,人们也越来越关心产品是否具备其他一些品质,例如令人感到满意、令人心情愉快、有趣味性、引人入胜、富有启发性、富有美感、富有时尚感、可激发创造性、让人有成就感、让人得到情感上的满足……

所谓的用户体验,指的就是用户在与系统交互时的感觉怎么样。如今除了年长的人,很多人都早已经没有了听收音机的习惯。在这个越来越不受到人们关注的产品上,以色列设计师 Luka Or 在收音机上将工业设计与交互设计相互融合,并且寻找到创新的突破口。他大胆地取消了传统收音机上负责切换各种功能的物理按键,取而代之的是利用产品自身的独特造型和使用者直观的操作感受去达到目的,如图 5.54 所示。当我们需要寻找自己喜欢的频道时,可以通过倾斜和摇动收音机来实现调幅和调频(AM/FM)的目的,同时收音机最终的"姿态"还能够反映出使用者对收听的喜好和习惯。

iPhone 采用了革命性的多点触摸技术,单击(选择)、双击(放大、缩小图片和网页)、单触点滑动(移动图片显示位置、内容快速翻页、横向专辑选择、界面跳转)、多触点滑动等独特的操作方式给用户带来了前所未有的奇妙体验。iPhone 手机在交互设计思路上充分模拟了正常人操作物体的固有习惯和思维方式,用户操作日常物体时一般都是采用推、拉、滚、扭、按压、拨动等基本动作,这些操作方式已经深深地印在用户的脑海中。因此用户一旦在其他系统中见到熟悉的操作方法后就很容易理解和学习,即使隔了很长一段时间也不会忘记,而且还不会轻易出错。我们在设计软件时也要充分考虑用户正常的操作方式和思维习惯,尽可能使得软件的操作方式与用户的心理模型保持一致。图 5.55 所示为 iDesk 概念高科技办公桌的用户界面设计。

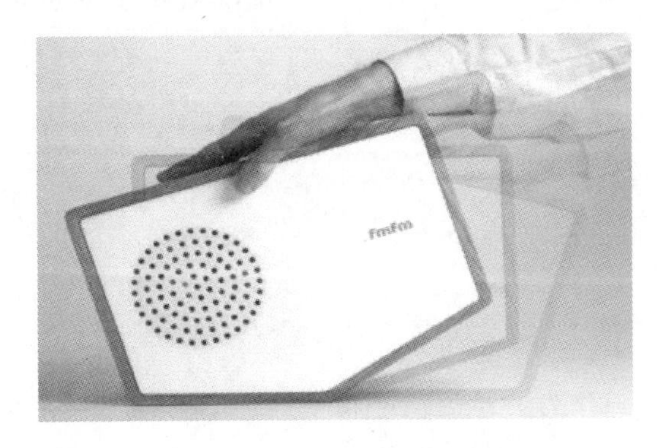

图 5.54　无按钮收音机

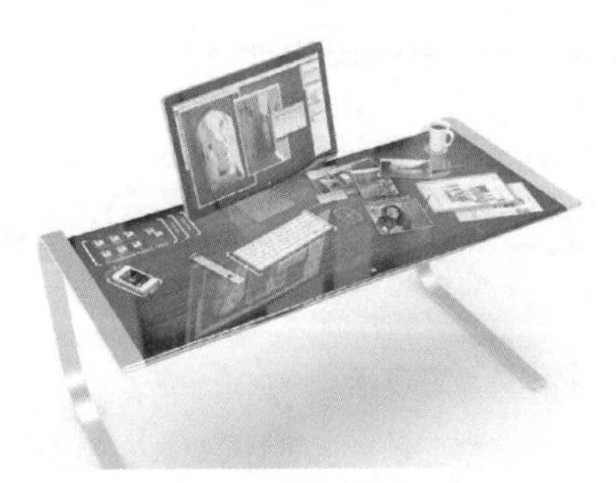

图 5.55　iDesk 概念高科技办公桌

2. 交互设计的方式

交互设计的对象包括硬件界面(物理界面)、软件界面、交互方式和环境因素,四者与用户的有机结合构成一个完整的交互式系统。特定的交互界面通常是与特定的交互方式联系在一起的,但随着交互方式的发展和多样化,这种对应关系发生了一些变化。我们可以将交互设计中的交互方式分为虚拟空间的交互方式、物理空间的交互方式以及协调交互方式。

虚拟空间的交互方式主要与软件界面相关,比如用户操作一个图形界面的办公系统处理文档的方式,可以是先选择相关菜单命令再选择处理对象,也可以是先选定处理对象再选择相应的命令,或者是使用相应的快捷键进行操作。总之,不同的用户对同一个系统的使用方式不尽相同,兼顾用户交互方式的多样性是为了增加系统的适应性和高效性。

目前的适应性系统分为两类:可适应性系统和自适应性系统。可适应性系统可以是通过增加系统对同一任务的操作的选择方式来提高用户的使用自由度,也可以是用户通过自定义的方式来进行,比如大多数软件中提供的用户自定义选项。而自适应性系统则可以根据用户的操作特点,自动改变自身的界面呈现方式和支持的交互行为以适应特定的用户。比如现在输入法大多都具有将用户最近使用的高频词汇排序靠前的功能以方便用户。

3. 交互设计的原则

用户在使用某个产品或操作某个软件时,经常会有诸如“这个产品用起来不方便”“这个软件真难学”“这个界面一点也不友好”等评价,而交互设计的目的是满足用户与产品之间的交互需求,使产品更高效、更易学易用以及更方便可靠,为了达到这个目的,设计师必须在交互设计的原则指导下进行设计。

1)以用户为中心原则

以用户为中心的原则无须多言,按照用户习惯的方式进行交互设计,提示和引导用户而不是教育用户,以用户的满意度为基本衡量标准。

2)交互一致性原则

交互一致性的原则包含下面几个内容:设计目标一致,如果追求操作简单,那么就要贯彻始终;外观一致,如果追求视觉效果华丽,那么就尽量避免出现朴素的效果;行为一致,交互对象在相同的交互方法下产生的交互事件保持一致。

例如,现在 Windows 下的鼠标基本上都是双键的,中间带有滚轮的也不在少数。交互设计的鼠标,其单击、双击的定义要和 Windows 的当前设置相同,否则会给用户带来困惑。

3)简单可用原则

简单可用原则包含下面的几个内容:简化界面元素,能够分类的就分类,能够隐藏的就隐藏,保持界面控制区域不多于 40%;简化逻辑概念,Windows 下流行的向导窗口就是一个很好的例子,它使得交互更容易理解、更容易控制。

5.2.4 交互设计的方法与程序

1. 交互设计的方法

以用户为中心的交互设计,要求在整个设计过程中把用户作为设计的核心和基础。产品的规划从用户的需求出发,概念的产生和选择以对用户的研究作为基础和依据,对原型的评估也以用户的反馈作为评判标准。

基于用户为中心的交互设计，目前主要包括以下几种方法：

1）明确目标用户的需求

明确用户需求是开发项目的起点，任何一个设计都不可能做到让所有用户都满意，而是要使产品尽量符合大多数用户的需求，一般而言主要是目标用户的需求。目标用户的确立一般由商业目标和市场分析所决定。设计师要调查分析目标用户的各项特点，同时也要了解目标用户本身存在的差异，包括认知和心理上的差异等。在了解了目标用户特点的基础上，设计人员还必须进一步了解用户对未来的产品有何需求。

2）任务分析

任务分析是设计人员理解用户思维模式的工具，是连接用户需求和概念设计之间的桥梁。任务分析就是分析用户为完成某一目标所进行的一系列任务，调查他们的认知过程和生理活动，提取出具有概括性的说明和描述。任务分析关心的是用户的思维模式，因此尽量避免涉及与具体实施方式有关的内容，这些因素会约束用户的使用空间。

3）用户参与设计

以用户为中心的交互设计必然少不了用户的参与，而参与的方式是多样的。最常见的是用户作为某个阶段的咨询对象或者是评测人员参与设计；另一种方式是用户作为开发团队固定的一员，实际从事整个开发工作。不论是哪种方式，都应保证整个开发过程中以用户作为开发的驱动力，认真听取用户的意见和建议，但是在这个用户参与的过程中需要注意产品开发周期的时间和成本。

2. 交互设计的程序

一般而言，交互设计师都遵循类似的步骤进行设计，为特定的设计问题提供某个解决方案。设计流程的关键是快速取代，换言之，建立快速原型，通过用户测试改进设计方案。而在实际的设计项目中，交互设计通常作为整个产品规划与开发过程的一个组成部分，因此它与其他的设计部分如系统设计、工业设计和面向制造的设计紧密联系。交互设计的程序主要包括以下几个方面：

1）确立用户需求

交互设计的优劣，在很大程度上取决于未来用户的使用评价，因此在开发的最初阶段尤其要重视系统人机交互部分的用户需求。必须尽可能广泛地向未来的直接或潜在用户进行调查，也要注意调查人机交互涉及的硬、软件环境，以增强交互活动的可行性和易行性。用户需求通常作为交互设计的起点，设计人员必须了解谁是目标用户，他们有哪些需要没有得到满足，这些需要是构成产品开发的基础。

2）概念设计

概念设计是在进行了详尽的用户调研的基础上展开的，首先要调查用户类型，定性或定量地测量用户特性，了解用户的技能和经验，预测用户对不同交互设计的反响等。然后基于用户的需求构思针对用户需求的最合理的解决手段，包括概念生产、概念选择和概念测试。

3）方案原型化

随着设计过程的深入，需要将设计概念具体化，以便后续评估工作的开展以及发现问题的所在。根据用户特性，以及系统任务和环境，制定最合适的交互类型，包括确定人机交互任务的方式，估计能为交互提供的支持级别，预计交互活动的复杂程度等。制作原型是在设计人员关心的一个或多个维度上对最终产品的一种预期，目的是便于设计团队内部与用户之间进行交流和评价。

4）设计评估

评估是为了预测最终产品的可用性和用户体验程度。评估可以使用分析方法、实验方法、用户反馈以及专家分析等方法。可以对交互的客观性能（如功能性、可靠性、效率等）进行测试，或者按照用户的主观评价（用户满意率)及反馈进行评估,以便尽早发现错误,改进和完善交互系统的设计。评估增强了用户对产品的参与程度。

交互设计是一个循环上升、逐渐趋近最终产品的过程,在具体项目中循环的次数由项目团队可支配的资源决定。以用户为中心的设计思想是交互设计贯穿始终的指导思想,同时要把握用户的参与程度。设计和评估不是单向流程上的两个节点,而是相辅相成、交织在一起的,评估存在于整个设计项目的每个阶段,不同的阶段有着不同的评估方法,以便及时发现问题并调整和改进。

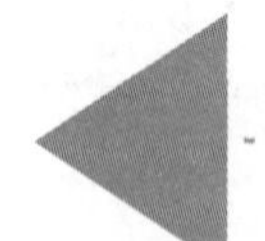

5.3 人机界面与交互技术的发展及应用

随着科技的发展,越来越多的产品嵌入了计算机技术,具有计算机的功能和特点,人机界面与交互方式正经历着前所未有的变革。

为了适应这种变化,出现了多通道人机界面与交互技术。通过不同通道与计算机系统(或内嵌计算机技术的产品)进行通信的用户界面,称为多通道用户界面(multimodal user interface),其中包括视觉、听觉、触觉、动觉、言语、手势、表情、眼动或神经输入等。

多通道人机界面与交互技术基于视线跟踪、语音识别、手势输入、感觉反馈等新的交互技术,允许用户利用自身的感觉和认知技能,使用多个交互通道,以并行、非精确的方式与产品进行交互,旨在提高人机交互的自然性和高效性。

计算机技术和产业的发展,在很大程度上影响了人机界面和交互设计的发展。多通道界面的构想早在三十多年前就已经出现,当时 Nicholas Negroponte 提出了"交谈式计算机"(conversational computer)的概念,人可以用日常生活中相互交流的方式与机器进行交互。20 世纪 80 年代后期以来,多通道用户界面成为人机交互技术研究的崭新领域,在欧美受到高度重视。到了 20 世纪 90 年代,关于多通道的研究开始蓬勃发展,大量的研究报告和论文开始涌现。我们下面简要地介绍几个与多通道相关的技术。

5.3.1 眼动跟踪

外界信息的 80% 是通过视觉获得的,当前人机界面所用的交互技术几乎都离不开视觉的参与。眼动在人的视觉信息加工过程中,起着重要的作用。它有三种主要形式:跳动、注视和平滑尾随跟踪。

通过对视觉-眼动系统的研究,可以得知人在观察各种外景和屏幕信息时的扫描选择和注视过程,从而研究人的视觉感知和综合机理,并在多批量、多目标、多任务情况下,对不同位置、大小、颜色、速度的目标的眼动敏感度、延迟、反应速度等具体特性有深入细致的了解,同时通过对眼动规律的研究还能觉察到人的疲劳状况。

眼动跟踪技术及装置有强迫式与非强迫式、穿戴式与非穿戴式、接触式与非接触式之分,其精度从 0.1°至 1°或 2°不等。眼动跟踪的基本工作原理是利用图像处理技术,使用能锁定眼睛的特殊摄像机,通过摄入从人的眼角膜和瞳孔反射的红外线连续地记录视线变化,从而达到记录分析视线跟踪过程的目的(见图 5.56、

图 5.57)。

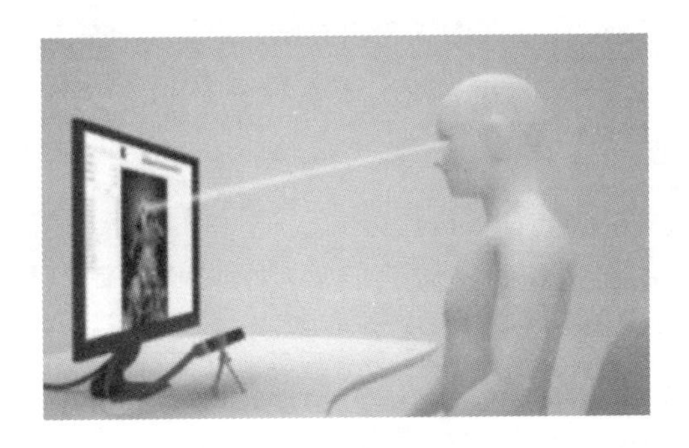

图 5.56　眼动跟踪实验

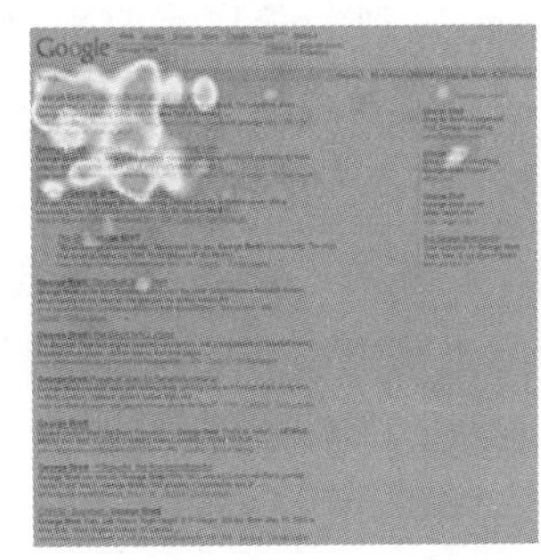

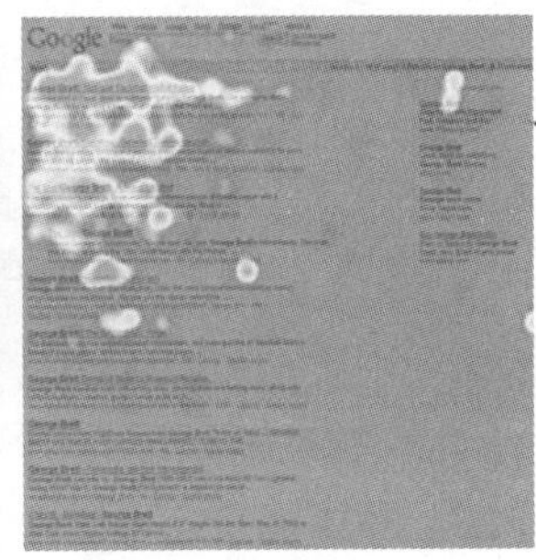

图 5.57　眼动跟踪所记录的视觉热点

有关视觉输入的人机界面研究主要涉及两个方面:一是眼动跟踪原理和技术的研究;二是在使用这种交互方式后,人机界面与交互设计原理和技术的研究。

5.3.2　三维交互

三维交互设备可以分为两大类:三维显示设备和三维控制设备。

常见的三维显示设备有头盔式显示器和立体眼镜(见图 5.58)等。头盔式显示器采用立体图绘制技术来产生两幅相隔一定间距的透视图,并直接显示到对应于用户左、右眼的两个显示器上。新型的头盔式显示器都配有磁定位传感器,可以测定用户的视线方向,使场景能够随着用户视线的改变做出相应的变化。

所有三维空间控制设备的共同特征是至少能够控制六个自由度,对应于描述三维对象的宽度、高度、深度、俯仰角、转动角和偏转角。常见的三维控制设备有数据手套、跟踪球、三维探针、三维鼠标及三维操作杆等,为用户提供了多种三维交互的手段。

5.3.3　手势识别

以手势体现人的意图是一个非常自然的方式,一个简单的手势包含着丰富的信息,将手势运用于计算机能够很好地改善人机交互的效率(见图 5.59)。

图 5.58　立体眼镜

图 5.59　《彩虹六号:爱国者》传达战斗

手势是指人的上肢(包括手臂、手和手指)的运动状态。人们对手势做了不同的分类:交互性手势和操作性手势,前者手的运动表示特定的信息(如交警的指挥手势),后者不表达任何信息(如转动方向盘);自主性手势和非自主性手势,后者与语音配合以加强或补充某些信息;离心手势和向心手势,前者主要针对说话人,有明确的交流意图，后者只是反映说话人的情绪和内心的愿望。

手势的各种组合、运动相当复杂，因此，在实际的手势识别系统中通常需要对手势做适当的分割、假设和约束：

如果整个手处于运动状态，那么手指的运动和状态就不重要；

如果手势主要由各手指之间的相对运动构成，那么手就应该处于静止状态。

利用计算机识别和解释手势输入是将手势应用于人机交互的前提和关键。我们常用的鼠标或输入笔当利用其运动或方向变化来传达信息时，也可看作手势表达工具。目前笔式交互设备发展很快，它提供了丰富的交互信息，如压力、方向、旋转和位置信息。数据手套也是实现手势输入的重要工具，它是虚拟现实系统中广泛使用的传感设备。用户通过数据手套，与虚拟世界进行各种交互操作，如做出各种手势向系统发出命令。数据手套可以较精确地测定手指的姿势和手势，但是相对代价较为昂贵，并且有时会给用户带来不便(如出汗)。另一种有着很好前景的技术是计算机视觉：利用摄像机输入手势，然后由计算机进行处理、分析和解释，再执行相应的命令和操作。这个技术对用户的干扰小，目前在一些领域已经有所应用。

5.3.4 语音识别

对机器识别语言的研究，可以追溯到20世纪50年代。1952年，美国的Davis等人成功开发了世界上第一个识别10个英文数字发音的实验系统。用语言与机器进行自然的交互，需要对语言的声学和符号学结构以及相互交流的机制和策略进行研究。

最近10多年里，语音识别技术的显著进展，带来了高性能的算法和系统。一些系统开始从实验室演示变为商业应用，目前语音识别已经在金融、通信、旅游、娱乐、军事等多个方面得到了广泛的运用。

计算机语音识别过程与人的语言识别处理过程基本上是一致的。目前的语音识别技术主要是基于统计模式识别的基本理论，语音识别的过程大致是先提取特征语音，然后与计算机内部的声学模型进行匹配与比较，然后得到最佳识别结果(见图5.60)。

除了上面提到的一些人机交互技术之外，还包括手写识别、脸部识别、表情识别、自然语言理解等技术。其中手写识别我们比较熟悉，目前的应用已经非常广泛，很多有触摸屏的手机、导航仪等产品都具有手写输入功能；脸部识别也已经在照相机、监控系统等方面应用(见图5.61)；表情识别和自然语言理解相对比较复杂，但是随着人工智能和信息技术的发展，对于这些方面的研究也在不断推进，并取得了一些初步的成果。

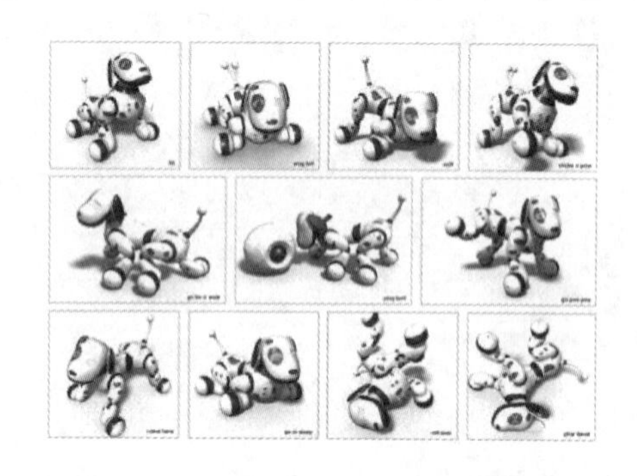

图5.60 具有语音识别功能的机器狗AIBO

图5.61 具有脸部识别功能的相机

多通道用户界面的相关技术目前已经得到了较广泛的运用，随着研究的进一步深入，人机界面与交互方式必将被更深刻地改变。未来的发展趋势是多通道-多媒体用户界面和虚拟现实系统，从而最终将进入“人机和谐”的多维信息空间和基于“自然交互方式”的最高形式。

在计算机人机交互领域，继字符用户界面(CUI)和图形用户界面(GUI)阶段之后，出现了第三代用户界面：社会用户界面(social user interface，SUI)。1995 年 3 月，微软公司消费部推出了一个基于 Windows 的家用软件 Bob(代号 UTOPIA)，它采用了一种微软公司内部称为"社会界面"的技术，为用户提供了起居室式的 3D 环境，并设计了一个卡通的"智能代理人"，以对话方式引导用户进行操作。由于其整体性能不佳，对运行环境要求过高，这个软件最终成为一个失败的产品，但是它开创了一种新的交互形式——社会用户界面，从而使相似的软件设计技术被广泛使用并由此发展起来，并采用了与之类似的界面技术，例如联想的"幸福之家""我的办公室"等。

目前，随着计算机网络尤其是 Internet 的迅猛发展，一种以网络为中心的用户界面已经出现在许多 PC 及网络计算机(NC)的屏幕上。Apple、IBM、Microsoft 等公司纷纷推出了相应的产品，为了统一起见，BYTE 杂志在 1997 年推荐了一个新名称，叫作网络用户界面(network user interface，NUI)，被称为"1984 年以来 GUI 的又一革命"。互联网技术的发展将使网上活动日益增多(如电子商务等)，将来各种 NUI 还将具有高度的智能，进入智能网络用户界面(intelligent network user interface，INUI)。

人机界面与交互技术发展的趋势体现了对人的因素的逐渐重视，使人机交互的方式更接近于自然的形式，使用户能利用日常生活中的自然技能，而不必经过特别的学习就能和产品等对象进行交互，因而很好地降低了认知负荷，提高了工作效率，体现出"以用户为中心""以人为本"的设计思想。

Norman 在 *The Design of Future Things* 一书中总结了五条机器与人交流的法则：让事情尽量简单、给人类一个清晰的概念模型、给出理由、让人们认为自己掌握着控制权、持续的信心。"最好的界面是没有界面"，"交互设计者的任务是创造一个能够充分展现人们生活的舞台"(Matt Jones 和 Gary Marsden)。未来的产品在实现功能的同时，将逐渐"消隐"，使人重新成为生活舞台上的真正主角。

小　结

本章对交互设计进行了简单的讲述，从三个方面来介绍交互设计的领域，分别是基于屏幕的界面设计、交互产品设计以及人机界面与交互技术的发展及应用。本章重点介绍了基于屏幕的交互界面设计的方法与流程，并结合实际案例让学生初步掌握交互界面原型的制作与测试评估的方法，同时让学生了解人机界面与交互技术的发展及应用。

练习与讨论

(1)选择一款自己熟悉的电子产品，对其人机界面设计进行分析。

(2)对多媒体教室讲台的显示与操控界面进行分析，指出存在的问题，并提出改进意见。

(3)结合身边的案例，谈谈如何理解人机界面与交互设计之间的关系。

(4)针对家庭、医院或候机厅等场合，为其中特定的人设计一款交互式产品。

(5)调查分析星巴克是如何从环境设计、产品设计、服务等方面为客户提供独特消费体验的。

第6章

艺术设计各领域中的人机工程学

YISHU SHEJI GELINGYU ZHONG DE RENJI GONGCHENGXUE

本章讲述了艺术设计各领域所涉及的人机工程学，要求学生掌握视觉传达设计、产品设计、室内设计及公共艺术中的人机工程学的应用方法与相关原则，通过对相关案例的学习，初步掌握人机工程学知识的实际运用，具备结合理论知识解决实际问题的能力。

6.1 人机工程学与视觉传达设计的关系

6.1.1 文字的设计

1. 文字的尺寸

视觉传达设计中文字的合理尺寸涉及的因素很多，主要有观看距离（视距）的远近、光照度的高低、字符的清晰度、可辨性、要求识别的速度快慢等。其中清晰度、可辨性又与字体、笔画粗细、文字与背景的色彩搭配对比等有关。上述这些因素不同，文字的合理尺寸可以相差很大。所以各种特定、具体条件下的合理字符尺寸，常需要通过实际测试才能确定。在中等光照强度、字符基本清晰可辨（不要求特别高的清晰度，但也不是模糊不清）、稍作定睛凝视即可看清的一般条件下，经人机工程学工作者测定的基本数据是：

$$\text{字符的（高度）尺寸} = \frac{1}{200}\text{视距} \sim \frac{1}{300}\text{视距}$$

通常情况下，若取其中间值，则有：

$$\text{字符的（高度）尺寸} = \frac{1}{250}\text{视距}$$

由这一简单公式，得到视距 L 与字符高度尺寸 D 之间的对照关系，如表 6.1 所示。

表 6.1　一般条件下字符高度尺寸 D 与视距 L 的对照关系

视距 L/m	1	2	3	5	8	12	20
字符高度尺寸 D/mm	4	8	12	20	32	48	80

如果实际情况与上述“一般条件”基本相符或接近，则表 6.1 所列数据可直接或参照使用。而另一些情况下，仅仅能“看得清”是不够的，还要求醒目，能充分引起注意，那么字符尺寸就应该根据实际需要适当加大。举例如下：

例 1　地铁车厢内需贴地铁的运行线路图，试确定图上车站站名文字的大小。

分析解决：

(1)地铁车厢内壁的光照条件不是很好，也不太差；不熟悉线路的乘客观看线路图时很专注，多数乘客平时并不关心，因此情况与上述“一般条件”基本相符，大体可参照运用表 6.1 中的数值，能略略加大一些更好。

(2)应该让坐在座位上的乘客能看清对面车厢内壁上的线路图文字，视距约为 $L=2$ m，由表 6.1 查得的文字尺寸为 $D=8$ mm。

(3)如果车厢内壁整个线路图的尺寸或其他条件没有什么限制，将文字尺寸略微加大一些，例如取 $D=9$ mm，乘客观看起来会更好一些。从视觉传达的要求而言，不宜小于 8 mm。

例 2 在邮局、储蓄所、人才招聘处等室内，墙上提供信息的告示文字应该多大?

分析解决：

这种告示的文字都是清晰的，人们可在此驻足观看(而非匆匆一瞥)，这两个条件均较优越。视距则可设定为 $L=1.5$ m。因此，可根据告示处的光照条件分三种情况确定文字的尺寸大小：

(1)有专设的局部照明，可取 $D=L/300=1500\div300$ mm$=5$ mm。

(2)无专设的局部照明，但贴告示的地方光照情况不错，可取 $D=L/250=1500\div250$ mm$=6$ mm。

(3)贴告示处光线昏暗，可取 $D=L/200=1500\div200$ mm$=7.5$ mm。

例 3 试确定高速公路出口指示路牌上文字的尺寸。

分析解决：

(1)条件分析：①这是室外的路牌，白天光照强，夜晚文字有荧光，光照条件是好的；②路牌上的字体、色彩对比等均有国家标准，能保证文字的高清晰度和高可辨性；③路牌上的文字的数量很少，内容也简单，匆匆一瞥就能获取全部信息；④出口指示路牌的醒目性要求很高。综合考虑以上 4 条后可判定，文字尺寸 D 对于视距 L 应取较大的比例，例如 $D=L/200$。

(2)视距分析：高速公路上驾车者对于路牌的视距，可考虑由以下两部分组成。静态视距 L_1，因为车在路上开而路牌在路旁，驾车中面部不能侧转太大的角度去看路旁的路牌，现把驾车者能方便观看路旁路牌时车与路牌在行进方向上的距离称为静态视距，并初步取静态视距 $L_1=10$ m，如图 6.1 所示。驾车者不可能都在路牌刚呈现时就注意到它，由于种种原因，在驾车过程中能注意到路牌需要有一段时间，设在这段时间内汽车行进的距离为 L_2。大多数驾车者会在多长时间内注意看这个路牌? 这是本问题中的关键数据，若没有可靠的资料可查，应通过实际测试取得这个数据。这里假设这个时间是 $t=2$ s，并按高速公路上的行驶速度为 $v=120$ km/h≈33.3 m/s 进行计算。在设定的 2 s 时间内汽车行进的距离为 $L_2=vt=33.3\times2$ m≈67 m。则本问题的视距 $L=L_1+L_2=(10+67)$ m$=77$ m，如图 6.1 所示。

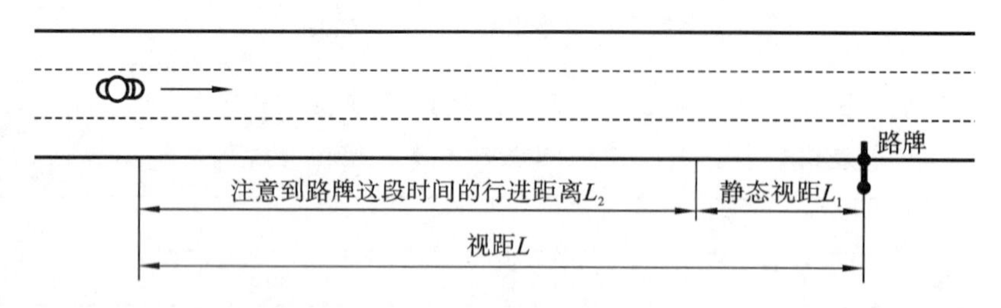

图 6.1 观看高速公路旁路牌的视距

(3)高速公路路牌上文字的尺寸 D：

$$D=L/200=77\div200\text{ m}=385\text{ mm}$$

实际可取 $D=400$ mm。

广告、招贴、海报、组织机构和店铺牌子上的文字，都要求醒目、引人注意，尺寸设计不以简单的“看得清”为标准，应该根据具体条件灵活处理。

2. 字体

1)字体的选择

对于不同的视觉对象,字体的选择有不同的要求,包括美感、动感、视觉冲击力、传统文化内涵、独特性、象征性、隐喻、暗示等。但是在人机工程学中,主要关注字体的可辨性、识别性。在车站码头观看车次轮班、在道路上观看路牌站牌等,能快速、准确地获取信息是第一位的需要。所以字体的可辨性、识别性是现代视觉传达设计中的基本要求。

字体可辨性、识别性优劣的一般结论是:直线笔画和带直角尖角的字形优于圆弧、曲线笔画的字形,正体字优于斜体字。

下面分别就汉字、拉丁字母、数字的字体举例说明。

(1)汉字字体。

汉字的识别性以仿宋体、黑体(等线体)为最佳,普通宋体也很好。长仿宋体多用于图样上的标注与说明,普通宋体用于书籍报刊印刷,而尺寸较大、要求识别性高的汉字,例如路标路牌、车船航班表等,还有大型包装物上的文字说明等,多用黑体字。所以现在除书籍报刊中宋体字用得最广泛以外,其次就是黑体字了,如图 6.2(a)所示。

(2)拉丁字母和阿拉伯数字。

大写的拉丁文字母中直线笔画多,而小写拉丁文字母中圆弧笔画多,因此大写字母的识别性优于小写。直体(正体)字母、直体数字的识别性优于斜体。拉丁字母在世界范围内应用最为范围,图 6.2(b)所示是一些国家所推荐的拉丁字母和数字的高识别性字体。

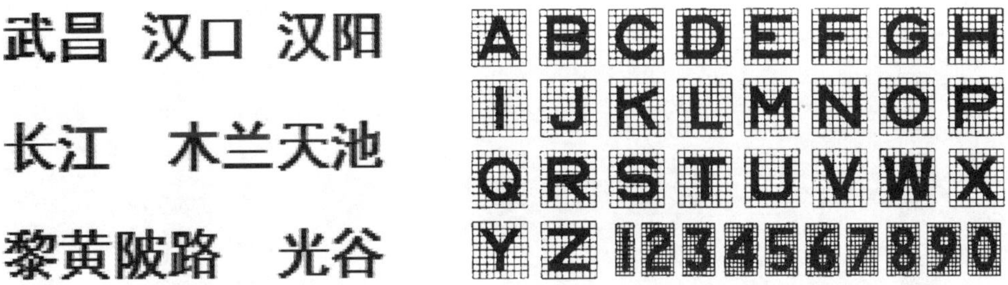

(a)黑体汉字　　(b)直体大写拉丁字母和阿拉伯数字

图 6.2　识别性好的字体举例

2)避免字形的混淆

汉字和外文字母中,都有一些容易互相混淆的字形,例如:汉字中的“千、干、于”,“土、士”,“人、入”,“未、末”,汉字“土”和加减号“±”等;大小写拉丁字母和阿拉伯数字中的大写字母“I”、小写字母“i”与数字“1”,“B、R、8”,“G、C”,“0、D、Q”,“Z、z、2”,“S、s、5”,“U、u、V、v”,“W、w”,“8、3”等;另外,还有拉丁字母中手写的“ɑ”与希腊字母中的“α”,拉丁字母“B、b、W、w”与希腊字母“β、σ、ω”等。

视觉传达设计中避免字形混淆的基本方法,是把互相之间不太明显的差异加以适当扩大、强调,使差异明显起来。例如,把数字“1”顶部向左斜的小撇加以适当强调,把大写字母 I 上、下的短横加以适当强调以后,它们与小写字母“i”就不容易混淆了,如图 6.3(ɑ)所示。又如,把数字“3”上半部的半圆弧改为直线形的一个折弯,它与数字“8”的区别也就明显了,如图 6.3(b)所示,等等。

另外,笔画过粗会使字形中某些特征显得较为含糊,如图 6.4 中数字“5”和字母“S”就容易混淆。让笔画细一些,“5”字上半部直角弯“┏”的特征将变得鲜明,与“S”上半部圆弧之间的视觉区别进一步显现,有利于减少混淆。

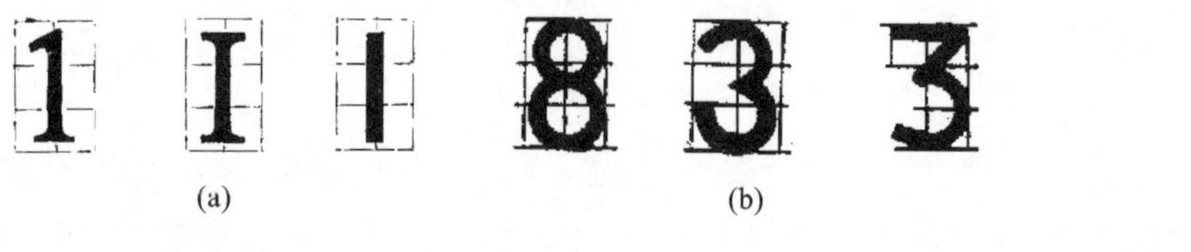

图 6.3　强调和扩大字形中的差异以减少混淆

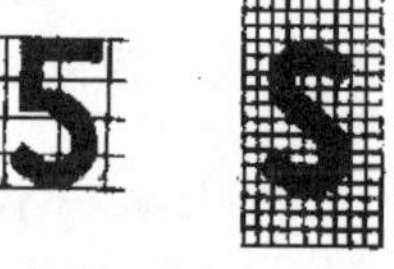

图 6.4　笔画粗易引起字形混淆

3. 字形的比例与排布

1)字符的高宽比例

(1)汉字。

汉字以“方块字”为别称，书报印刷普遍采用正方形的宋体字，在视觉传达设计中，常根据版面版式、文字的横排竖排等因素来确定文字的高宽比。一般横排文字的竖高可大于横宽，而竖排文字的横宽宜大于竖高。按人机工程学的文字识别性要求，汉字高宽比的适宜范围如表 6.2 所示。

表 6.2　汉字高宽比的适宜范围(以识别性要求为前提)

排向	一般的高宽比范围	每行或每列字数较多时的高宽比
横排	1.0∶1.0～1.0∶0.8	可加大到 1.0∶0.7
竖排	0.8∶1.0～1.0∶1.0	可减小到 0.75∶1.0

横排字形高宽比为 1.0∶0.8、竖排字形高宽比为 0.8∶1.0 时的字形如图 6.5 所示。

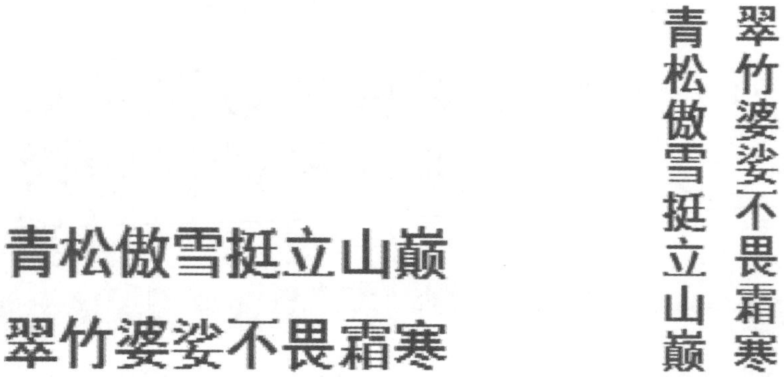

青松傲雪挺立山巅
翠竹婆娑不畏霜寒

(a)横排汉字，高宽比为1.0∶0.8

青松傲雪挺立山巅
翠竹婆娑不畏霜寒

(b)竖排汉字，高宽比为0.8∶1.0

图 6.5　汉字的排布方向与字形的高宽比

(2)拉丁字母和阿拉伯数字。

拉丁字母和阿拉伯数字一般只能横排，字形均为竖高大于横宽，但少数字母和数字的高宽比与大多数不同。

(1)大多数拉丁字母和阿拉伯数字的高宽比：1.0∶0.6～1.0∶0.7。

(2)字母 M、m、W、w 的高宽比：1.0∶0.8～1.0∶1.0。

(3)字母 I、i、数字 1 的高宽比：可达到 1.0∶0.5。

2)字符的笔画粗细

(1)影响字符笔画粗细的因素。

①笔画少、字形简单的字，笔画应该粗；笔画多、字形复杂的字，笔画应该细。

②光照弱的环境下字的笔画需要粗，光照强的环境下字的笔画可以细。

③视距大而字符相对小时笔画需要粗,反之笔画可以细。

④浅色背景下深色的字笔画需要粗,深色背景下浅色的字笔画可以细。

较极端的情况是:白底黑字需要更粗一些,黑底白字可以更细一些。

更极端的情况是:暗背景下发光发亮的字尤其应该细。如今采用液晶显示和发光二极管显示的屏幕正越来越多,例如火车站的各种告示、体育比赛场上的记分牌、商业服务业的信息提示等,它们的笔画都应该细一些。而现在有些屏幕上字的笔画就太粗了,影响人们的辨认或造成视觉上的不舒适。

明度对比悬殊的视觉对象,尤其是暗背景上有发光发亮的对象,会对视觉引起一种"光渗效应"。这是由于视网膜上明暗交界线附近的视觉细胞被连带激活,造成明亮的界限略有扩张,于是使明亮的对象看起来显得大一些。例如图6.6所示的两个图像实际上是一样大小的,但看起来图6.6(b)的图像似乎比图6.6(a)的图像略大一些。上面所说的深背景下的浅色字、黑底白字可以细一些,发光发亮的字的笔画应该更细,就是因为有这种光渗效应的作用。

(2)字符笔画宽度对字高比例的参考值。

由于有上述四个影响笔画粗细的因素,所以"字符笔画宽度对字高的比例"(以下简称"笔画宽度比")的变动范围是相当大的。

①汉字。像"一""二""人""大"这样笔画很少的字,若为白底黑字,且光照很弱,视距大而字相对小,则笔画宽度比可大到1∶5。反之,像"鼻""薯""墨""餐"这样笔画多的字,若为黑底白字,且光照甚强,则笔画宽度比需要小到1∶12~1∶14。若这些笔画多而复杂的字是发光发亮的(液晶屏幕或发光二极管显示),背景又暗,对比强烈,则笔画宽度比甚至应该小到1∶15~1∶18。

②拉丁字母和阿拉伯数字。由于拉丁字母和阿拉伯数字笔画数的变化不像汉字那么悬殊,因此它们笔画宽度比的变动范围小于汉字的变动范围。拉丁字母和阿拉伯数字笔画宽度比的变动范围为1∶5~1∶12。设计时根据前述四个影响因素的具体情况,在此范围内选取。在白底黑字与黑底白字两种情况下,拉丁字母和阿拉伯数字笔画粗细的视觉效果对比如图6.7所示。

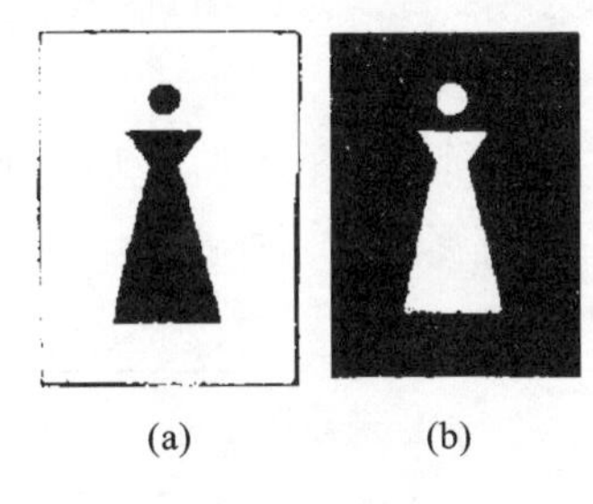

图6.6 光渗效应

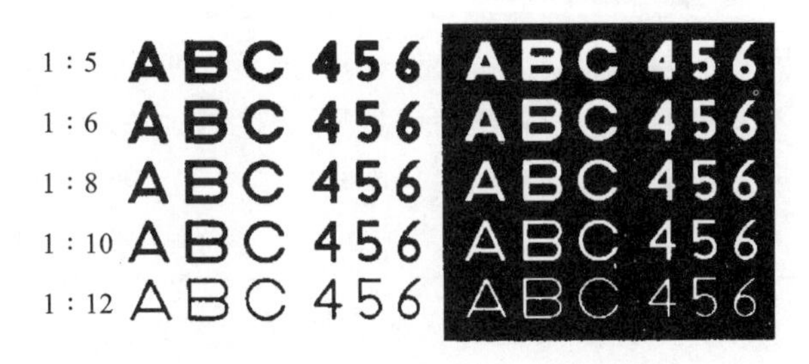

图6.7 笔画粗细的视觉效果对比

3)字符的排布

视觉传达中字符排布的一般人机工程学原则如下:

(1)从左到右的横向排列优先,必要时才采用从上到下的竖向排列,尽量避免斜向排列。

(2)行距:一般取字高的50%~100%。

字距(包括拉丁字母和阿拉伯数字间的间距):不小于一个笔画的宽度。

拼音文字的词距:不小于字符高度的50%。

(3)若文字的排布区域为竖长条形,且水平方向较窄,容纳不下一个独立的表意单元(可能是一个词汇或词汇连缀等),则汉字可以从上到下竖排,但拼音文字应采用将水平横排逆时针旋转90°的排布形式。

(4)同一个面板上,同类的说明或指示文字宜遵循统一的排布格式。

4. 字符与背景的色彩及其搭配

字符与背景的色彩及其搭配不当的问题，在生活中并不少见。例如，有一家大银行统一印制的存款单，在很长时间内居然是白纸上印着橙黄色的字，眼睛好的年轻顾客填单时都看得费力，视力减退了的老大爷老大妈更加叫苦不迭。还常见一些小的药品包装袋采用深银灰等颜色的底色，说明文字则采用蓝色、绿色，字符与背景的明度很接近，字又小，很难认读。书架上印在深蓝色书脊上的黑色书名，看起来也很费眼。类似的问题也出现在各种广告和大小包装上，参看漫画图 6.8。可见，字符与背景的色彩及其搭配的问题，值得设计者引起注意。字符与背景色彩及其搭配的一般人机工程学原则有：

图 6.8 选择字符与背景容易辨认的颜色搭配

(1)字符与背景间的色彩明度差，应在蒙塞尔色系的 2 级以上。

(2)照度低于 10 lx 时，黑底白字与白底黑字的辨认性差不多；照度为 10～100 lx 时，黑底白字的辨认性较优；而照度超过 100 lx 时，白底黑字的辨认性较优。这里说的白色、黑色，可以分别扩展理解为高明度色彩、低明度色彩。

(3)字符主体色彩(而不是背景色彩)的特性决定了视觉传达的效果。例如红、橙、黄是前进色、扩张色，蓝、绿、灰是后退色、收缩色，因此红色霓虹灯(红色交通灯、信号灯相同)的视觉感受比实际距离近，蓝、绿霓虹灯的视觉感受距离相对要远些。大广告、标语、告示上字符颜色的效果也与此相同。

(4)字符与背景的色彩搭配对视觉辨认性的影响较大，清晰的和模糊的色彩搭配关系如表 6.3 所示。公路交通的路牌、地名和各种标志所采用的色彩搭配，如黑黄、黄黑、蓝白、绿白等都属于清晰的搭配。

表 6.3 字符与背景的色彩搭配与辨认性

效果 / 顺序 / 颜色	清晰的配色效果										模糊的配色效果									
	1	2	3	4	5	6	7	8	9	10	1	2	3	4	5	6	7	8	9	10
底色	黑	黄	黑	紫	紫	蓝	绿	白	黑	黄	黄	白	红	红	黑	紫	灰	红	绿	黑
被衬色	黄	黑	白	黄	白	白	白	黑	绿	蓝	白	黄	绿	蓝	紫	黑	绿	紫	红	蓝

6.1.2 图形符号及标志设计

1. 图形符号设计

1)图形符号及其设计的一般原则

图形符号是以图形或图像为主要特征的视觉符号，它用绘画、书写、印刷或其他方法制作，用来传递事物或概念对象的信息，而不依赖语言。

图形符号以直观、精练、简明、易懂的形象表达一定的含义，传达信息，可使不同年龄、不同文化水平和不同国家、使用不同语言的人群都能够较快地理解，因此在经济、科技、社会生活中有重要的作用。图 6.9 所示是机动车辆一些图形符号的示例。

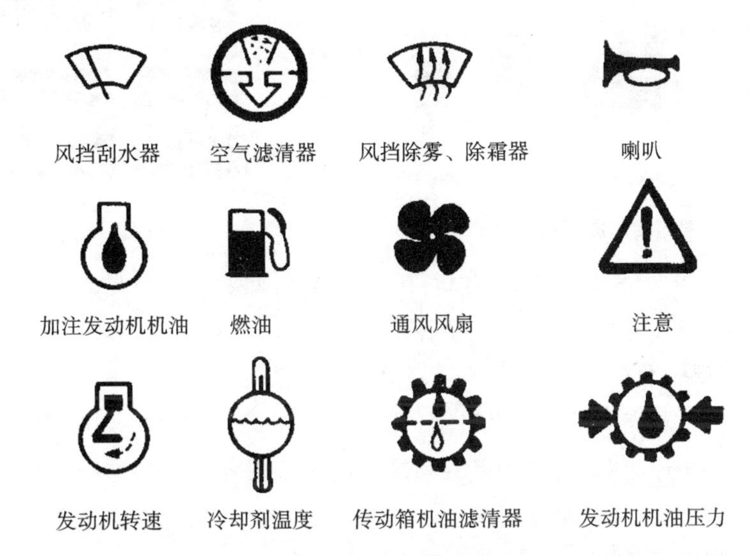

图 6.9　机动车辆上的图形符号示例

根据人的视觉和认知特性，图形符号设计应遵循以下原则：

(1)图形符号的含义不应过于复杂，使人们能够准确地理解，不产生歧义。

(2)图形符号的构形应该简明，突出所表示对象主要的和独特的属性。

(3)图形符号的构形应该醒目、清晰、易懂、易记、易辨、易制。

(4)图形的边界应该明确、稳定。

(5)尽量采用封闭轮廓的图形，以利于对目光的吸引积聚。

2)图形符号的视觉特征与繁简

图形符号的设计，除了艺术性方面的形式美学法则以外，从人机的要求来说主要是视认性，即图形符号能让人很快意识到它的含义，不生歧义。为此，第一，要能突出表达出客体主要的、独特的属性，这是图形符号避免歧义、能抗干扰的根本所在。第二，要简明，以利于快速辨认，这也是醒目、清晰、易懂、易记、易辨、易制的关键。这两条原则说起来容易理解，但要做到，在有的情况下却相当难。

图 6.10 中大家熟悉的男士、女士图形，用最简单的轮廓表示出头、身躯、四肢、翻领上衣或裙子，这样就充分表达了独有属性，其他五官、颈脖、鞋子等全不需要，再增加任何不必要的细节，都不利于醒目、清晰、易辨、易制的要求，因而都不是提高而是降低了图形符号的质量。又如图 6.10 中的"无轨电车"图形，其独有属性在于车顶的两根导线引导杆；"出租车"图形的独有属性在于车顶的出租车标识牌，应该用最简单的形象表示出这些独有属性，而省略其他细节。图 6.10 中的图形基本都符合上面两条原则，无须多加解释。

要用很简单的图形符号传达较为复杂的内容，常常是不容易的事情。这要求设计者对事物特质具有敏锐的观察力、高度的抽象概括力、丰富的想象力，并调动形、色、意等多种手法来加以表现。所以图形符号设计既富有魅力，也是对设计者富有挑战性的工作。

中选的北京奥运会体育图标可算是优秀的图形符号设计，如图 6.11 所示。

下面举一个有中等难度的图形符号设计实例：表示紧急情况(例如火灾)时人员撤离的"太平门"(安全出

图 6.10 表意清晰、构图简洁的图形符号示例

图 6.11 北京奥运会体育图标(部分)

口)的图形符号。科林斯(Collins)和莱纳尔(Lerner)在 1983 年对此做过一项测试研究:共设计出 18 个图形,考察它们的优劣。测试方法是:在光照条件很差的条件下,只让被试者对这些图形匆匆一瞥,要他们说出该图形是不是表示太平门的图形;记录回答的出错率,进行对比分析。其中 6 个图形的测试结果如图 6.12 所示,每个图形的下面写明了该图形的色彩和测试中的出错率。以下是几条可供参考的分析。①图 6.12(a)是 6 个图形中唯一没有画出人形的抽象图形。图形简明,箭头和缺口能造成较强的视觉感受,虽然图形上没有表达"紧急情况"的要素,但提问"是不是太平门?"相当于在图形边上加了文字说明,所以出错率较小。②图 6.12(b)对火灾和"紧急撤离"两个概念都有形象的表达,因此出错率也低。③对比图 6.12(c)和图 6.12(f)可知,图 6.12(c)把主体图形(这里是紧急出走的人)放在线框(这里是表示门的矩形框)之内,有利于加强图形的视认性,因此图 6.12(c)比图 6.12(f)更好。④图 6.12(d)出错率高,因为图形设计主要的内涵应该有"门"或"出口",而此图形中的圆圈不能表达门或出口的特征。⑤图 6.12(e)的出错率也高,因为图形既没有"紧急情况"的表示,而且人的形态也缺乏紧急出走的特征。

(a)绿和白 出错率10%

(b)黑和白 出错率9%

(c)绿和白 出错率6%

(d)红白黑 出错率39%

(e)黑和白 出错率40%

(f)黑和白 出错率12%

图 6.12 太平门图形及其认知性测试

3)箭头的表示方法

在图形符号中,应用最广泛的无过于箭头了。人机工程学的工作者们对各种箭头形状的视认性优劣做过不少测试研究。一份研究报告的结论如图 6.13(a)所示:图示 7 个箭头的视认性从左到右依次一个比一个好。其中最右边那个视认性最佳,这个箭头的"基准图"如图 6.13(b)所示。

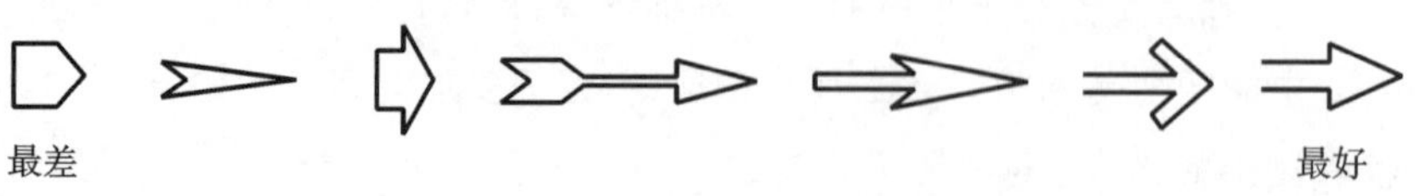

(a)箭头视认性优劣对比的顺序

(b)最佳箭头的基准图

图 6.13 箭头视认性的优劣及好箭头的基准图

进行图形符号设计,工作完成时应该提交一份该图形符号的基准图。基准图是按照规定的表示规则,画在

网格内的图形符号的既定设计图，以作为该图形符号复制的依据。

由于箭头是国际上应用非常广泛的图形符号，1984 年发布了国际标准 ISO 4196—1984《图形符号　箭头的应用》。我国也于 1989 年发布了参照该国际标准的国家标准 GB/T 1252—1989《图形符号　箭头及其应用》，该标准给出了箭头基本形式、名称、画法、用法等方面的规定。

2. 标志设计

1)标志及其设计原则

(1)标志和它的应用领域。

标志是给人以行为指示的符号和(或)说明性文字。标志有时有边框，有时没有边框，主要用于公共场所、建筑物、产品的外包装以及印刷品。

图形标志则是图形符号、文字、边框等视觉符号的组合，以图像为主要特征，用以表达特定的信息。

把这里关于标志、图形标志的定义，与前面关于图形符号的定义进行对比以后可知：标志与图形符号是有密切关系、又不完全相同的两个概念。图形是图形标志的主要构成部分，而标志也可能以文字为构成的主体。图 6.9、图 6.10、图 6.11 中的都是图形符号，不是标志。图 6.12 是图形标志，因为它具有"给人以行为指示"的功能，实际使用中一般还配有文字。前面关于图形符号的设计原则当然适用于图形标志，下面阐述标志设计的补充要求。

标志的应用很广泛，国旗、国徽、军旗、军徽是国家、军队的标志，各种国际国内组织、学会、协会有标志，企业、学校、医疗等各种机构有标志，奥运会、申奥及各种公益活动、竞赛活动有标志……数不胜数。

图 6.14 所示是 2008 北京申奥标志与北京奥运标志。

图 6.14　2008 北京申奥标志与北京奥运标志

标志设计是实际工作中经常会遇到的工作任务。我国已经发布了一系列有关标志设计的国家标准，现将部分标准的代号、名称开列如下，供需要时查阅参考，也可从中进一步了解标志的应用范围。

GB/T 7291—2008《图形符号　基于消费者需求的技术指南》；

GB/T 10001.1—2012《公共信息图形符号　第 1 部分：通用符号》；

GB/T 10001.2—2006《标志用公共信息图形符号　第 2 部分：旅游休闲符号》；

GB/T 10001.3—2011《标志用公共信息图形符号　第 3 部分：客运货运符号》；

GB 5768《道路交通标志和标线》；

GB/T 5845《城市公共交通标志》；

GB/T 191—2008《包装储运图示标志》；

GB 190—2009《危险货物包装标志》;

GB 6388—1986《运输包装收发货标志》;

GB 2894—2008《安全标志及其使用导则》;

GB/T 16903.2—2013《标志用图形符号表示规则 第2部分:理解度测试方法》。

(2)图形标志的设计原则。

前面已经讲述了图形符号的5条设计原则,再附加下面的要求,则共同构成图形标志的设计原则。

(1)图形标志首先要满足醒目清晰和通俗易懂两个基本要求。

(2)图形应只包含所传达信息的主要特征,减少图形要素,避免不必要的细节。

(3)标志图形的长和宽宜尽量接近,长宽比一般不得超过1∶4。

(4)标志图形不宜采用复杂多变和凌乱的轮廓界限,即应注意控制和减小图形周长对面积之比。

(5)优先采用对称图形和实心图形。

2)图形标志的尺寸与视距

图 6.15　图形标志的公称尺寸

(1)图形标志的公称尺寸。

从标志的设计来说,确定图形各部分的大小比例需要一个基准;从标志的使用来说,要根据人们视觉要求确定标志的大小,而所谓"标志大小"也需要有一个统一的度量标准,即取图形标志的哪个尺寸代表它的大小——"图形标志公称尺寸"的定义就是由这样的实际需要引出来的。

一般取边框作为图形标志设计计算的依据。定义图形标志边框内缘的尺寸为图形标志的公称尺寸,以 S 表示:圆形边框以边框内径为公称尺寸,其他正方形、斜置正方形、三角形边框均相同,如图6.15所示。

(2)图形标志的公称尺寸与视距。

要想所设置的标志发挥预期的效能,让人们看得清,就要根据人们的观看距离(视距)来合理地确定标志的尺寸大小。不同边框图形标志的最小公称尺寸 S_{min}(m)与视距 L(m)的关系如表6.4所示。

表 6.4　图形标志最小公称尺寸 S_{min}(m)与视距 L(m)的关系

标志的边框类型	保证清晰度的最小公称尺寸 S_{min}	保证醒目度的最小公称尺寸 S_{min}
正方形边框	$12L/1000$	$25L/1000$
斜置正方形边框	$14L/1000$	$25L/1000$
圆形边框	$16L/1000$	$28L/1000$
三角形边框	$20L/1000$	$35L/1000$

(3)其他的构图尺寸与视距。

标志图形在边框内应该匀称、充实,"重心"位置适当。为保证标志上各构图元素的边界和细节的视觉分辨性,还有几个构图尺寸与视距 L 的关系也是重要的,主要有:构图元素与边框之间的最小间距 d_1、各构图元素之间的最小间距 d_2,构图元素的最小宽度 W,参看图6.16。标志上这几个尺寸与视距 L 的比例关系如表6.5所示。

表 6.5　几个构图尺寸与视距 L 的比例关系

构图尺寸	与视距 L 的比例关系
构图元素与边框间的最小间距 d_1	一般情况：$d_1 = (2/1000)L$ 构图元素轮廓与边框平行：$d_1 = (3/1000)L$
构图元素之间的最小间距 d_2	$d_2 = (1/3000)L$
构图元素的最小宽度 W	一般情况：$W = (1/1000)L$ 构图元素间互不干扰：$W = (1/2000)L$

例 4　制作一个图 6.17 所示的正方形边框的标志，要求保证视距 L =10 m 观看的清晰度，试确定图形标志的最小公称尺寸 S_{min} 和构图尺寸 d_1、d_2、W。

解：(1)由表 6.4 可知，标志的最小公称尺寸：

$$S_{min} = 12L/1000 = 12\times10/1000\ \text{m} = 0.12\ \text{m} = 120\ \text{mm}$$

(2)由表 6.5 可知其他的构图尺寸如下：

构图元素与边框的最小间距　$d_1 = 2L/1000 = 2\times10/1000\ \text{m} = 0.02\ \text{m} = 20\ \text{mm}$

构图元素间的最小间距　$d_2 = L/3000 = 10/3000\ \text{m} = 0.003\ \text{m} = 3\ \text{mm}$

构图元素的最小宽度　$W = L/1000 = 10/1000\ \text{m} = 0.01\ \text{m} = 10\ \text{mm}$

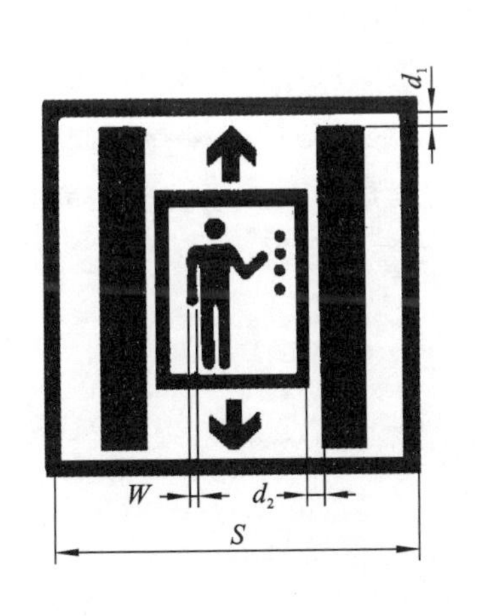

图 6.16　标志上的几个构图尺寸

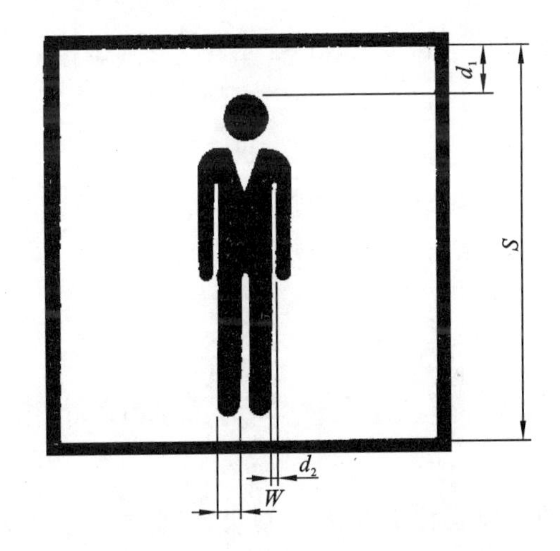

图 6.17　例 4 要求计算的标志尺寸

3)标志用图形符号的评价测试方法简介

标志用图形符号所代表的主题(如事物、概念等)，称为表达对象。图形符号设计出来以后，是否符合“易懂”“易辨”的要求，当然不是设计者本人说了算的，需要进行客观性的测试评价。即选定一定数量(不宜太少)的被试者，请他们进行评价，统计分析后，做出选用、修改或废弃的结论。下面简介几种常用的评价测试方法。

评价测试通常用于以下情况：对同一个表达对象，已经设计出多个图形符号方案。多个方案的完成者，可以是同一个人，也可以是不同的若干个人。

(1)适当性排序测试。让被试了解表达对象以后，把设计方案按随机的排列展现给所有被试(每个被试单独进行)，请每一个被试把方案从好到差排序。

(2)理解性测试。不向被试说明预设的表达对象，把设计方案展现给被试，请他们说出对每个方案表达对象的理解。

(3)匹配测试。向被试说明表达对象，展现各个方案，请被试选出与表达对象匹配的方案，不限定选中的个数。

6.2 人机工程学与产品设计的关系

6.2.1 人机工程学与工业设计的关系

工业设计是一项综合性的规划活动，是一门技术与艺术相结合的学科，同时受环境、社会形态、文化观念以及经济等多方面的制约和影响，即工业设计是功能与形式、技术与艺术的统一，工业设计的出发点是人，设计的目的是为人而不是产品，工业设计必须遵循自然与客观的法则来进行。现代工业设计强调“用”与“美”的高度统一、“物”与“人”的完美结合，把先进的技术科学和广泛的社会需求作为设计风格的基础。概而言之，工业设计的主导思想是以人为中心，着重研究“物”与“人”之间的协调关系。

人机工程学和工业设计在基本思想与工作内容上有很多一致性：人机工程学的基本理论“产品设计要适合人的生理、心理因素”，与工业设计的基本观念“创造的产品应同时满足人们的物质与文化需求”意义基本相同，侧重稍有不同。工业设计与人机工程学同样都是研究人与物之间的关系，研究人与物交接界面上的问题，不同于工程设计（以研究与处理物与物之间的关系为主）。由于工业设计在历史发展中融入了更多的美的探求等文化因素，其工作领域还包括视觉传达设计等方面，而人机工程学则在劳动与管理科学中有广泛应用，这是二者的区别。

6.2.2 人机工程学对工业设计的作用

1. 为工业设计中考虑“人的因素”提供人体尺度参考

应用人体测量学、人体力学、生理学、心理学等学科的研究方法，对人体结构特征和机能特征进行研究，提供人体各部分的尺寸、体重、体表面积、比重、重心以及人体各部分在活动时的相互关系和可及范围等人体结构特征参数，提供人体各部分的发力范围、活动范围、动作速度、频率、重心变化以及动作时惯性等动态参数，分析人的视觉、听觉、触觉、嗅觉以及肢体感觉器官的机能特征，分析人在劳动时的生理变化、能量消耗、疲劳程度以及对各种劳动负荷的适应能力，探讨人在工作中影响心理状态的因素，及心理因素对工作效率的影响等。

人机工程学的研究，为工业设计全面考虑“人的因素”提供了人体结构尺度、人体生理尺度和人的心理尺度等数据，这些数据可有效地运用到工业设计中去。图 6.18 所示为洛可可公司做的一款工业遥控器的改进设计。这款工业遥控器的前身是一个具有相当工业特色的笨重家伙。改进后的遥控器重点为两部分：防护栏、控制面板。当遥控器不慎跌落，防护栏可以可靠地保护控制面板上所有的操纵杆和按键，从而避免危险。控制面板是整机的中心，前板急停按钮有一处下凹，紧急拍钮时不必担心手指太靠前伤到指尖，而逐渐沿翼形上升的设计可以避免急停按钮被无意碰撞。后板生理弧度的设计契合人的腹胯轮廓，工作时达到人机一体。两侧翼形的包胶设计，使手可舒适地搭在防护栏上以缓解疲劳。这一切的细节对于工人来说，绝对是一种美妙的工作体验。

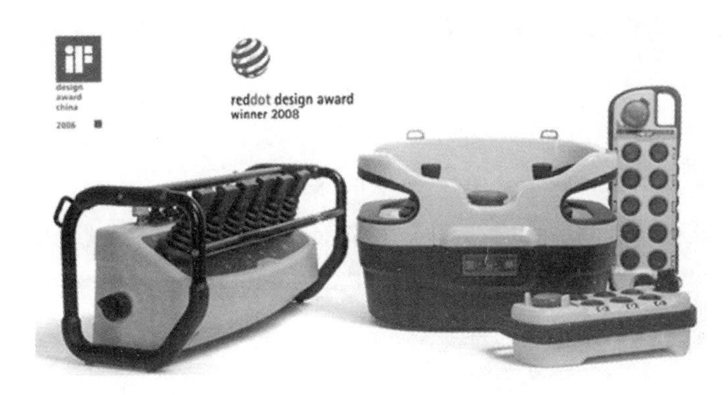

图 6.18 洛可可公司的工业遥控器

2. 为工业设计中"物"的功能合理性提供科学依据

现代工业设计中,如搞纯物质功能的创作活动,不考虑人机工程学的需求,将是创作活动的失败。因此,如何解决产品与人相关的各种功能的最优化,创造出与人的生理和心理机能相协调的产品,将是当今工业设计中在功能问题上的新课题。人机工程学的原理和规律将是设计师在设计前考虑的问题。

3. 为工业设计中考虑"环境因素"提供设计准则

通过研究人体对环境中各种物理因素的反应和适应能力,分析声、光、热、振动、尘埃和有毒气体等环境因素对人体的生理、心理以及工作效率的影响程度,确定了人在生产和生活活动中所处的各种环境的舒适范围和安全限度,从保证人体的健康、安全、舒适和高效出发,为工业设计中考虑"环境因素"提供了设计方法和设计准则。

4. 为进行人-机-环境系统设计提供理论依据

人机工程学在研究人、机、环境三个要素本身特性的基础上,将使用"物"的人和所设计的"物"以及人与"物"所共处的环境作为一个系统来研究,它们之间的相互关系决定着系统的总体性能,人机系统设计的目标就是要科学地利用三个要素之间的有机联系来寻求系统的最佳参数。而人机系统设计过程中,着重分析和研究人、机、环境三要素对系统总体性能的影响以及它们之间的相互关系,为工业设计开拓了新的设计思路,并提供了相关理论依据和设计方法。

社会发展,技术进步,产品更新,生活节奏紧张,这一切必然导致产品质量观的变化,人们将会更加重视"方便""舒适""可靠""价值""安全"和"效率"等方面的评价。人机工程学等边缘学科的发展和应用,也必会将工业设计的水准提到人们所追求的那个崭新高度。

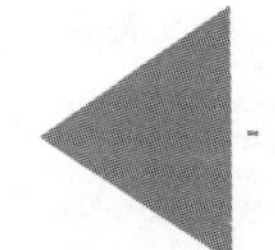

6.3 人机工程学与室内设计的关系

室内设计的主要目的是创造有利于人们身心健康和安全舒适的工作、生产和生活、休息的良好环境,以寻求室内设计与人之间的和谐。而人机工程学就是为这一目的服务的一门系统学科,在室内环境设计中,人机工程学也起着至关重要的作用。因此本节主要针对家居空间尺度及人的心理特征、生活特征、工作特征及运动特征对室内基本空间尺度的生理需求和心理需求进行详细研究。通过这些数据才能最经济、最科学地做出以人为本的设计。

6.3.1 建筑家具

所谓建筑家具，主要指附属于建筑物上的储存性壁柜、隔板、隔断等。储存性家具除了考虑与人体尺度的关系外，还必须研究存放物品的类别与方式，这对确定储存性家具的尺寸和形式起到重要的作用。

居住空间中的生活用品极其丰富，从衣服鞋帽到床上用品，从主副食品到烹饪器皿，从书报期刊到文化娱乐用品以及其他日杂用品，每件生活用品尺寸不一，形式各异，要力求做到有条不紊、分门别类地存放，促成生活安排的条理化，从而达到优化室内环境的目的。

1. 储存性家具设计

储存性家具存放日常用品，首先是按照人机工程学的原则根据人体操作活动的可及范围来布置；其次是考虑物品使用频率来安排所存放的位置。一般而言，物品存放的位置从地面标高算起在 600～1650 mm 的范围内最方便。因此，常用物品放在这个取用方便的区域，不常用的物品可以放在 600 mm 以下或者 1650 mm 以上的位置，如图 6.19 所示。

收藏规划					收藏形式
衣服类别	餐具食品				开门、拉门、翻门只能向上
稀用品	保存食品 备用餐具	稀用品	稀用品		不适宜抽屉
其他季节用品	其他季节的稀用品	消耗库存品	贵重品	稀用品	适宜开门、拉门
帽子	罐头	中小型杂件			
上衣 大衣 儿童服 裤子 裙子	中小瓶类 小调料 筷子 叉子 勺子等	常用书籍 画报杂志	欣赏品	电视机	适宜拉门
		文具		收音机 扩大机 留声机 录音机	适宜开门、翻门
稀用衣服类等	大瓶 饮品用具	稀用品书本	稀用品 贵重品	唱片箱	适宜开门、拉门
					脚

2400 2200 2000 1800 1600 1400 1200 1000 800 600 550 400 200 0

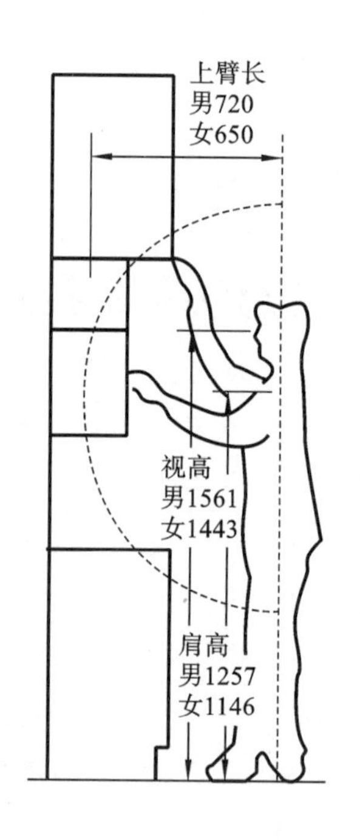

图 6.19 柜类家具分类及人体操作活动尺寸

2. 柜类家具的主要尺寸

深度的决定因素：物品尺寸、存放方式、视觉感观。宽度的决定因素：物品尺寸、存放方式、存放数量以及板材厚度。因此，柜类家具在设计时应从以下几个方面考虑：人体操作活动范围；物品使用的频率；物品尺寸，存放方式，存放数量；板材性能，合理利用；良好的视觉感受，如表 6.6、表 6.7，图 6.20、图 6.21 所示。

表 6.6 衣柜的基本尺寸/mm

柜类	挂衣空间宽	柜内空间深		挂衣棍上沿至顶板内面距离	挂衣棍上沿至底板内面距离		衣镜上缘离地面高	顶层抽屉屉面上缘离地面高	底层抽屉屉面下缘离地面高	抽屉深度	离地净高	
		挂衣空间深	折叠衣物空间深		挂长外衣	挂短外衣					亮脚	包脚
衣柜	≥530	≥530	≥450	≥580	≥1400	≥900	≤1250	≤1250	≥50	≥400	≥100	≥50

表 6.7　床头柜与矮柜的基本尺寸/mm

柜　类	宽	深	高	离地净高	
				亮脚	包脚
床头柜	400～600	300～450	500～700	≥100	≥50
矮柜			400～900		

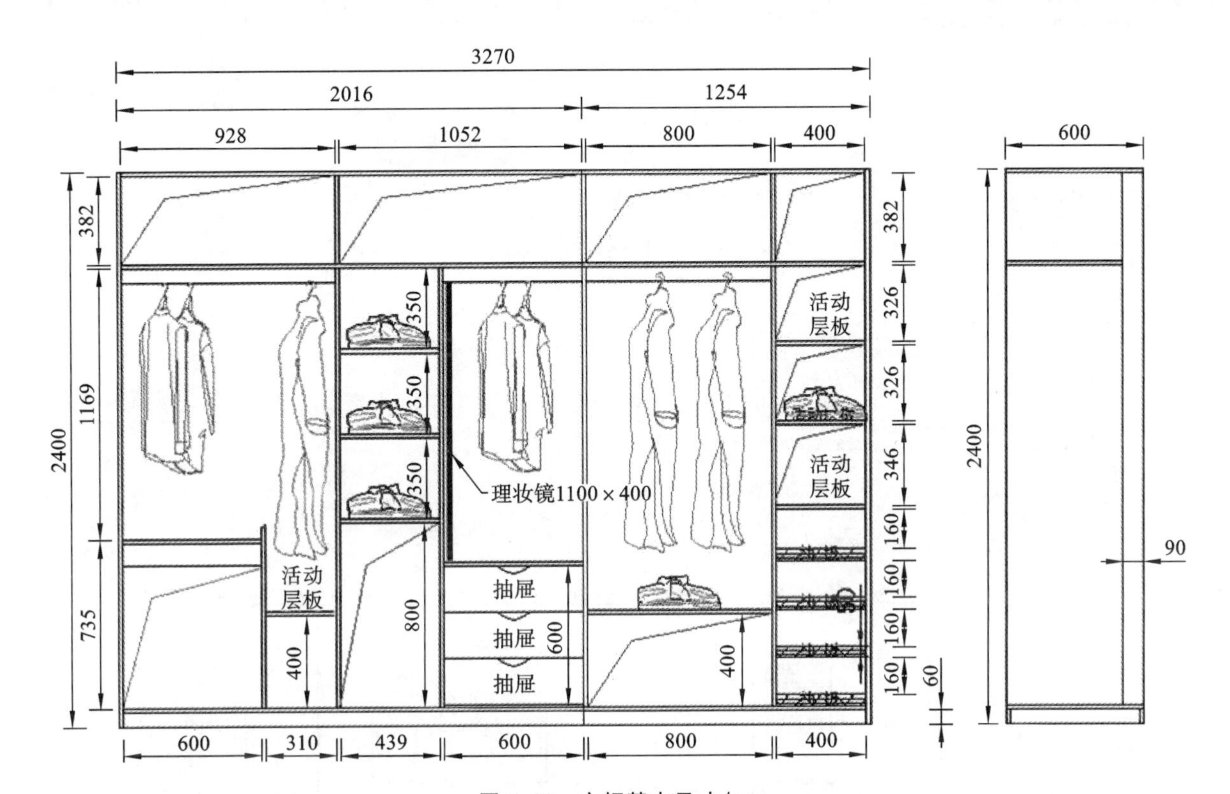

图 6.20　衣柜基本尺寸/mm

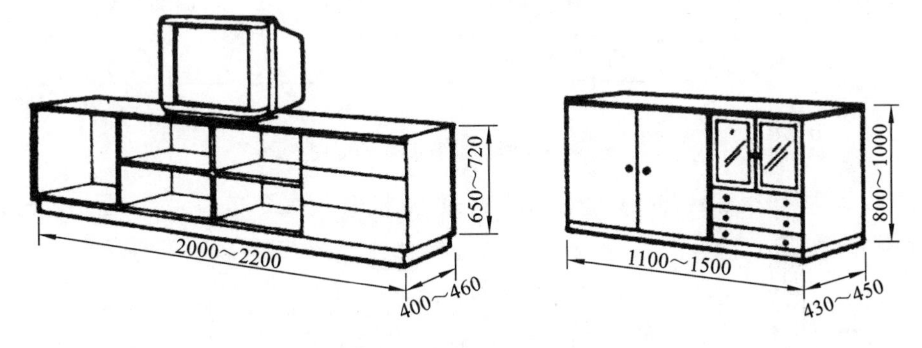

图 6.21　电视柜与文件柜尺寸

3. 案例与研究：橱柜设计

厨房是住宅中使用最频繁、家务劳动最集中的场所，一个好的橱柜设计应具有“没有容易碰伤的棱角”“尺寸要合理”“用起来舒服”“设备位置方便合理”这些特点。厨房面积相对于其他房间较小，但内在环境复杂，所谓“麻雀虽小，五脏俱全”。

1)厨房布局

应根据厨房面积形状选择适用的布置方式，如图 6.22 所示。

(1)单排型，此布局适合人口不多的小面积厨房。

(2)L 型，适合面积适中的厨房。

(3)双排型，空间比较紧凑，比其他形式少走路，能提供最好的工作台面，当厨房宽度足够时可以选用。

(4)U 型，适合大面积的厨房，均需做有旋转装置的角柜，比单排型和双排型装备费用高。

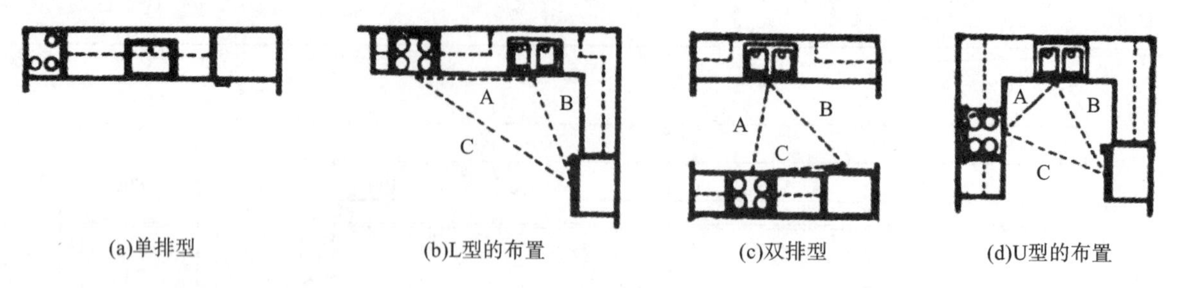

图 6.22　厨房平面布置图

2)橱柜尺寸

橱柜设计越来越注重人机工程学原理，厨房上方都是做成一排长长的吊柜，地面靠墙处是一组地柜，所有管道均被巧妙地暗藏。随着人们生活水平的提高，出现了冰箱、天然气灶、消毒柜、洗碗机、微波炉、烤箱等，因此橱柜的尺寸设计也充分考虑了各种电器的尺寸，如图 6.23 所示。

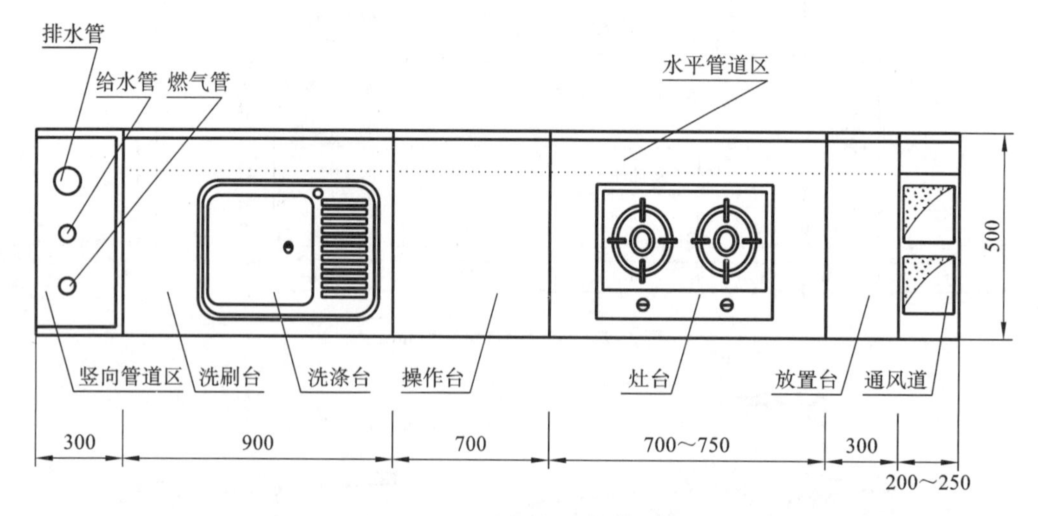

图 6.23　厨房设备展开平面图

拿操作台来讲，无论将橱柜综合体设计布置成单排型、双排型、L 型还是 U 型，在摆放及规划厨房配套家电时采用水槽、操作台、灶具三者的顺序排列为最佳。这种排列方式，便于将原料进行摘拣、洗涤和切割后烹饪，最大限度地节省主人移位时间，缩小两个紧邻工序步骤间的移动距离。

厨房中的人机工程学设计要注意：①整体照明要明快，不刺眼；②工作照明要直接；③厨房内不同的区域应有不同的照明标准。具体操作如下：①洗涤池、操作台的照明要避免光线直射眼睛，一般常与调料架、吊柜结合进行遮光处理；②灶台的照明与抽油烟机罩相结合，灯具选日光灯或白炽灯；③洗涤池上方吊柜或者下方地柜一般存放餐具；④一般洗涤池与灶台设计在同一流程线上，按就近原则，水池与灶台之间保持 76 cm～100 cm 的距离，合理安排灶台、水池、操作台三者之间相应的位置，以减少人在厨房工作时的劳动强度；⑤常用的炊具要挂放在显眼易取的地方，比如吊柜之下；⑥常用的物品存放高度应在 70～180 cm 之间，这个区域称为舒适储存区；⑦地柜最后设计成大抽屉柜形式，避免采用对开门形式(见图 6.24、图 6.25)。

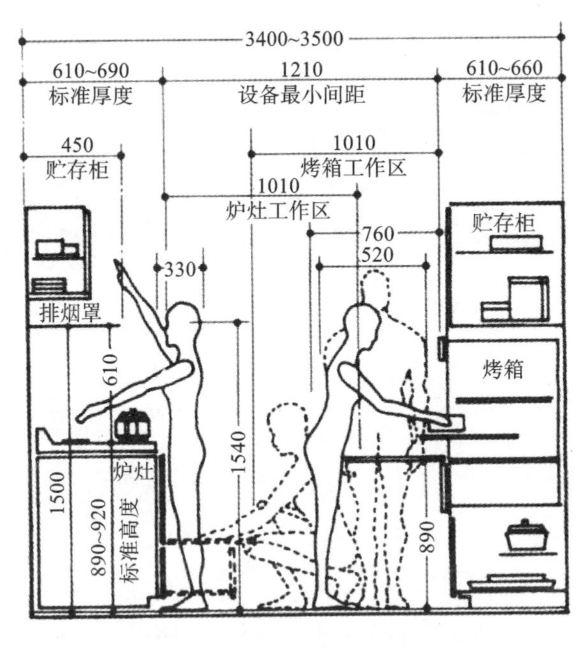

图 6.24　厨房立面及活动范围尺寸

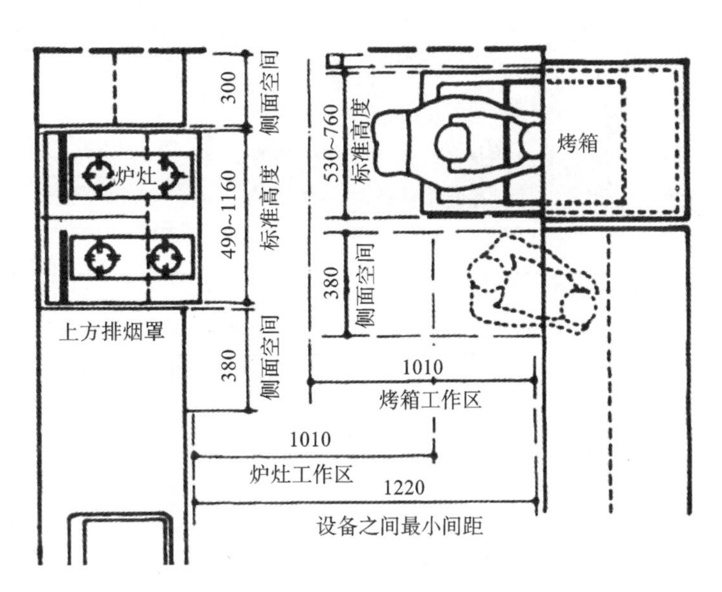

图 6.25　厨房平面及活动范围尺寸

6.3.2　人体家具(凭倚类家具)

凭倚类家具是人们工作和生活所必需的辅助性家具。为适应各种不同的用途,出现了餐桌、写字桌、课桌、制图桌、梳妆台、茶几和炕桌等;另外还有为站立活动而设置的售货柜台、账台、讲台、陈列台和各种工作台、操作台等。这类家具的基本功能是适应人在坐、立状态下,进行各种操作活动时,取得相应舒适而方便的辅助条件,并兼作放置或储存物品之用。因此,它与人体动作产生直接的尺度关系:一类是以人坐下时的坐骨支撑点(通常称椅坐高)作为尺度的基准,如写字桌、阅览桌、餐桌等,统称为坐式用桌;另一类是以人站立的脚后跟(即地面)作为尺度的基准,如讲台、营业台、售货柜台等,统称站立用工作台。

1. 凭倚类家具的主要尺寸

桌台、几案等凭倚类家具的主要尺寸包括桌面高、桌面宽、桌面直径、桌面深、中间净空宽、侧柜抽屉内宽、柜脚净空高、镜子下沿离地面高、镜子上沿离地面高,以及为满足使用要求所涉及的一些内部分隔尺寸,这些尺寸在相应的国家标准中已有规定。本节除列出有规定的尺寸外,也提供了一些参考尺寸,供读者设计时参考,如表 6.8～表 6.10 所示。

表 6.8　梳妆桌的基本尺寸/mm

桌子种类	桌面高 H	中间净空高 H_1	中间净空宽 B	镜子上沿离地面高 H_3	镜子下沿离地面高 H_4
梳妆桌	≤740	≥580	≥500	≥1600	≤1000

表 6.9　餐桌的基本尺寸/mm

桌子种类	宽度 B 边长 B(或直径 D)	深度 T	中间净 空高 H_1	直径差 $(D-d)/2$	宽度级差 ΔB	深度级差 ΔT
长方餐桌	900～1800	450～1200	≥580	—	100	50

续表

桌子种类	宽度 B 边长 B(或直径 D)	深度 T	中间净空高 H_1	直径差 $(D-d)/2$	宽度级差 ΔB	深度级差 ΔT
方(圆)桌	600,700,750,800,850,900, 1000,1200,1350,1500,1800 (其中方桌边长≤1000)	—	≥580	—	—	—
圆桌	≥700	—	—	≥350	—	—

表 6.10　带柜桌及单层桌的基本尺寸/mm

桌子种类	宽度 B	深度 T	中间净空高 H_1	柜脚净空高 H_2	中间净空宽 B_1	侧柜抽屉内宽 B_2	宽度级差 ΔB	深度级差 ΔT
单柜桌	900～1500	500～750	≥580	≥100	≥520	≥230	100	50
双柜桌	1200～2400	600～1200	≥580	≥100	≥520	≥230	100	50
单层桌	900～1200	450～600	≥580	—	—	—	100	50

2. 案例与研究:座椅设计

1)坐姿分析

人坐着时,身体主要由脊柱、骨盆、腿和脚支撑。人处于不同坐姿时,脊柱形态不同,如图 6.26、图 6.27 所示。

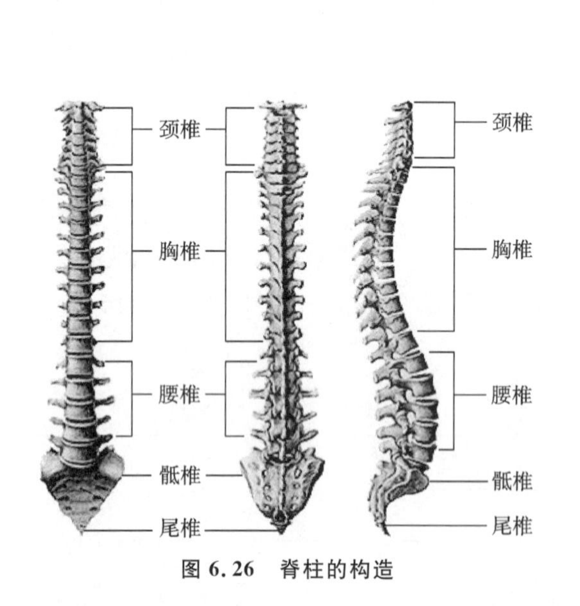

图 6.26　脊柱的构造

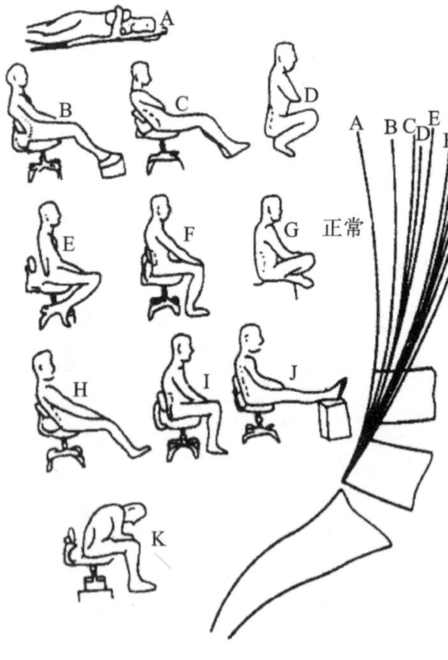

图 6.27　不同姿势时的脊柱形状

2)坐姿矫形学生理

正常的姿势下,脊柱的腰椎部分前凸,而至骶骨时则后凹。在良好的坐姿状态下,压力适当地分布于各椎间盘上,肌肉组织上承受均匀的静负荷,如图 6.28 所示。

当处于非自然坐姿时,椎间盘内压力分布不正常,形成压力梯度,严重的会将椎间盘从腰椎之间挤出来,压迫中枢神经，产生腰部酸痛、疲劳等不适感，如图 6.29 所示。

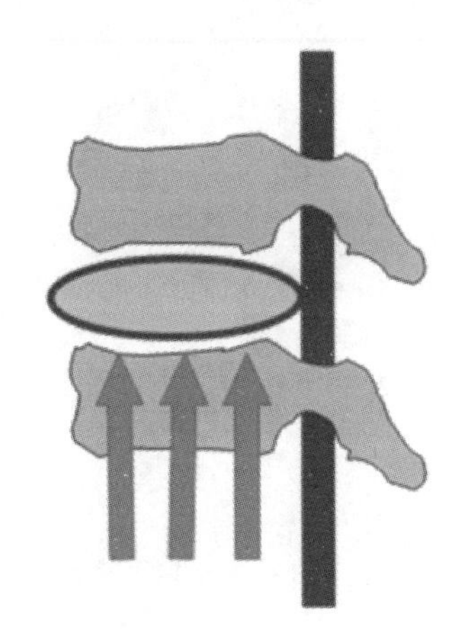

图 6.28　良好的坐姿状态下腰部承载状态

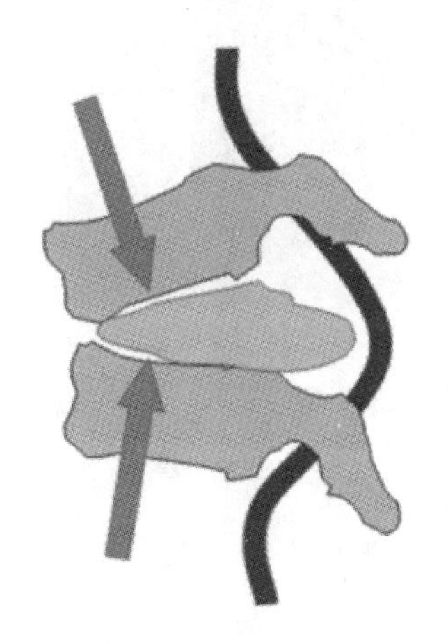

图 6.29　不正确坐姿状态下腰部承载状态

根据以上分析，躯干完全挺直的坐姿使脊椎严重弯曲，因椎间盘上压力不能正常分布，身体上部的负荷加在腰椎部，引起不适，因此 90°角的靠背椅是不良的设计。躯干前倾的姿势会使本来前凸的腰椎拉直甚至反向后凹，因而这种姿势也极不舒服，影响了胸椎和颈椎的正常弯曲，使颈、背部疲劳。因此良好的坐姿是腰与大腿成 135°，腰椎部有支撑。

根据矫形学原理和肌肉活动度分析可得出下列结论：

(1)躯干挺直或前倾的坐姿很容易引起疲劳。

(2)设置适当的靠背可使疲劳降低。

(3)大于 90°的靠背可防止骨盆的旋转，增加坐姿稳定性且使坐姿更接近自然状态。

3)座椅基本分类

(1)以休息为目的的安乐椅。

这类座椅适用于休息室及各种交通运输工具中，如飞机、汽车、火车、轮船中的乘客座椅。设计重点在于使人体得到最大的舒适感，消除身体的紧张与疲劳。合理的设计应使人体的压力感减至最小，如图 6.30、图 6.31 所示。

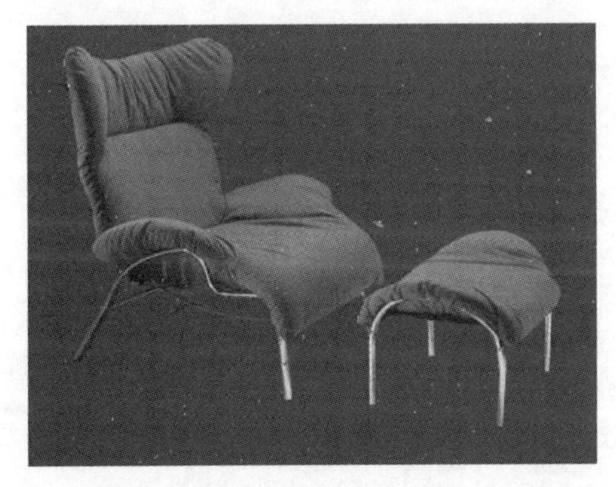

图 6.30　休闲座椅

图 6.31　休闲躺椅

(2)作业场所的工作椅。

这类座椅用于办公室及各种坐姿操作场所。椅子的稳定性作为设计时的主要因素，并且在腰部应有适当的支持，重量要均匀分布于坐垫(或座面)上，同时要适当考虑人体的活动性、操作的灵活性与方便等，如图 6.32、图 6.33 所示。

图 6.32 办公用活动椅

图 6.33 办公用轻便活动椅

(3)多用椅。

这类座椅适用于多种场所,既可就餐时使用,也可作为工作用椅或备用椅,故应便于搬动和堆贮,以多种功能为设计重点。它可能与桌子配合,可能是工作、休息兼用,也可能是作为备用椅折叠收藏起来,如图6.34、6.35所示。

图 6.34 多用途折叠椅

图 6.35 木制折叠椅

4)座椅设计原则

(1)座椅的形式与尺度及其功用有关。

(2)座椅的尺度必须参照人体测量学数据确定。

(3)身体的主要重量应由臀部坐骨结节承担。

(4)座椅前缘处,大腿与椅子之间的压力应尽量减小。

(5)腰椎下部应提供支撑,设置适当的靠背以降低背部紧张度。

(6)椅垫必须有足够的垫料和适当的硬度,使其有助于体重压力均匀地分布于坐骨结节区域。

5)座椅尺寸

(1)座高:休息用安乐椅 38~45 cm,工作椅 43~50 cm。

①适当的座高应使大腿保持水平,小腿垂直,双脚平放于地面。

②座面不能过高,否则小腿悬空时,大腿受椅面前缘压迫,使坐者感到不适,长时间这样坐着血液循环受阻,小腿麻木肿胀。因此,座高一般按低身材人群设计,建议座面前缘比人体膝窝高度低 3~5 cm,且有半径为 2.5~5 cm 的弧度。

③座面亦不能太低，否则腿长的人骨盆后倾，正常的腰椎曲线被拉直，致使腰酸不适。

④当作业面固定时，椅高上限应根据身材较矮的作业者的要求来确定，因为工作椅的高度显然与作业面高度有关，工作椅最好高度可调，以适应不同作业者。

(2)座宽：43～45 cm。

座宽必须能容纳身材粗壮的人。对单人使用的座椅，参考尺寸是臀宽，以女性群体尺寸上限为设计依据；对成排相邻放置的座椅，如剧场观众椅，则座宽应以肘间距的群体上限位为设计基准，以避免拥挤压迫感。座宽亦不能太大，如长时间坐姿作业，双臂应得到应有的支撑，如座宽太大，则肘部必须向两侧伸展以寻求支撑，这样会引起肩部疲劳。

(3)座深：休息用椅 40～43 cm，工作用椅 35～40 cm。

座深指椅面前缘至后缘的距离，该尺寸不能太大。正确的座深应使靠背方便地支持腰椎部位。如座深大于身材矮小者的大腿长(臀部至膝窝距)，座面前缘将压迫膝窝处压力敏感部位，这样若要得到靠背的支持，则必须改变腰部正常曲线；否则，坐者必须向座缘处移动以避免压迫膝窝，却得不到靠背的支持。为适应绝大多数使用者，座深应按较小百分位的群体设计，这样身材矮小者坐着舒适，身体高大的人只要小腿能得到稳定的支持，也不会在大腿部位引起压力疲劳。

(4)座面倾角：休息椅 19°～20°，工作椅小于 3°。

座面倾角指座面与水平面所夹角度。座面后倾的作用有两点：一是由于重力，躯干后移，使背部抵靠椅背，获得支持，可以降低背肌静压；二是防止坐者从座缘滑出座面。后者在振动颠簸的环境中尤为重要，如汽车驾驶用座椅及长途汽车的乘客座椅。休息椅座面倾角大，有利于身心松弛，大座面倾角与靠背倾角构成近于平躺的休息姿势。

对工作座椅而言，因作业空间一般在身体前侧，如座面过分后倾，脊椎因身体前屈作业而会被拉直，破坏正常的腰椎曲线，形成一种费力的姿势，因此倾角不能太大，一般为 3°以下。

(5)靠背角度 ：103°～112°。

靠背角度指座面与靠背的夹角，其作用与座面倾角相似。从脊柱正常形态来看，该角为 115°较为合适。实际应用中，建议取：阅读用椅 101°～104°，休息椅 105°～108°。

(6)扶手高：坐垫有效厚度以上 21～22 cm 。

在不妨碍执行某些特定作业的情况下，一般座椅应考虑设置扶手。扶手的主要功用是使手臂有所依托，减轻手臂下垂重力对肩部的作用，使人体处于较稳定的状态。它也可以作为起身站立或变换坐姿的起点。扶手不能太高，否则迫使肘部抬高，肩部与颈部肌肉拉伸；但如过低则实际上使臂部得不到支撑，或者躯干必须偏斜，以寻求一侧的支撑。

各类座椅、沙发的尺度如图 6.36～图 6.38 所示。

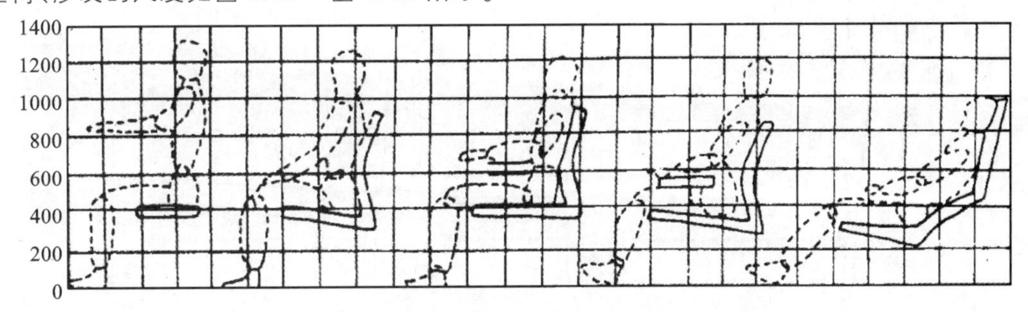

图 6.36　各类座椅的大概尺度/mm

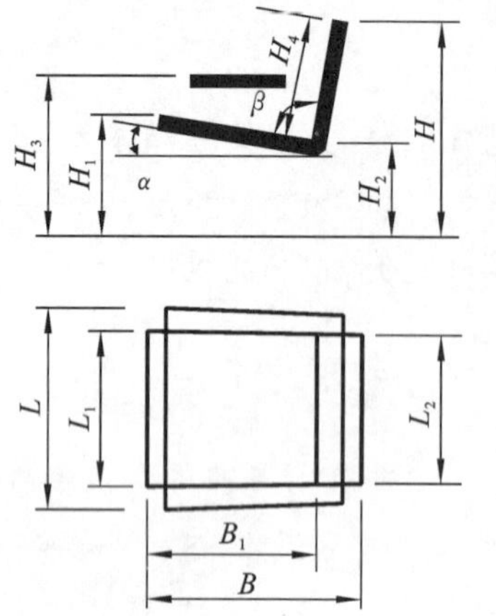

图　　例	部　位	代号	大	中	小
	总　长	L	730	720	700
	座前长	L_1	560	550	530
	座后长	L_2	520	510	490
	总　宽	B	790	770	750
	座面宽	B_1	560	540	520
	总　高	H	820	800	790
	座前高	H_1		380	
	座后高	H_2		320	
	扶手高	H_3		550	
	靠背到座面高	H_4		510	
	座面倾斜度	α	6° 10′	6° 18′	6° 24′
	座面与靠背角度	β	106°	105°	104°

图 6.37　沙发常用部位尺寸/mm

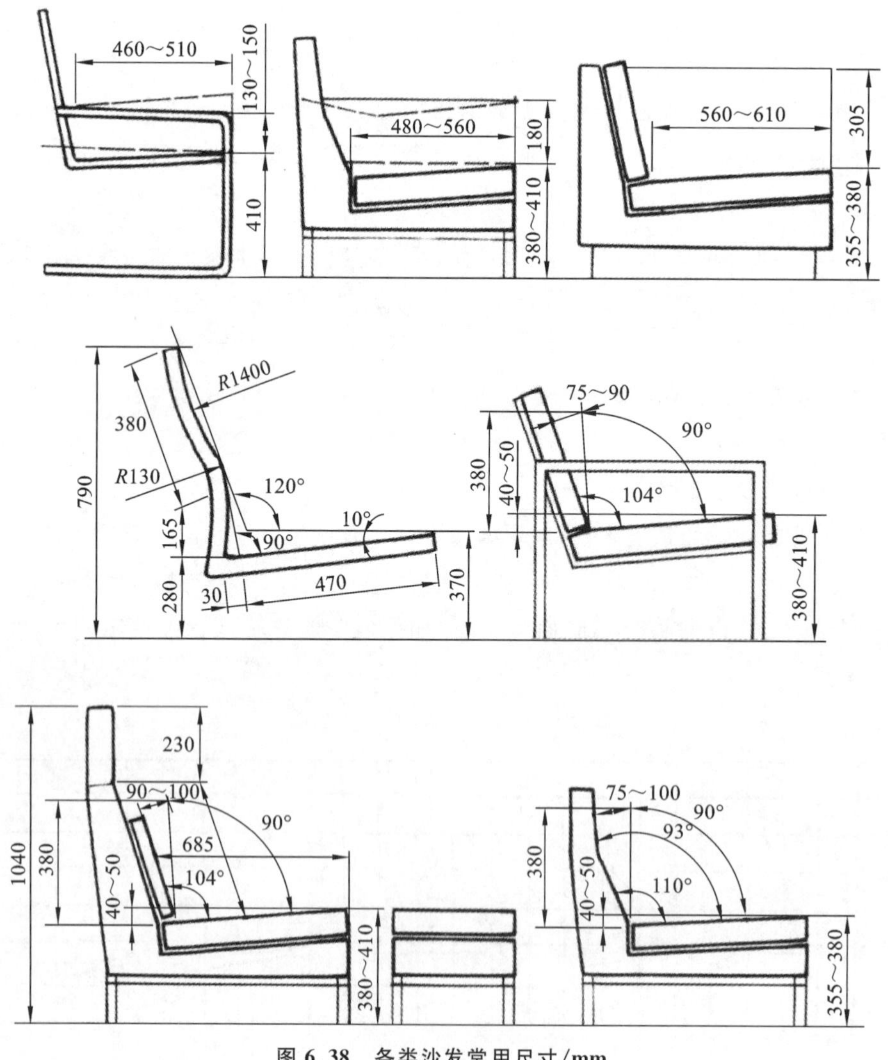

图 6.38　各类沙发常用尺寸/mm

6.3.3 无障碍家具设计

家具的无障碍设计是针对如老年人、行动不便者、肢体残疾人士以及幼儿等特殊人群的设计。要想真正做到家具设计的无障碍性就应消除障碍物和危险物。由于特殊人群生理和心理条件的变化，自身的需求与现实的环境时常产生距离，随之他们的行为与环境的联系就发生了困难，因此正常人可以使用的东西，对他们来说可能成为障碍。所以，作为家具设计者必须树立以人为本的思想，设身处地为特殊人群着想，积极创造适宜的家具设计，以提高他们生活的能力。

在家具无障碍设计中，首先要考虑的因素就是家具的尺度问题(见图 6.39)。由于特殊人群在生理上与心理上有别于正常成年人，为其使用方便，我们在设计中就要充分考虑尺寸的合理性，并应有辅助或保护性的设施。

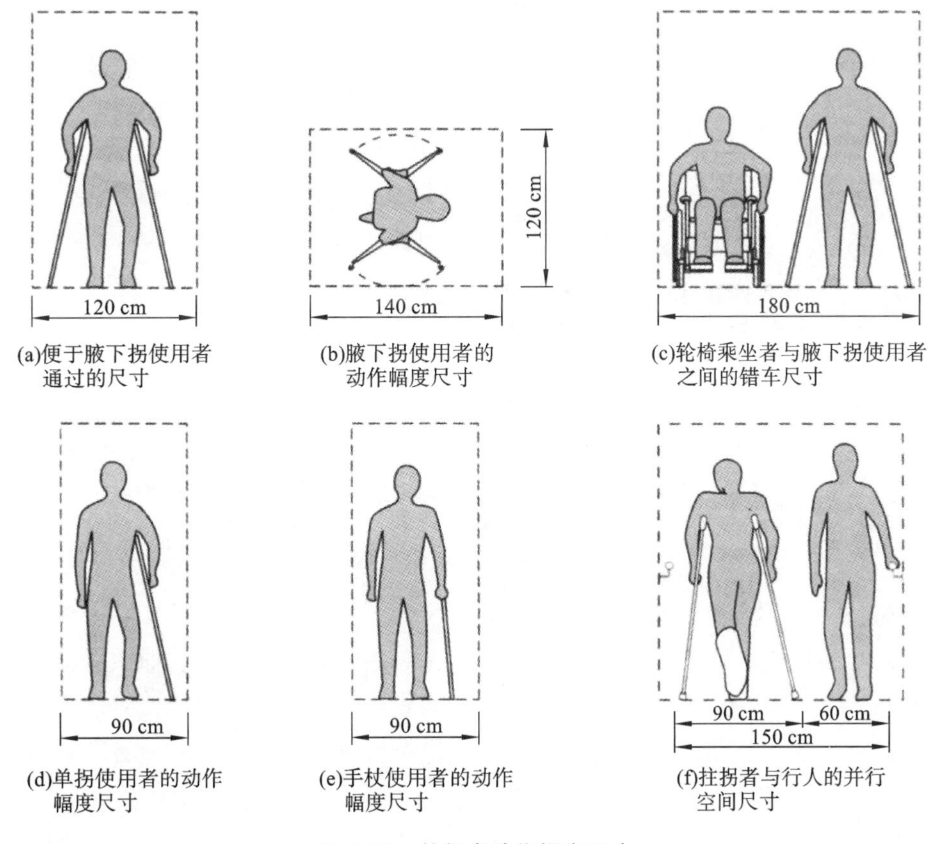

图 6.39　拄拐者动作幅度尺寸

6.3.4 老年人家具设计

家庭用具的设计，首先应当考虑到老年人的要求。尤其是厨房用具、柜橱和卫生设备的设计，照顾老年人的使用是很重要的。

老年人身心机能不健全或者衰退，或感知危险的能力差，即便感觉到了危险，有时也难以快速敏捷地避开，或者因错误的判断而产生危险，致使老年人对外界刺激的反应能力下降，从而反应时间长，动作灵活性降低，协调性差，在室内设计中应考虑到以下因素：

(1)屋里不应有不稳固的家具,如摇摆晃动的椅子。

(2)在走道里不要铺放滑溜或容易绊脚的地面铺设物。地面上的铺设物应该固定,不要铺放那些会因为行走的力量而移动的东西。

(3)屋里的家具或其他东西的摆放以不妨碍老人走路为宜。

(4)在浴盆、淋浴处和抽水马桶边安装可以够得着的把手,铺设防滑地面。

(5)楼梯处、走廊里以及卧室和卫生间里的照明要充足。灯的开关应安在容易够得着的地方。

(6)避免出现门槛和高度的突变,在必须做高差的地方,高度不宜超过 2 cm,并宜用小斜面加以过渡。

老年人一般喜欢较安静的环境,因此室内的门窗、墙壁隔音效果一定要好,以免受外界影响,尽量保持较安静舒适的环境。老人的房间应尽量安排远离客厅和餐厅。

老年人房间的家具造型要端庄、典雅、色彩深沉、图案丰富。老年人多半腿脚不够灵便,许多家庭的老人承担了家中家务的工作,收拾东西在所难免,如果柜子过高一定会给老年人带来不便,所以为了老年人的安全,家里最好不要放置较高大的家具,可以用一些矮柜替代。近年来流行低床,整理床铺时要把腰弯得很低,不适于老年人使用,综合考虑各方因素,老年人使用的床高以 600～650 mm 为宜。

6.4 人机工程学与公共艺术的关系

6.4.1 什么是公共艺术?

何谓“公共艺术”,至今都没有一个公认的定义。本书所论述的“公共艺术”概念既不能简单等同于环境艺术设计、城市雕塑等,也不能与地景艺术等概念相混淆,本书论述的公共艺术的概念是:公共艺术不是一种艺术形式而是设计原则,公共艺术不是流派、不是风格,而是一种设计观念,是市民共有、共享的艺术。公共艺术从其本质和创作的源泉上来看,一开始就带有一种强烈的满足公共需求,体现社会、地域、场所集体精神,表现和探讨公共事务等的目的性。当代公共艺术主要是对公共精神的反映和对公共事务的思考,“公共性”和“参与性”是公共艺术最重要的两个特点。公共艺术往往又是一种过程艺术,它在动态的时间流逝中发现问题,并试图解决问题,尤为突显的是现代公共艺术对于社会问题的揭露和解决。(见图 6.40)

公共艺术是观念艺术,它并不仅仅是创造一个个具体的形象,也不是对公共空间单纯的视觉装饰,公共艺术的目的还在于传达思想、追求社会意义。它的出现与经济发展、消费文化的出现,以及艺术发展的多元化、艺术表现的通俗性分不开。它与陈列的地点的环境融为一体,因时间、地点的转化而发生意义的改变。由于公共空间具有不可回避性,放置在其中的公共艺术作品具有强制欣赏的特点。(见图 6.41)

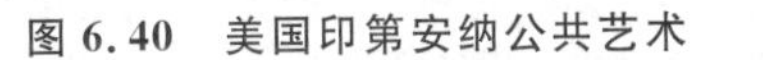

图 6.40　美国印第安纳公共艺术

图 6.41　淮北市中泰广场“爱园”雕塑《母与子》——韩美林

6.4.2　公共艺术的尺度与人机关系

公共艺术的人机关系包括比例和尺度两方面的内容。

由于公共艺术出现在人们常态的生活环境里，具有“强制观看”的特性，不管你喜欢与否，它都出现在你的视野中，都会对观者产生一定的影响，所以，公共艺术设计必须考虑作品的比例与周围物、与环境的关系，同时也需要照顾人的生理和心理尺度。（见图 6.42）

公共艺术的比例和尺度包含两方面的内容，即实际的艺术作品的比例与公共艺术中公共精神的尺度。其中，比例主要与实际设计作品相关；尺度则更多地与人们的心理相关，即作品是否真正作为人们精神的代言者，是否正确表达某一地区人们的心理状态。（见图 6.43）

图 6.42　罗伯特·史密斯森利用自然材料创作的《螺旋形防波堤》

图 6.43　武汉市江汉路公共艺术

1. 比例

比例是指公共艺术设计中相对的度量关系，是物与物、物与环境之间的比例关系，是空间各个部分相对的尺度。合乎比例和满足尺度是公共艺术设计中形式美的理性表达，是合乎逻辑的显现。

公共艺术的比例是指作品在空间中所占比例，即以普通人的感官适应力为基础，加之艺术的表达方式，在空间中占有适当的空间。同时，比例还要与环境相协调，狭窄的空间放置过大的公共艺术品或者空旷的空间放置体量较小的公共艺术品，不仅不合乎美感，也会造成心理上的紧张或悲凉之感。比如：我国某一时期的公共艺术在一定程度上模仿苏联，一味地追求雄伟、壮阔、英雄式的美感；改革开放后一段时间流行体积庞大、表意不清的不锈钢雕塑作品，不但与环境相脱节，也不能代表公众的公共精神，最后沦为城市的“鸡肋”。（见图 6.44）

考尔德创作的 15.9 m 高的《火烈鸟》以抽象的形态、鲜艳的色彩出现在钢筋水泥的拉德芳斯新区，试想倘若将作品的大小缩小一半，那么作品在众多的幕墙建筑中很难被发现，更不要说营建一个以此雕塑为中心的，暂时让人忘却大城市的忙碌的，“偷得浮生半日闲”的场所了。（见图 6.45）

图 6.44　城市随处可见的语焉不详的巨大不锈钢雕塑

图 6.45　《火烈鸟》——亚历山大·考尔德

2. 尺度

尺度是公共艺术设计局部与整体的可变要素与不可变要素的对比关系，是物与人建立起的一种紧密和依赖的情感关系，其目的是使空间更加实用、美观、舒适，所以尺度的合理性还和人的情感有关。尺度可以随着人们的情感、审美要求的变化而变化，要合乎当地大多数使用者的心理尺度关系。

尺度包括相对尺度和绝对尺度，绝对尺度是指物体的实际空间尺寸，相对尺度是指人的心理尺度，体现人的心理知觉在空间尺度中得到的感受，并通过尺度的对比和协调来获得心理的满足感。

在公共艺术中，合理的尺度就是人的尺度，尤其是普通大众的生理、心理尺度。“或者可以说，在公共艺术中，自然的、平民化的、与人的视觉和心理感受无冲突的艺术形式，就是普通市民的公共纪念碑。”（见图 6.46）

对于城市公共艺术，合理的心理尺度是我们的设计出发点之一，尤其是在中国城市化进程加快的今天，如何使大众的精神生活和物质生活达到同步，什么样的公共文化才能代表这一地区的普通人，是艺术在寻求本土化解决途径中遇到的首要问题。（见图 6.47）同时，不可否认的是公共艺术具有教化和宣传的作用，它在既定的人群活动范围里出现，也有助于帮助这一群体了解或形成本土文化，尤其是在居住环境改变的今天，它对于社区文化的形成和表达具有重要意义。（见图 6.48）反之，当下流行的伪罗马的雕塑和不知姓名的社区雕塑或设施，不仅降低了社区的文化氛围，也不能形成有效的室外沟通场所，改变了“远亲不如近邻”的生活方式。

图 6.46 《深圳人的一天——中学生》

图 6.47 《衣夹》——奥登伯格

图 6.48 超大尺度的《樱桃与汤勺》——奥登伯格

第7章

人机工程学的设计专题

RENJI GONGCHENGXUE DE SHEJI ZHUANTI

学习目标

人机工程学课程是一门多学科交叉的边缘性、综合性很强的课程，其内容以人机工程学基本理论及研究方法为核心，以实践应用为目标，理论和应用必须结合。结合前面章节理论的学习，通过本章的设计专题，让学生在实践中掌握人机工程学的理论基础，并能清晰地整合人机问题，创造性地提出解决方案。

本章突出设计主线，围绕设计课题来组织教学，针对以专题设计为核心，着重讲述人体测量数据、人的生理和心理特性、动作的研究、环境的影响在产品设计中的具体应用，并尽可能地阐明问题最原始的出发点及其应用的可能性和局限性，培养学生的设计实践能力，把人机分析的观念深深植入学生的设计思维当中。

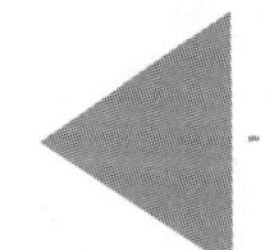

7.1 为坐而设计

坐是人类最自然的行为，坐的行为产生了对座椅的需求，座椅是和人机工程学关系最密切的产品之一。座椅的设计关系到人的生理舒适性、心理感受和人与人之间的交往，有着非常重要的意义。本节以"坐"的行为方式为核心进行实验性设计研究，从"坐"的行为、"坐"的方式、"坐"的环境、"坐"的文化、"坐"的审美等方面，对特定或预想的生活、工作、娱乐、休闲环境下，人们行为方式与设计的关系进行探讨。

人站久了，走累了，会本能地坐下来，很多动物也有类似坐的行为。坐下来人们会感到省力、放松，觉得舒服，从能量消耗的角度来看，坐着比站着的能耗约节省一半。当站立时，人体的足踝、膝部、臀部和脊椎等关节部位的肌肉处于静态施力状态。坐姿比站立更有利于血液循环，站立时，血液和体液会向下肢积蓄；而坐着时，肌肉组织松弛，使腿部血液流回心脏的阻力减小。坐得好不仅可以提高工作效率，延缓疲劳或恢复体力，还可以促进人与人之间的沟通，改善人际关系。

人类坐的形式主要有两种：垂足坐和席地坐。目前全世界大部分的人都采用垂足坐，在正式场合更是如此。人类的行为导致了器物的产生，垂足坐的行为的存在产生了对座椅的需求。关于坐和座椅的问题，是一个非常典型的人机问题。所以在本章第一节中，首先将围绕坐和座椅的内容展开，作为人机关系的综合实例进行较为详细的介绍。

座椅从古埃及发明至今已有几千年的历史了。虽然发明座椅的最初目的不是使用，但随着座椅使用的增多，其支撑身体的实用功能逐渐被大家所接受，并成为座椅的最基本功能，这自然关系到坐的生理问题。

7.1.1 坐的生理因素

随着工作方式和条件的改善，现代人坐的时间越来越长了，随之而来的是逐渐增高的腰肌劳损、脊椎病和椎间盘突出等的发病率，同时病人有明显的年轻化趋势，这些现象都与坐的行为和座椅的设计有关。与人类坐的行为相关的生理因素主要有以下三个方面：

1. 坐姿对脊柱的影响

人体脊柱由 7 块颈椎、12 块胸椎、5 块腰椎和骶骨组成，在两块脊椎骨之间的软组织是椎间盘，椎间盘承受着上下脊柱的压力，同时使整个脊柱具有可变性。图 7.1 所示的是正常人体的脊柱侧视图，这是脊柱的自然状态，此时椎间盘所受的压力和脊柱各区段的静态负荷处于最佳状态。

人从立姿转向坐姿时，脊柱的状态会发生很大的变化。图 7.2 所示为立姿和坐姿两种人体姿势下脊柱的变形情况示意图。从图中我们可以看出，脊柱的变形主要发生在腰椎处，腰椎部位由立姿时的前凸变为坐姿时的后凸，腰椎的后凸直接导致椎间盘所承受的压力增加。

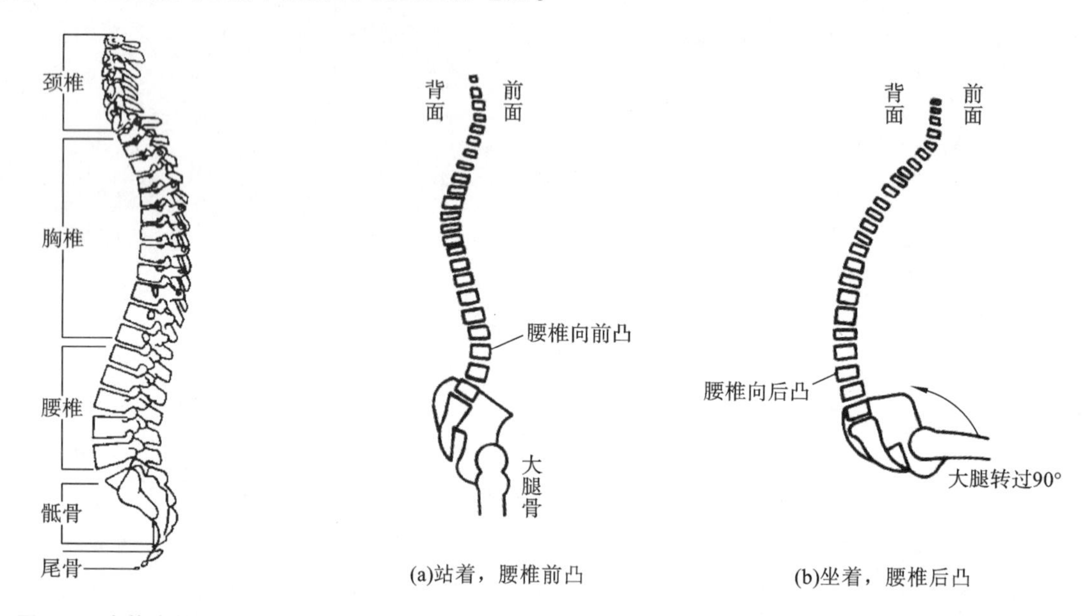

图 7.1　人体脊柱图

图 7.2　立姿与坐姿时的脊柱变化

通常人们都认为，人在坐着的时候一定比站立的时候舒服，但实际上这是个极大的错误。人在站立的时候，其脊柱呈“S”形，保持内脏的平衡，其上身是最舒服的一种姿态；而人在坐着的时候，骨盆必须向后方回转，使得脊柱就不能保持“S”形了，而成拱状，内脏也不能保持平衡，这时和动物的姿态没有什么区别，所以坐久了，人就会感到很累，尤其是腰酸背痛的问题很明显。

坐姿对腰椎的压力比站姿要大很多，瑞典人机工程学专家纳盖姆松曾经做过一个实验。他以体重 70 kg 的人为实验对象，测定其第三节腰椎在不同情况下所承受的压力，所测得的结果如下：躺着——1.2 kgf/cm^2（1 kgf/cm^2＝98 066.5 Pa），站立——2.3 kgf/cm^2，盘腿坐——5.3～5.8 kgf/cm^2。

所以说，坐着时下肢是舒服的，上身却是不自然的，站立时下肢是疲劳的，但上身却是自然的，人站久了下肢需要得到休息，即需要坐。为了解决坐姿脊柱的这个问题，在人机工程学中提出靠腰设计的解决方案，即在腰部提供一个支撑以减少脊柱往后凸时的变形，称为直腰坐姿设计原则。

2. 坐姿对背肌的影响

坐的行为的第二个方面的研究来源于对坐姿肌肉负荷的研究，在人体中，与坐的行为有关的肌肉有很多，其中关系最密切的是背肌。

脊柱的每节脊椎骨之间都有韧带和肌肉相连，并借助背肌的作用力使脊柱定位。在背部没有依靠的情况下，背部肌肉力量维持着上身的平衡稳定。人坐着开始打瞌睡时，上身就会失去稳定，这正是背肌在睡觉时不自觉地松弛下来引起的，这个例子很好地说明了背肌的作用。

对背部肌肉来说，直腰坐的肌肉负荷明显比放松坐要大，放松坐是一种轻松的坐姿，直腰坐是一种肌肉静态施力状态，容易引起肌肉疲劳。所以，多数情况下，人们会采用放松的坐姿，而直腰坐只能保持一段时间(见图 7.3)。

我们很多人可能还记得读小学时的情形，老师会要求我们上课时小手放好，背部挺直，甚至还以坐的姿势端正作为好学生的标准。现在看来，这种要求是违背人的生理规律的，如果长期这样要求，对孩子的成长非常不利。

3. 坐姿的体压分布

坐姿下，臀部、大腿等部位会受到压力，压力的分布关系到坐姿的舒适性。适当的坐姿可使体压分布合理，臀部和大腿部的合理的压力分布可使人体大部分重量由骨盆下的两块坐骨结节承受，从而使肌肉不会受到太大的压迫。

人体骨盆下部两个突出的坐骨粗大坚实，坐骨处局部的皮肤也很厚，这是人类为适应坐的行为而不断进化的结果。由坐骨部位承受坐姿下较大部分的体压，比体压均匀地分布于臀部更加合理，但坐骨下的压力过于集中，会阻碍此处的血液循环，压迫神经末梢，时间长了，容易引起麻木与疼痛。影响椅面上臀部与大腿体压的主要因素有座面的软硬、座高、座深、椅面倾角等几个方面。

人坐在硬椅面上时，上身重量约有 75% 集中在左右两个坐骨结节区域，这样的体压分布过于集中，坐久了容易使人感觉不舒服。在硬椅面上加一层一定厚度的软垫，可以改善这种情境，坐骨结节区域的压力峰值将明显下降。但过于松软的座面，会使臀部与大腿的肌肉受压面积加大，增加身体的不稳定性，而且也不易改变坐姿，容易引起疲劳。

坐姿下臀部、大腿部体压适宜的等压线分布大致如图 7.4 所示。坐骨结节下承受的压力最大，沿它的四周压力逐渐减小，在臀部外围和大腿前部只有微小的压力。

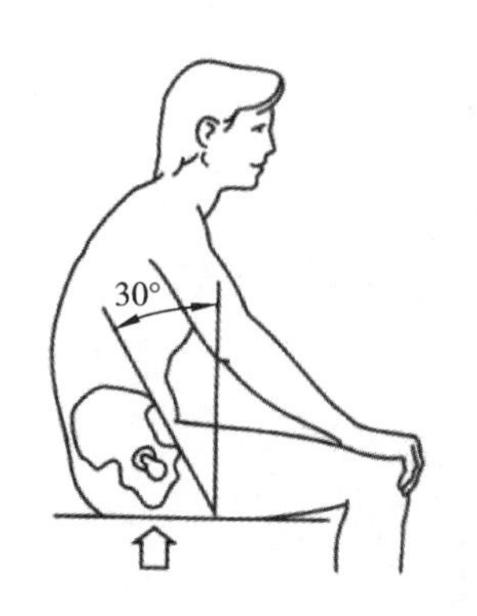

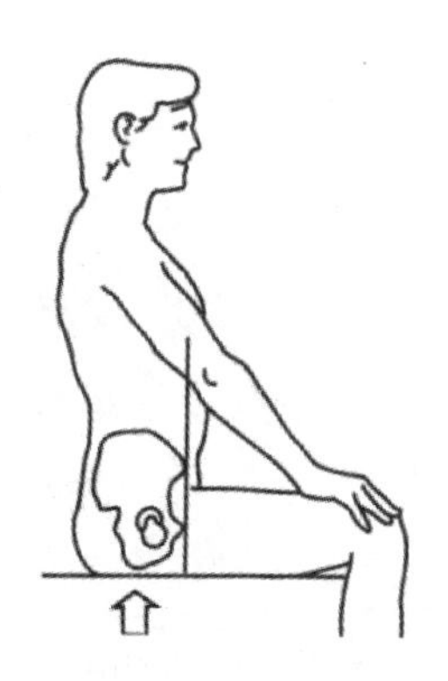

图 7.3　放松坐(左)与直腰坐(右)的对比

图 7.4　体压分布曲线

座高也会明显地影响体压分布。当座高小于人体膝盖下部的高度时，臀部承压的面积小，坐骨下的压力过于集中，时间长了会引起不舒服；而当座高大于人体膝盖下部的高度时，因小腿不能在地面上获得充分支撑，导致大腿与椅面前缘间的压力增大，影响血液流通，同样会产生不舒服的感觉。所以一般来说，座面高度与坐姿人体尺寸中的“小腿加足高”接近或稍小时，有利于获得合理的椅面体压分布。

座深的不同会影响大腿部位对人体上身重量的支撑，从而影响体压的分布。此外，椅面的倾角对体压的分布也有影响，但这种影响与坐姿有关，同样的椅面倾角下，采取前倾坐姿或采取后仰坐姿，影响都不相同。

上面讲述了与坐的行为相关的生理因素，这是我们进行坐具设计的基础。从前面的分析中，可以看到脊柱的直腰坐原则和肌肉的放松坐原则存在相互矛盾的地方，在座椅设计中，应该通过合理的靠背设计，使就座者的脊柱接近于正常的自然弯曲状态，以减少腰椎的负荷与腰背部肌肉的负荷。

人们的坐姿并不是一成不变的,人坐在座椅前部、中间和后部的比例不同,而且使用靠背的情况也不同,这表明使用者不一定会按照设计师的设计使用座椅,因此,分析坐的行为是座椅设计的前提,设计坐的器具其实质是在设计坐的方式。

事实上,座椅的设计无论怎么合理,坐的时间长了,也会产生不舒适的感觉,需要活动一下身体,使人体各部分的状况有所改变,我们在坐的过程中翘"二郎腿"就是这个原因。所以,著名设计师普罗斯曾断言:世界上真正具有良好功能的十全十美的椅子是没有的。这是因为无论我们怎么坐,总有一部分肌肉处于紧张状态,存在静态施力,需要得到休息。这也要求我们在设计座椅时,尽量考虑座椅的某些部位可以调节,以适应人体的不同姿势。

7.1.2 座椅设计

人类坐的行为所产生的器具就是"坐具",坐具是对所有具有坐的功能的物件的总称,座椅则是相对比较正式的坐具。座椅作为一个和我们日常生活、工作关系非常密切的产品,是运用人机工程学的一个典型案例,前面章节中提到的大部分人机问题,都能够在座椅设计中得到体现。

我们再一次回忆一下小学时的情形——一年级的时候,由于椅子和课桌很高,我们都有点够不着,但是当我们读到高年级的时候,又觉得课桌椅太矮了,用着很累。这在早些年是一个很普遍的现象,而现在这种情况在很多不发达地区也大量存在。这种情况对儿童身心健康来说,极为不利。中国是世界上学龄儿童近视眼发病率最高的国家之一,脊柱侧弯的比例也很高,这绝非偶然现象,不合理的课桌椅设计,是造成这一后果的重要原因。而且当椅子的尺寸和形状不合适时,人坐在上面就会无意识地活动,不能专心地学习,也会影响学生的学习效果。座椅的设计,与使用者的健康有着很大的关系,调查表明,一些腰肌劳损、腰椎问题等身体疾病与设计欠佳的座椅和不良坐姿有关,而不合理的座椅设计是形成不良坐姿的重要因素之一。所以座椅的设计,必须引起我们的高度重视。

1. 座椅设计的要素

不同功能的座椅,需要考虑的因素和设计的侧重点是不一样的。座椅根据使用功能,可以分成三类:

工作椅:如汽车驾驶员座椅、办公座椅、课桌椅等,这类座椅必须根据工作要求进行设计,除了从舒适性方面考虑外,更要从健康和工作效能的角度加以考虑,如图 7.5 所示。

休息椅:如沙发、躺椅等,设计这类座椅要突出舒适性,使人坐在上面姿势自然、轻松、舒服,得到很好的休息,如图 7.6 所示。

图 7.5 工作椅

图 7.6 休息椅

多功能椅：如餐厅、会议室等使用的座椅，设计这类座椅要突出通用性，使其能够适应多种功能的需要，如图 7.7 所示。

这三类座椅当中，与人的健康关系最密切的是工作椅，因为人们坐在上面的时间最长，我们这里的探讨也以工作椅为主。

座椅根据功能的不同，形态、结构也有很大的差异，其与人体相关的基本构成元素包括座面、靠背、扶手等几个部分，也有的座椅包含了靠脚等附属部件。

1）座面

座面是座椅最重要的部件，一个座椅可以没有靠背、扶手，但是绝对不能没有座面，否则就构不成一个座椅。与座面相关的问题我们前面也有提及，主要包括座面的高度、角度、深度、形状、材质等因素。

（1）座高。

座面高度一般指座位椅面至地面的高度，如果座位上放置衬垫，应以人就座时坐垫面至地面的距离作为座位高度。确定座高时应以坐姿"小腿加足高"作为参照，一般是把座高设计得比这个数值略低一点，这样可以避免就座者的大腿紧压在椅面前缘上，甚至腿短的人坐着时脚碰不到地面的情况。

根据我国人体尺寸的大致情况，中国男女通用的工作椅座高尺寸的调节范围为 350 mm～460 mm，如果座高不能调节，那么设计成 400 mm 相对是比较合适的。

需要指出的是，工作座椅的座高应该与工作的台面或桌面的高度联系起来，工作椅座面的最佳高度只能根据工作面的高度来决定。

非工作椅的座高应适合其自身的使用特点，与工作椅的要求不尽相同。大部分非工作椅为了坐姿的舒适性，就座时小腿是往前伸出而不是垂直于地面的，因此座高应该比工作椅低一些。但座高过低，会使人特别是老年人站立起来困难，必要时应予以考虑。

（2）座面倾角。

座面倾角指座面与水平面之间的夹角。在工作椅的设计中，通常会将座面略为后倾，这有两个好处，一是可使就座者的腰背比较自然地靠在座椅靠背上；二是可以防止坐着的人向后靠时臀部向前滑动。一般办公椅的座面倾角可在 0°～5°之间，通常是 3°～4°采用得比较多。对于休息用椅来说，座面倾角可以大一些，这样可以使人坐在休息椅上时，上身自然地后倚在靠背上，背部放松，身体稳定舒适。

很多办公室工作诸如书写、打字等需要上身采取一定的前倾姿势，此时若工作椅后倾角大于 3°，从事桌面作业时，就会使就座者腰椎段后凸加大，容易引起腰部的不适感，同时压迫腹部内脏。由于身体前倾时上身重心的前移，会增加大腿负荷面前缘的压力，所以这种姿势时间久了就会引起大腿痛感。

所以，现在一些人主张将办公椅的座面设计成前倾，这种设计可以明显地改善工作时脊椎的变形和背肌的拉伸以及臀部和大腿的体压分布。但人坐在这样的椅子上有一种往下滑的趋势，身体的前倾也会增加小腿和足部的负荷，解决这个问题的方法是增加一个带软垫的"膝靠"，对人的膝部进行支撑，如图 7.8 所示。

应该说，座面前倾和后倾各有优缺点，若能把座面设计成前、后倾角可以调节的式样，就能兼顾两者的优点。同时座椅倾角的设计应该结合工作面的情况进行，一个前倾的座椅应该与一个向后倾斜的工作面相匹配。

（3）座深

座深是指座面前缘与靠背之间的距离。合理的座深可以使人的臀部和大腿获得很好的支撑，腰背能很自然地倚在靠背上，座面前缘也不会碰到小腿。座深过大，导致一些人坐上去无法有效地靠到靠背，使人产生一种不自然的感觉，导致脊椎上的压力增加（见图 7.9）；座深过浅，就会使腿长的人在就座时，大腿过于伸出椅面，减小了坐姿变换余地，并且前臂也不便于利用座椅扶手进行休息。

图 7.7　多功能椅

图 7.8　前倾带膝靠的工作椅

工作椅座深设计的要点首先是座面有必要的支撑面积，臀部边缘及大腿在椅面获得的“弹性支撑”能够辅助上身的稳定，减小背肌负担；其次是在膝部内侧不受压的情况下，腰背部容易获得腰靠的支撑。一般根据中国人的人体测量情况，可认为座深在 370 mm～410 mm 之间是比较合理的，但是不同功能的座椅的座深相差很大。人对座深有较好的适应性，一般来说，休息椅的座深可以比办公椅大些。

(4)座宽。

座宽与座深不同，需要考虑大个子的身体尺寸，单人用椅的座宽宜略大于人体水平尺寸中的“坐姿臀宽”。与设计相关的大部分高百分位数据都取自男性，但对臀宽来说，女性的该项尺寸大于男性，因此通用座椅的座宽应以女子坐姿臀宽的第 95 百分位数作为设计依据，再适当增加穿衣修正量。中国女性的该数据为 382 mm，加上衣着及两侧的预留，座宽值大致在 420 mm 左右。对于带扶手的座椅，这一数据还需要加大。但座宽也不能太大，否则两侧的扶手就不能给就座者提供确定的位置，使就座者有一种“不着边”的感觉(见图 7.10)。

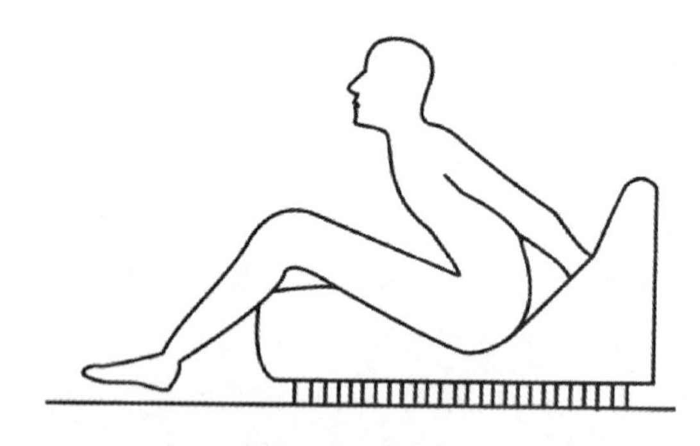

图 7.9　座深过大

图 7.10　座宽过小(左)与过大(右)的情况

对于紧挨着的成排的座椅，单人座宽应大于人体水平尺寸中的“坐姿两肘间宽”，并增加穿衣修正量，这是为了避免并排的就座者彼此的两臂互相碰撞干扰(见图 7.11)。这一要求适用于学校、电影院里的座椅，也适用于公园里没有隔断的长条休闲椅以及体育场看台座位等。

(5)座面形状。

座面的形状除了美学的因素之外，与坐的舒适性也有很大的关系，座面前缘形成圆角，可以改善腿部与座面的贴合；俯视图为圆形或带大圆角的座面可以避免与人产生磕碰。有的座面被设计成凹弧形，使其与人的臀部形状较为一致，但研究表明，凹弧形的高度差过大，人坐在这样的座面上时，股骨两侧会被往上推移，使髋部肌肉受到挤压，造成不适，同时这种座面也不方便人改变坐姿，所以还是接近平面的椅面比较好。

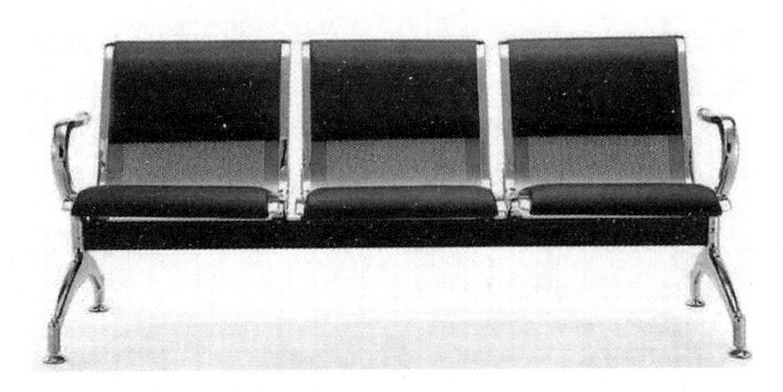

图 7.11　并排座椅

(6)座面材质

除了上面讲到的因素之外,座面的材质也是需要考虑的。一般来说,座面材质的特性包括以下两个方面的要素:座面的软硬性能和对皮肤的生理舒适性。

过硬或过软的座面都会使人感觉不舒服,对前者我们体会颇深,对后者我们却容易忽视或误解(见图 7.12)。过软的座面会在人体的压力之下发生很大的变形,引起人体的不适,其原因有以下几个方面:

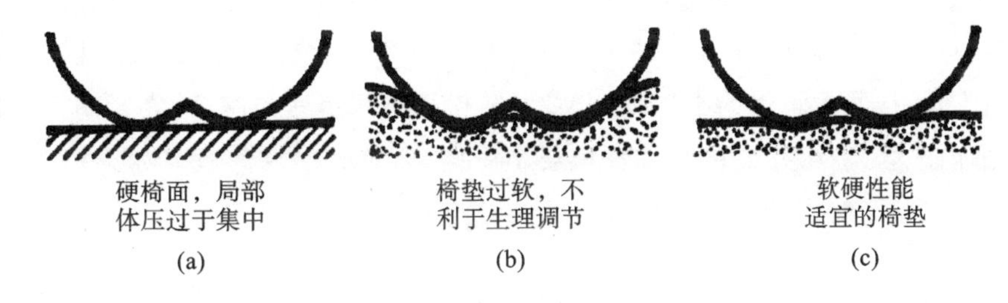

图 7.12　人坐在软硬不同的座面上的情况

一是人体和座面的接触面上体压过于均匀,使人体的臀部、大腿等部位都承受了较大的压力,而这当中的一部分组织却不适宜承受较大压力;

二是不能通过改变坐姿体位进行生理调节;

三是过软的座面使人体处于一种类似于"悬浮"的状态,从而产生不稳定的感觉,为了保持体位,人体会不自觉地保持一种紧张的姿势,导致疲劳;

四是过软的座面在一定程度上还会使大脑反应迟钝,影响人的思考。

因此,能缓解局部体压过于集中,能适当增大与人体的接触面积,同时又不形成对人体轮廓的"包裹"状态,才是比较好的座面。在一些较高级的汽车中,座椅被设计成压力大的部分硬度高,压力小的部分硬度低,这样更合理、更舒适。

座面材质还与就座者皮肤的生理舒适性有关,主要包括皮肤触感和座面的微气候条件两个方面。皮肤的触感取决于座面材料的材质和纺织制作工艺,座面保持柔软、温暖、粗糙才是较理想的。座面的微气候是指就座者的人体(含衣着)与座面之间形成的湿度、温度状况。优良的座面应避免与人体接触部位湿度的局部攀升,保持皮肤的干爽,因此要求有良好的透气性;同时座面保温性能应该适当,不宜过强或过弱。

2)靠背

靠背也是座椅的重要组成部分,靠背体现了座椅的休息功能,关于靠背的设计主要有靠背高度、角度、形状、材质等因素,这些因素关系到坐姿脊柱形态、座面和背部的体压、背肌的紧张度等问题,是座椅人机工程设计的重要内容。

(1)靠背高度。

座椅中靠背的高度大致有三种情况:低靠背座椅、中靠背座椅和高靠背座椅。靠背越高,对脊椎的支持也越大,靠背所支持的身体重量也越大。

低靠背座椅主要为就座者提供腰部支撑,靠背以腰靠的形式出现,它的好处是可以让肩部和手臂有更大的活动空间。对腰的支持必须准确地支撑在以第三、第四腰椎为中心的位置上(大约在一般人系腰带的位置),应该把这个位置作为腰靠中点的高度。对于工作椅来说,靠背的功能要点,主要不是支撑就座者后倚时的上身体重,而是维持脊柱的良好形态,因而腰靠显得尤为重要。

中靠背座椅可以支持人体背的上部以及肩部区域,比较高的提供肩靠,躯干的重心大约在人体第八胸椎骨的高度,宜以此位置为中心对就座者提供倚靠。中靠背有利于支持整个身体,对身体放松较有利。

高靠背座椅提供头枕,能够支持整个头部和颈部,使人可以得到充分休息,汽车座椅上的头枕能够对人体的头部和颈部提供一定的保护。头枕对头部的支撑位置应该在颈椎之上、后脑勺的下部,但这个位置的高度因人的身材高矮的不同有较大的差异,因此固定高度的头枕的通用性很小。

座椅靠背的这三种分类是相对的,并不是很严格,也有人将提供肩靠的座椅称为高靠背座椅,将提供头枕的座椅称为全靠背座椅。对于理想的座椅来说,靠背的高度最好能够调节。

(2)靠背角。

靠背角指的是靠背与座面之间的夹角。靠背角的大小对坐姿和脊柱、背肌的负荷程度有重要影响。一般来说随着靠背角的增大,腰椎间盘承受的压力降低,背肌放松。不同用途的座椅,靠背角大小应该有所不同,一般在90°～130°的范围内选取,例如办公椅的靠背角要小一些,以105°左右为宜。如果椅背与垂直面的夹角大于30°,座椅上方应增加靠垫,用来枕头,否则后靠时头部缺乏支撑。

(3)靠背形状。

靠背形状的设计原则是要与脊柱的自然弯曲状态相适应。脊柱腰椎段是承受上身体重最关键的部位,它在自然状态时向前弯凸,靠背应在这个部位适度隆起,使人后靠在上面时能与腰椎段的自然弯曲形状相吻合。对高靠背座椅来说,靠背的形状必须能够对肩背部提供足够的支撑。只要能在关键的几个位置提供较好的支撑,相对来说,靠背形状的设计有较大的自由度。

3)扶手

扶手主要用来放置手臂,也可以用来支持身体,人在入座和起立时,有扶手支撑比较省力。扶手的问题,主要是其高度的设置。对于带扶手的座椅,扶手高度若明显高于坐姿人体尺寸中的“坐姿肘高”,则扶手通过上臂将肩部抬高,这种耸肩的姿势使肩部肌肉紧张,时间长了,就会使人感到酸痛,所以是不适宜的(见图7.13)。适宜的扶手高度是略低于“坐姿肘高”。

扶手对工作椅而言并非必需的,但是越来越多的人使用计算机时,希望手臂能被支撑,所以建议以计算机工作为主的工作椅应该设计扶手,但扶手会阻碍人的活动这一点必须注意。另外,前面已经说过,带扶手的座椅,座宽要适当增加,以增强通用性。

2. 根据人的生理特点进行座椅设计的主要步骤

在分析了座椅设计的相关要素之后,我们就可以展开座椅设计了,根据人的生理特点进行座椅设计大致可以分为以下几个阶段。

1)坐的行为分析

坐具设计的实质是坐姿设计,当人需要坐着从事某项活动或进行某种形式的休息时,坐具为这一坐姿提供支撑。因而在进行座椅设计之前,我们必须明确座椅所需要承载的功能。人是在何种情况下以何种形式与座椅发生关系?整个坐的过程如何?这些都需要我们仔细考察。进行坐的行为分析是设计座椅的前提。作业内容、时间、变换姿态的可能等决定了坐具的形式、大小、高低、舒适程度等座椅设计的参数。

2)选择支撑部位

座椅为人坐的行为提供了支撑,因而支撑部位是首先需要考虑的。臀部是最基本的支撑面(受力点在坐骨结节处);腰部支撑使人坐得更稳定舒适。通常臀部和腰部的支撑构成了最精简的支撑单元;大面积的背部支撑可缓解背肌的紧张程度,使人更舒适,对长时间使用的坐具是需要的;大腿也能起到一定的支撑作用。运动物体内的座椅应设有颈部支撑(以防止冲击造成的损伤),在这一点上,有时候舒适性与安全性之间有一定的矛盾,很多大客车座椅的头枕较高,一般人坐着时刚好顶在后脑勺处,导致人的头部不能后仰,带来不舒服,但在发生诸如汽车追尾等事故时,这样的头枕能够起到很好的支撑作用,从而保护头颈(见图7.14)。通常支撑部位少、面积小,能给人提供更多的活动余地。

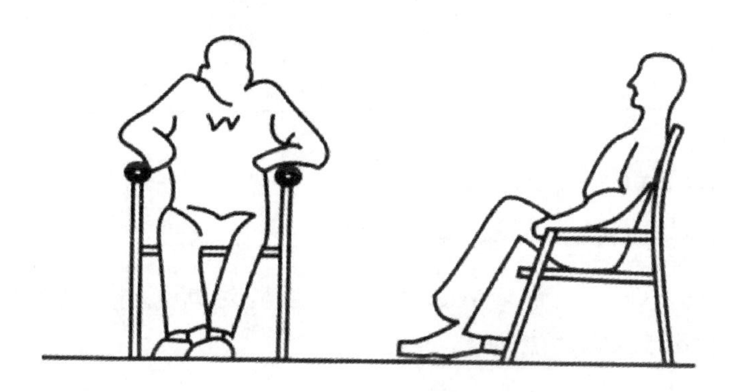

图7.13 扶手过高(左)与过低(右)的情况

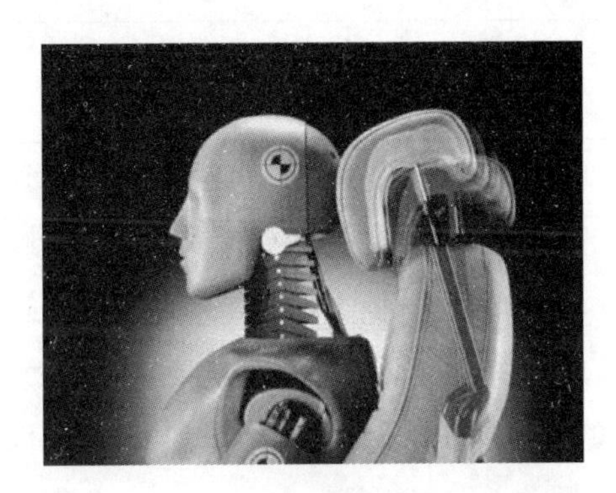

图7.14 汽车头枕

3)确定尺寸

座椅的尺寸首先要根据人体的测量尺寸来确定,同时不同的用途对座椅尺寸有不同的要求,有的很严格(如飞机、汽车等),有些则比较宽松(如沙发等),要根据具体的需要来确定。另外,座椅的尺寸要与桌子、操纵台等进行配合,考虑包容性与可及性的问题,同时适当考虑座椅尺寸的可调节性,以扩大座椅的适用范围。

4)设计支撑面

座椅需要的支撑面由支撑部位所决定,对一个座椅来说,座面的支撑是必需的,靠背和扶手的支撑则是辅助的。座椅支撑面的形状、大小、材质对其舒适程度影响很大,尤其是侧面的形状,这个我们在前面已经进行过较详细的分析。

对于许多人来说,座椅是与日常的生活、工作关系最密切的物品。目前,大多数办公室工作人员、脑力劳动者、部分体力劳动者都采用坐姿工作。随着技术的进步,越来越多的体力劳动者也将采用坐姿工作,因而座椅的舒适性显得尤为重要,设计舒适的座椅一直是人们的不懈追求(见表7.1)。

表7.1 最舒适椅子的各项参数数值建议

单位:cm

名称	驾驶员座椅类别				乘客座椅类别	
	轿车	轻型货车	中型货车(长头)	载重货车(平头)	汽车[①]	高速运输机
椅面高	30~34	34~38	40~47	43~50	48—45—44	38.1
椅面宽	48~52	48~52	48~52	48~52	(44~45)—(47~48)—(49~55)	50.8
椅面深	40~42	40~42	40~42	40~42	40~45	43.2

续表

名　称	驾驶员座椅类别				乘客座椅类别	
	轿车	轻型货车	中型货车（长头）	载重货车（平头）	汽车①	高速运输机
椅面后倾角	12°	10°	9°	7°	6°～7°	7°②
靠背高	45～50	45～50	45～50	45～50	53～56	96.5
靠背宽	一般同椅面宽					55.4
靠背倾角	100°	98°	96°	92°	105°—110°—115°	115°②
扶手高	—	—	—	—	23～24	20.3②
座面特征	—	—	—	—	—	平，下压 2.5～5

①有三个数字的，分别为适用于短途、中途、长途汽车的座椅。

②只是一般情况下的适用数值，不同乘客，不同使用情况以及不同需要条件下应做必要的调整。

前面我们讨论了很多关于座椅舒适性的问题，但是在人机工程学中，座椅并不是以舒适作为设计的唯一目的，座椅的特性必须与自己所要实现的功能相匹配。比如在商店、候车亭、展览会等人员相对集中、流动性又很大的地方所用的座椅，就不适合坐得很舒服，否则就会影响人群的流动性。

7.1.3　坐的社会性

坐的社会性在座椅设计中的体现主要包括两个方面：座椅的设计和座位的布置。这两个因素都会关系到人们对座椅和座位的选择。

1. 座椅的设计

座椅的设计包括两个方面的问题，前面我们已经从满足生理需求的角度对座椅设计进行了详细的分析，这里我们简要说明一下关于座椅的精神功能方面的设计。

据人类学家研究，人类最早使用的座椅完全是身份和地位的表现，其出发点并不在于支持人体，可能是由于比较“高”的位置感，带来了某种象征意义，所以座椅从一开始就带有精神功能。事实上，坐的行为本身就带有强烈的精神色彩，在封建等级社会中，在皇上面前，除非“赐座”，人人都只能站着；下人在主人面前没有坐的权利，只能一直站着。

具有相同含义的中文“主席”和英文“chairman”有异曲同工之妙，“坐主要席子的人”、座椅子的人，都将领导者的意思与坐的行为及座椅联系在了一起，可见坐的重要性。

座椅的造型、尺度、材质都能对椅子的精神功能产生影响。我们一般将没有扶手和靠背的坐具称为“凳子”，而带靠背的坐具才是真正的“椅子”。座椅是否带靠背、是否有扶手，都会影响椅子的象征功能。比如有些机关单位在选择椅子时有类似的现象：一般职员的椅子仅带靠腰，科长的椅子又带扶手，处长的椅子靠腰变成了靠背，局长的椅子还带靠枕，椅子的这种差别，体现出身份的差别。体现使用者较高的身份的座椅一般会使用较大的尺度，并且用贵重的材料来制作，这与其他的产品在体现象征功能上有类似的情况（见图 7.15）。

2. 座位的布置

座椅的功能是让人坐下来，它们的设计和布置足以影响人们的行为。适当的座椅设计可以满足人们特定的心理、生理需求，而适当的座椅位置布置，则能对人们的沟通起到促进作用(见图7.16)。

图7.15 象征权力和地位的龙椅

图7.16 能够促进交流的座椅设计

座位的基本形式包括凳子、椅子和沙发等，称为基本座位。基本座位可提供给需要迫切的各类使用者，所以是很多场合所必需的。除了基本座位，在很多公共场合还有许多辅助座位，如台阶、矮墙、树池边等，主要是当人流非常集中的时候，这些可以提供给人们作休息之用。

1)座位的数量和密度

在公共场合的座位布置中，座位的数量和密度也是需要认真研究的。这个问题不仅仅和前面我们提到的人体尺度问题有关，而且更重要的是和人的心理因素有关。在公共场合中，凳子、椅子和沙发等基本座位必须有，但也不能太多，因为要顾及对座位需要不是太多的情况，这时，过多的座位在人少的时候会显得冷清和萧条。一般在公共场所，安排相对较少的基本座位与大量辅助座位是空间座位安排的基本设计原则。

国外的研究者 Whyte 认为，存在着一个座位使用密度的限度，如果超过这个限度，人们就到别的空间里找座位去了。他说在 Milgram 大厦前广场上的喷泉边一般坐18～22人，如果人数少于18人，后来者会将这个数目补上。他认为似乎存在一个调节机制，人们自动调节了一个地方可以坐多少人。其实这个自动调节机制的内在原因就是个人空间的存在。

2)座位间的位置关系

两个人的位置关系可分为三种类型：进行谈话交流时采用的面对面的位置；不相识者不与对方交流时的反向位置；在这两种位置关系中间的斜侧面位置。一般在住宅的起居室、餐厅和酒店大堂采用便于对话与视线交流的面对面座位布置，而像车站、广场、公共场所的等待区域，因大家多为互不相识者，则多采用反向的座位布置，即使两排座位面对面安排，一般相距也会较远(见图7.17)。

Robert Sommer 曾探讨了人坐着时可以舒适交谈的空间范围。两个长沙发面对面摆着，让被试选择，他们既可面对面也可肩并肩地坐。通过不断调整沙发之间的距离，发现当沙发脚相距在105 cm之内时，被试还是愿意相对而坐，当距离再大时，他们都选择坐在同一张沙发上(见图7.18)。座椅的排列大致有长条排列、圆形排列、L形排列等几种常见的形式，座椅的排列方式对人与人之间的交流有很大的影响。

国外的研究者把鼓励社会交往的环境称为社会向心环境，反之则称为社会离心环境。同样的，在座椅的排列中，我们把鼓励人与人之间交往的排列称为社会向心分布，反之则称为社会离心分布。最常见的社会向心分布就是家里的餐桌，全家人围桌而坐，吃饭聊天，其乐融融；而机场候机楼的座位则大部分是背靠背的社会离心分布。

图 7.17　机场座位布置

图 7.18　沙发的间距对交流的影响

座位的社会向心分布鼓励和促进人与人之间的交流，形成了典型的社交空间，普遍受人欢迎。但是社会向心分布也并非永远都是好的，社会离心分布也不见得都不好，主要还是要根据环境中的人群的具体需要来确定，同时也要尽量让使用者能够根据自己的意愿进行自我选择。因而，在公共空间设计中，设计师应尽可能地使座位的布置有灵活性，把座位布置成背靠背或面对面是常用的设计方式，但曲线形的座位或直角分布的座位也是很不错的选择(见图 7.19、图 7.20)。当座椅布置成直角时，双方如都有谈话意愿的话，交谈行为就很容易发生，而如果一方或双方想清静一些，也比较容易从谈话中解脱出来。

图 7.19　有向心和离心两种形式的座位布置

图 7.20　曲线形座椅的灵活使用方式

国外学者对座位间的角度对人们之间交流的影响做了研究。Sommer 的老师 Osmond 经过长期的观察发现，在餐厅就餐时的不同位置与人们当时的交往行为有一定的联系。

从图 7.21 中可以看到，长方形餐桌提供了最基本的 6 种交往联系。Osmond 和 Sommer 发现 A—F 之间的联系最多，其次是 B—C，然后是 C—D，而在其他位置上，他们没有发现有多少交谈发生。当然，在这个实验中，桌子的大小对实验结果也会有一定的影响。

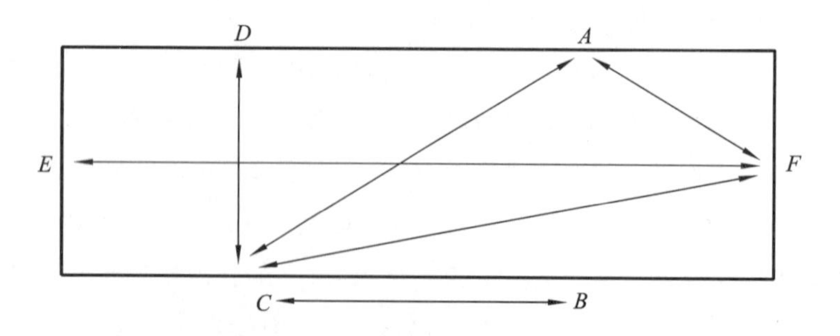

图 7.21　可能交往的 6 种方位联系图

这个是在长方形餐桌中出现的情况，从这个实验结果我们可以推断，使用尺寸适度的圆桌和方桌就餐对促进人与人之间的交流有较积极的作用。实际上坐在正方形或圆形的桌子边本身也意味着人与人之间的平等，因而能改善人与人之间的交流情况。

在学校教学中，大部分教室的座椅排列都是“方阵式”的，一般认为坐在边上和后排的学生不认真并且参与教学活动较少，因为他们离教师的距离过远，因而将课桌按环形布置更有利于提高学生课堂学习的投入程度。

3)座位的朝向

上面主要讨论了座位和座位之间的关系，其实单个座椅或者一排座椅的朝向问题也是需要我们认真思考的，座位的朝向也会在很大程度上影响人们对座位的选择。不合理的座位朝向安排，会使这个座椅形同虚设，无人问津。

在公共空间中，座位朝向的多样性很重要，这意味着人们坐着时能看到不同的景致，因为人们对于观看行人、水体、花木、远景、身边活动等的需求各不相同。所以对有靠背的座位来说，需要将座位朝向这些景致。

从众是人的心理和行为的一个重要特点，人看人、人吸引人是很常见的现象。有活动的地方就会有人，从而不断有新的活动，相反，没有活动的地方。去的人会越来越少，从而显得更加冷清。这就是我们前面提到的环境对行为的促进作用。因而，能看到正在发生的一切的地方是最吸引人的，人们座位的“向心”方向总是有人群活动的地方，即使是没有规定朝向的两边都可以坐的座位，人们大多数会倾向于朝向有人活动的一侧来坐。当然这里也有个对比和选择的问题，如果一侧是优美的景色，一侧是嘈杂的人群，绝大部分人还是会选择看美景的。同时这个选择还和“坐者”与人群活动之间的距离、对发生的活动是否感兴趣等有关系。如果“坐者”对活动不感兴趣，那么过近的距离会使他觉得自己的个人空间受到侵犯，他会选择朝向另一侧。

在家庭和办公室环境中，座位朝向的布置也是很有讲究的。除了上面提到的餐桌等的两心分布外，家里的很多座位会背门面窗布置，这样可以看到窗外的景致。这点与办公室内座位的布置有很大的区别，办公室中，人们一般不愿意自己的座位背对着门，这样会使就座者不容易觉察门口的情况，缺乏某种安全感。同样的，背对窗户总有一种被窥视的感觉，而且窗户的亮光容易使人产生正面阴影，影响人们的工作，因而这种朝向也不宜安排。一般来说，座位的朝向以既能看到窗外也能看到门口为宜。

4)座位的选择

座位布置中的数量和密度、座位间的位置关系和座位的朝向都能影响人们对座位的选择以及人与人之间交流等问题，事实上，在同样的座位条件下，人们对座位的选择也有一定的行为模式。人在环境中有依靠性，因此人们总是选择那些有利于开阔视野和自我防卫的座位，通过这种方式，人能够获得某种程度的个人空间和私密性。

通过调查发现，面对一个长条排列的座椅，第一个就座者习惯于坐在中间偏向一侧的位置，即既不坐在座椅的中间，也不坐在座椅的两端，而是接近于座椅水平长度的黄金分割点位置，这个位置似乎能避免自己对座椅的独占和遭排挤。

Estman 和 Harper 在卡内基梅隆大学图书馆中观察了阅览室里的读者如何使用空间，通过观察和记录他们发现了一些座位使用的原则：

其一，人们最喜欢选择空桌边的位子；

其二，如果有人使用了这张桌子，那么第二个人最可能选择离前者最远的一个位子；

其三，人们喜欢背靠背的位子，而不是并排的位子；

其四，当阅览室中已有 60% 以上的座位被占用时，人们将选择其他的阅览室。

关于座位选择行为的研究，证实了个人空间的存在。国外的研究者做了一个实验(Canter，1975)，在这个实验中要求学生以 8 人一组进入教室，并发给每人一张问卷，要求他们各选一个座位坐下。控制的变量是教师与第一排座位间的距离和座位排列的方式(直线或半圆形)。实验发现，当教师站在离直线排列的第一排座位

3 m远时，学生们都坐在头三排座位；当教师与直线排列的第一排座位相距 0.5 m 远时，学生们都坐到后面去了。只有座位按半圆形排列时，教师的位置对学生座位的选择没有明显的影响(见图 7.22)。

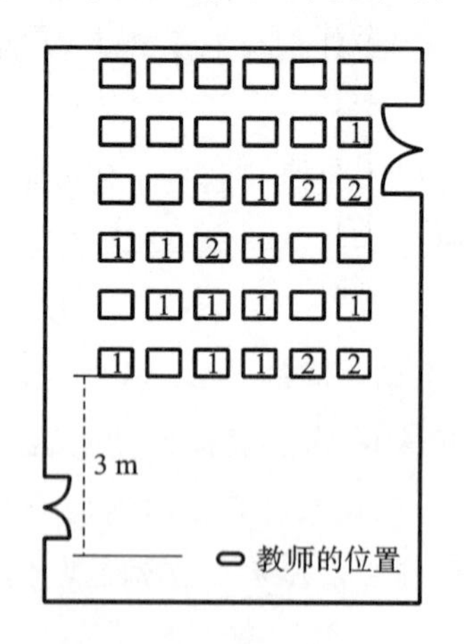

(a)座位直线排列，在三次实验中，当教师站在远处时，座位选择的情况

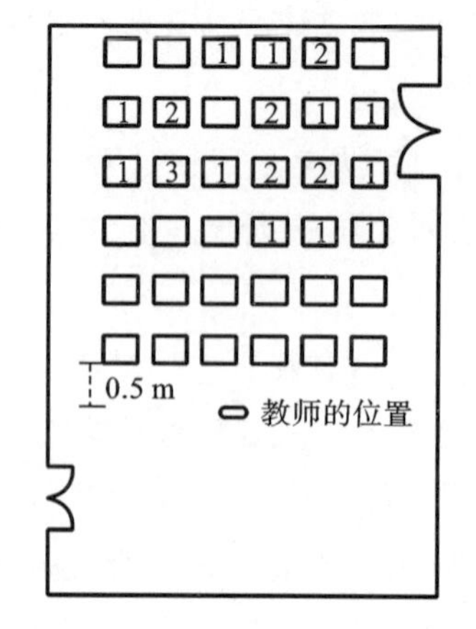

(b)座位直线排列，在三次实验中，教师站得较近时，座位选择的情况

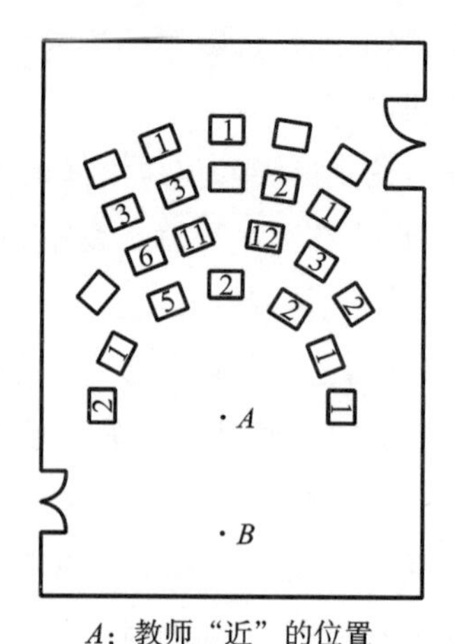

A：教师"近"的位置
B：教师"远"的位置

(c)教师在四次"近"的实验和四次"远"的实验中，每个座位学生们占用的情况

图 7.22 学生们如何选座位

这个实验表明一个人的个人空间的存在对其他人座位的选择产生了影响，前面提到的座位朝向的选择问题，也是类似的原因，而在半圆形环境里，随着角度的变化，抵消了在直线排列时产生的关于距离选择的某些影响因素。

位置的选择直接反映了人与人之间的关系，在一些会议场合，这一点表现得特别明显，座位的选择直接体现出地位的差别。比如我们经常看到的一个情况，开会时，桌椅在主席台上一字排开，无论前面有没有姓名牌，会场上最大的领导总是会自己选择或者被引导坐到主席台的中间。而在长桌上开会时，通常是会议的主持者坐在桌子的短边，这种会议场合透露出一种强烈的上下级关系，这是由于不同的位置具有不同的和不平等的视阈所引起的，坐在桌子短边的人具有最全面的视阈，能看到所有的人，因而地位也是最高的；而坐在长边的人，除了身边的人之外，只能看到桌子对面的人和桌子一端的主持者，自然地位较低(见图 7.23)。如果会议在圆桌上进行，就不存在这种不平等的关系，每个人有平等的视阈，因而也就有平等的地位，所以我们常常把与会者人人平等的会议称为"圆桌会议"(见图 7.24)。

图 7.23 长条形会议桌

图 7.24 圆形会议桌

所以对设计师来说，座位间的分布关系需要精心计划，不应该仅仅考虑美观而忽略使用上的需要。事实证明，人们选择座位绝不是随意的，里面暗含着某种既定的模式。理想的座位分布方式是能给人们提供选择，即无论人们之间是否愿意交谈，座椅的设计和布置都能适应。

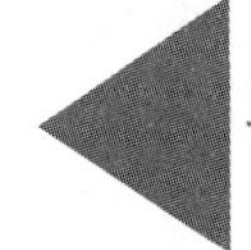

7.2 为站而设计

站立是人类最常态的动作，也是人生而为人区别于动物的重要特征。正是因为直立行走解放了人的双手，让人用手创造了新世界，劳动由此产生。站立是人类在自然状态可以保持较长时间的姿势，长期以来，直立行走被认为是人类出现的标志之一，但关于人究竟是怎么“站起来”的，学界一直众说纷纭。美国科学家最新研究发现，人类两条腿行走消耗的能量只有四肢着地行走的黑猩猩的四分之一，而且也省力得多。这也许解释了人类祖先为什么最终会选择两条腿的行进方式。(见图 7.25)

图 7.25 从猿到人，直立行走让人区别于动物

据英国《独立报》2007 年 7 月 17 日报道，美国亚利桑那大学等机构的人类学家选取了 4 名人类志愿者以及 5 只黑猩猩作为研究对象。通过测量它们在跑步机上行进过程中消耗的氧气和运用的力量，计算它们各自所耗费的能量。结果发现人靠两足行走的步法比黑猩猩四肢行走的步法要节省 75% 的能量。这一发现有力地证明了人类直立行走方式的确立与能量消耗有关，而且这样所需要的食物也更少。亚利桑那大学人类学教授瑞希伦表示:“研究者已经为能耗在直立行走演化过程中所扮演的角色争论了几十年，但问题是过去几乎找不到有力的证据支持这一观点。”如果某个个体能以更节能的方式运动和狩猎，并省下更多的食物，根据“物竞天择，适者生存"的理论,新物种就会由此演化而生。这些实验和研究表明,能量学在两足动物的进化过程中扮演了一个非常重要的角色。

7.2.1 站立的生理因素

正常人走路足部着地时大约可分为三个阶段。首先,后跟着地,在正常的步态中,后跟外侧是最先着地的地方,所以此时足底压力都会在后跟外侧,这也正是鞋底后跟外侧容易磨损的原因。其次,全足着地,整个足底会与地面接触,为了减小体重所带来的压力,足弓会微微下降,产生吸振作用。一种叫作"应变能"的能量会在此时储存在足底,足底压力会在中足外侧部分慢慢向内侧偏移。最后,后跟离地,把身体向前推送,这时足部关节会锁紧,令足部变得坚固来辅助推送,而且在全足着地时储存的"应变能"也会在这个时候释放,帮助推送身体。

1. 行走的基本原理

人走路动作的基本规律是:左右两脚交替向前,带动躯干朝前运动。为了保持身体平衡,配合两条腿的屈伸、跨步,上肢的双臂就需要前后摆动。人在走路时为了保持重心,总是一腿支撑,另一腿才能提起跨步。因此,在走路过程中,头顶的高低必然成波浪形运动。当迈出步子双脚着地时,头顶就略低,当一脚着地另一只脚提起朝前弯曲时,头顶就略高。还有,走路动作过程中,跨步的那条腿,从离地到朝前伸展落地,中间的膝关节必然成弯曲状,脚踝与地面呈弧形运动线。这条弧形运动线的高低幅度,与走路的神态和情绪有很大关系。(见图 7.26)

2. 站立的基本原理

站立运动是对称的。Lundin 通过研究人体双足运动特性,指出 STS 动作在额状面和水平面对称。Schultz 和 Alexander 等人也都在研究结论中肯定了 STS 运动实际上可以理解为"本质上是以对称运动的方式完成矢状面的上升运动"。关节角度变化取值的正负,根据生物力学研究领域的惯例设定:躯体围绕某一关节弯曲,则代表该关节两个相邻骨骼之间角度下降,关节角度取负值;躯体围绕某关节伸展,则该关节两个相邻骨骼之间的角度增加,关节角度取正值。(见图 7.27)

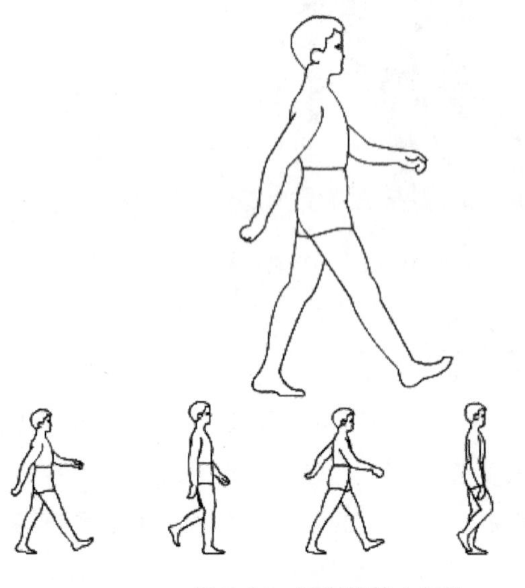

图 7.26　行走的基本原理

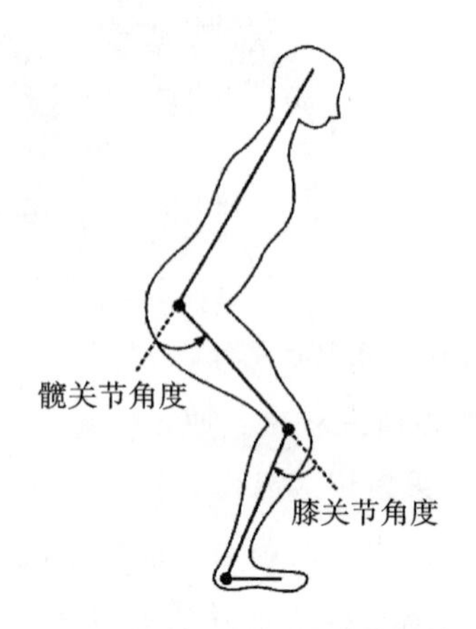

图 7.27　人体站立前髋关节角度与膝关节角度正相关

7.2.2 针对站立的设计

1. 站立辅助设计

站立辅助设计在老龄化加剧的当下具有十分重要的意义。人在站立运动过程中由坐起身站立的时候，身体前倾，产生一个动力，在离开椅面的时候转换为向上和向前的动力。无论对年轻人还是老年人来说，在进行站立运动时身体都有一种向前倾的趋势，以补偿下肢肌肉力量的不足。这时人体髋关节和膝关节角度减小，力矩增加，开始对抗地心引力。一般来说，在站立过程中身体前倾有利于减少膝关节的负重，而且对由于生理机能衰退导致肌力不足的老年人特别有用。部分老年人在站立运动过程中身体前倾的角度较年轻人大，有利于补偿老年人由于生理衰退的原因导致的下肢肌肉力量不足。调查发现在老年人站立过程中大腿肌肉没有完全伸展，一般来说，身体没有完全舒展虽然有利于维持身体姿势的平衡，但也会因此增加膝关节的负重。Grayson Stopp 为此设计了一款名为 EAZ 的革命性行动车，EAZ 可以在直立双轮车和双轮轮椅之间转换，可以把它当成一个时髦的代步工具，这款双轮车具有自动平衡功能，用户可以站立使用也可以坐着使用(见图 7.28)。

图 7.28 EAZ 辅助站立双轮平衡车

2. 站姿工作椅设计

站立式办公和使用人机工程学座椅，哪种更有益于健康? 多项医学研究指出，长时间的静坐会影响健康。美国癌症协会更有调查指出，每天久坐 6 小时以上的女性，容易得心脏病和癌症，比起坐着少于 3 小时的女性，早逝的概率也高于 37%。而相同的情况下男性则是 18%。在美国硅谷流行起“站式办公”，多家知名公司开始使用坐站交替式工作站(坐站交替式工作台)，可以让员工站着工作，站累了可以坐下来工作，比如，社交网络公司 Facebook 已有 200 多名员工选择了新型“坐站交替式工作站”，互联网巨头谷歌公司也将这种新型办公辅助设备列入了公司的保健计划，受到员工的欢迎。光是 Facebook 约 2000 名的职工中，就有 200 至 250 人率先选用“坐站交替式工作站”(见图 7.29)。而不少 Facebook 职工则表示，自从改成“站式办公”后，坐累了站起来工作，站累了坐下来工作，以前下午上班的昏昏欲睡感消失了，现在一整天都“精神十足”。不仅如此，Facebook 还试着开发结合跑步机与计算机的“跑步机工作站”，让职工可以边健身边工作。

法国天才设计师菲利普·斯达克曾为需要站立工作的牙医文丘顿制作了大名鼎鼎的 w. w. 884 号凳子，这种凳子满足的不是单纯的依靠，而是借助人机工程学为受众提供类站似坐的依靠(见图 7.30)。

图 7.29 Facebook 为职员提供的站立式工作环境

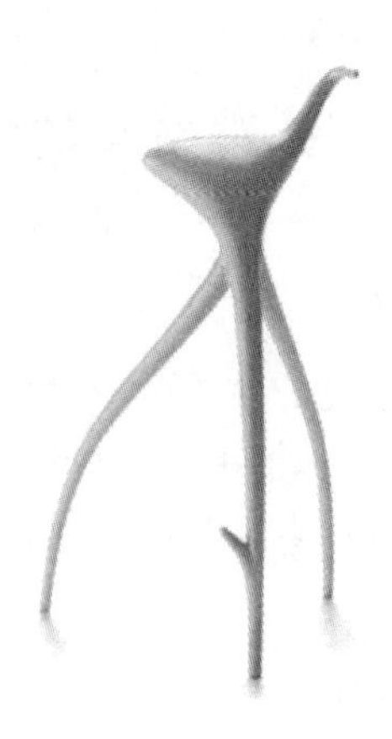

图 7.30 菲利普·斯达克半站姿椅子设计

阿姆斯特丹甚至有一个终极概念座椅项目，这个给你坐站自如的工作环境的终极座椅项目是一个对人类工作习惯的概念实验作品。在我们的社会中，我们周围的环境几乎全部是被设计用来坐的，而医学研究的证据表明，坐得太久对健康有不利影响。国外的设计师将建筑艺术和视觉艺术开发了一个概念，其中的椅子和书桌不再是我们头脑中固有的形式了，相反，探索工作环境的彻底改变的可能性，不再是一成不变地坐在座椅上，你可以站着跟客户交流（见图 7.31）。

图 7.31 阿姆斯特丹终极座椅项目

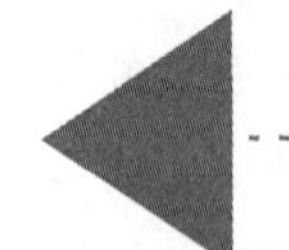

7.3 为手而设计

手工具设计首先必须能实现预定的功能，并与操作者的身体成适当比例，使操作者在工作过程中发挥最大效率。人们在工作、生活中一刻也缺少不了工具，使用的工具大部分还没有达到最优的形态，其形状与尺寸等因素也不太符合人机工程学原则，很难使人有效并安全、舒适地操作。实际上，传统的工具有许多已不能满足现代生产的需要与现代生活的要求。人们在作业或日常生活中长久使用设计不良的手握式工具和设备，容易造成身体不适、损伤与疾患，降低了生产率，甚至使人致残，增加了人们的心理痛苦与医疗负担。因此，工具的适当设计、选择、评价和使用是一项重要的人机工程学内容。

7.3.1 手的生理因素

人手是由骨、动脉、神经、韧带和肌腱等组成的复杂结构。手指由小臂的腕骨伸肌和屈肌控制，这些肌肉由跨过腕道的腱连到手指，而腕道由手背骨和相对的横向腕韧带(见图 7.32)形成，通过腕道的还有各种动脉和神经。腕骨与小臂上的桡骨及尺骨相连，桡骨连向拇指一侧，而尺骨连向小指一侧。腕关节的构造与定位使其只能在两个面动作，这两个面成 90°角。一面产生掌屈与背屈，第二面产生尺偏和桡偏。小臂的尺骨、桡骨和上臂的肱骨相连接。肱二头肌、肱肌和肱桡肌控制肘屈曲和部分腕外转动作，而肱二头肌是肘伸肌(见图 7.33)。

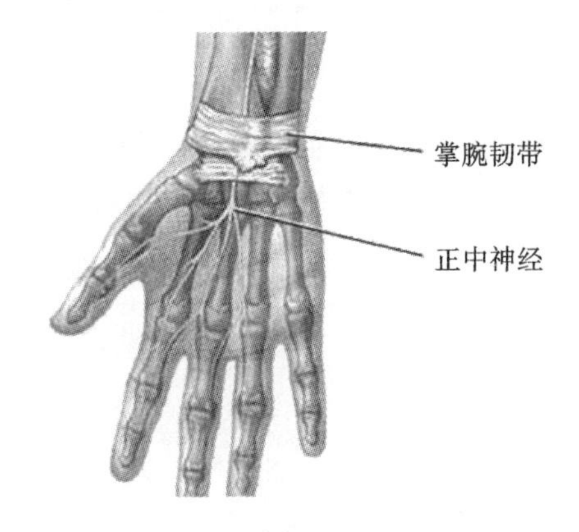

图 7.32 腕韧带与正中神经

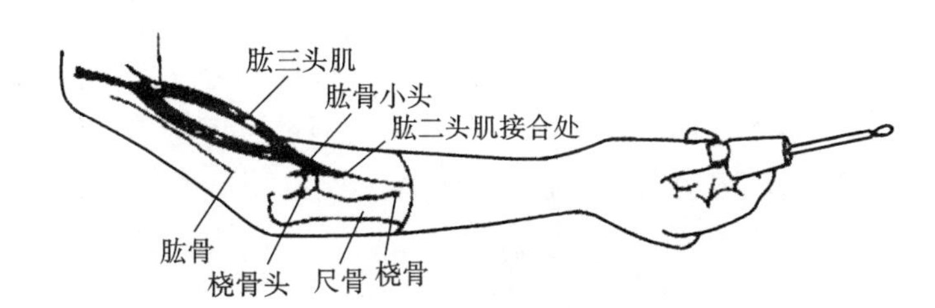

图 7.33 肘关节处肌肉骨骼关系

使用设计不当的手握式工具会导致多种重复性积累损伤造成的上肢职业病甚至全身性伤害，包括：

(1)腱鞘炎，是由初次使用或过久使用设计不良的工具引起的，在作业训练工人中常会出现。如果工具设计不恰当，引起尺偏和腕外转动作，会增加其出现的机会，重复性动作和冲击振动使之加剧。当手腕处于尺偏、掌屈和腕外转状态时，腕肌腱受弯曲，如时间长，则肌腱及腱鞘处发炎。

(2)腕道综合征，由于腕道内正中神经损伤所引起的不适。手腕过度屈曲或伸展造成腕道内腱鞘发炎、肿大，从而压迫正中神经，使正中神经受损。它表征为手指局部神经功能损伤或丧失，引起麻木、刺痛、无抓握感觉，肌肉萎缩失去灵活性。其发病率女性是男性的 3 倍～10 倍。

(3)网球肘，由手腕的过度桡偏引起。尤其是当桡偏与掌内转和背屈状态同时出现时，肘部桡骨头与肱骨小头之间的压力增加，导致网球肘。

(4)狭窄性腱鞘炎(俗称扳机指)，是由手指反复弯曲动作引起的。在类似扳机动作的操作中，食指或其他手指的顶部指骨须克服阻力弯曲，而中部或根部指骨这时还没有弯曲。腱在鞘中滑动进入弯曲状态的位置时，施加的过量力在腱上压出一沟槽。当欲伸直手指时，伸肌不能起作用，而必须向外将它扳直，此时一般会发出响声。

7.3.2 手工具的设计原则

1. 避免静肌负荷

使用工具时，臂部上举或长时间抓握会使肩、臂及手部肌肉承受静负荷，导致疲劳，降低作业效率。如图 7.34所示，传统的烙铁是直杆式，在工作台上操作时，如果被焊物体平放于台面，则手臂必须抬起才能施焊。

针对这一缺点，可以将烙铁改进为弯把式，减少操作时长时间抬臂造成的静肌负荷。

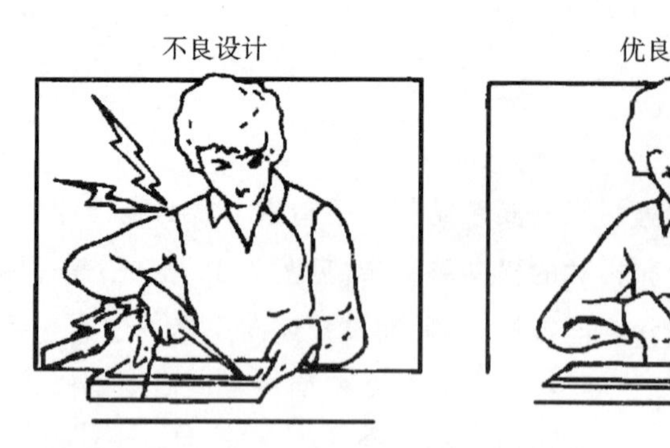

图 7.34　烙铁把手的设计

2. 保持手腕操作的顺直状态

手腕顺直操作时，腕关节处于放松状态；而当手腕处于掌屈、背屈、尺偏等别扭的状态时，就会产生腕部酸痛、提力减少等，如果长时间这样操作，会引起腕道综合征、腱鞘炎等。图 7.35 所示是钢丝钳的改进设计比较，传统设计会造成掌侧偏，而改进设计则可以使手腕维持顺直状态。

如图 7.36 所示，研究表明，使用改进的钢丝钳后，患腱鞘炎的人数在 10～12 周内没有明显增加，而使用传统钢丝钳的患者则显著增加。

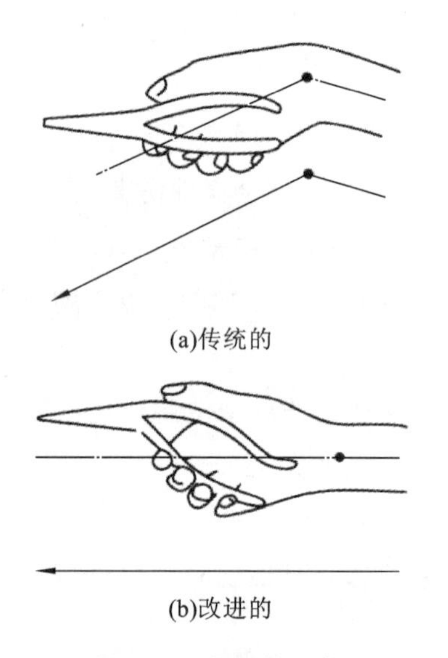

图 7.35　钢丝钳比较

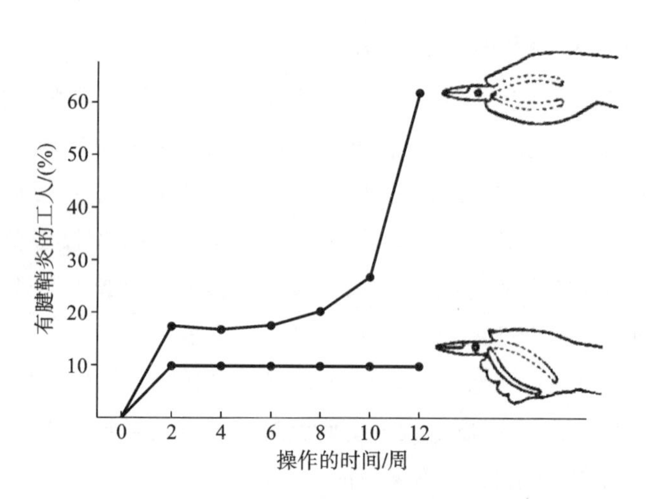

图 7.36　使用不同钢丝钳后患腱鞘炎病人数比例

一般而言，抓握物体和人的手臂成大约 70°时，人的手腕保持自然直线状态(见图 7.37)；而工具的把手与工作部分弯曲 10°左右效果最佳，弯曲式工具可降低劳动强度，对腕部损伤者有利。

3. 减少手部组织的压力

在操作工具时，手压力较大的情况下，手掌是压力敏感区域，会因血液循环受到影响而造成局部缺血，对手掌造成伤害。好的手工具设计应该有较大的接触面，使压力能够分布在较大的手掌面积上，减少局部受压，通过增大抓握截面的方法来减少手部组织压力。还有一个有效的避免掌部组织压力过大的方法就是将压力作用于手部相对不敏感的区域，如图 7.38 所示。

4. 避免手指的重复动作

反复使用食指操作类似扳机的控制器，会导致所谓的扳机指疾病的出现。扳机指症状在使用气动工具或

触发式电动工具时常会出现。设计时应尽量避免食指做这类动作，而以拇指或指压板控制代替。(见图 7.39)

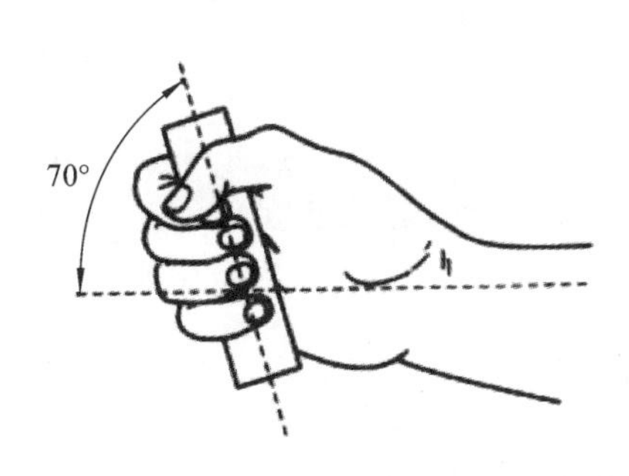

图 7.37　手工具使用时手腕的自然状态

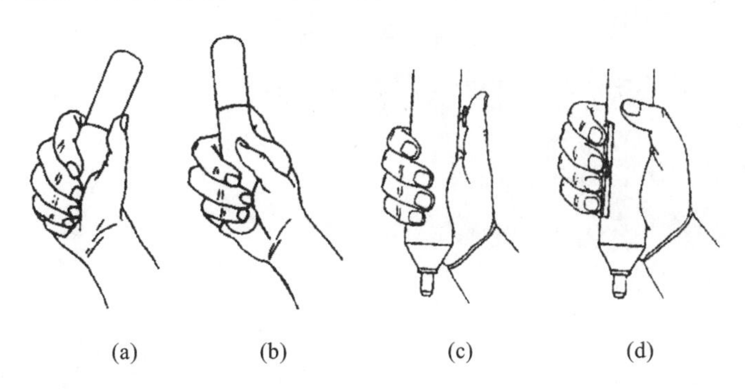

图 7.38　压力作用于手部的不敏感区域

5. 考虑不同性别、左手优势者等人群的需要

据统计，在所有手工具使用的人群中，女性占大约 50%。女性在手的大小和力量方面均与男性有一定的差异，女性手指平均长度比男性大约短 2 cm，而抓握力大约是男性的三分之二。设计时应顾及女性的需要，考虑工具的尺寸、操作力与女性身体条件相适应，甚至还要考虑在造型等方面符合女性的审美特点。

左手使用者的比例为 8%～10%，考虑左手优势者的使用习惯特点，是关心所指群体的需要，是社会发展、文明进步的需要。图 7.40 所示是左手版的罗技 MX610 鼠标，这鼠标就是专门为左手优势者所设计的。

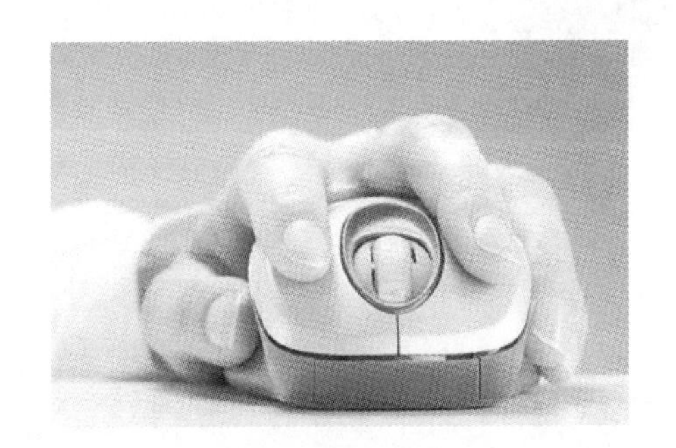

图 7.39　避免单个手指重复动作的设计

图 7.40　适合左手优势者的鼠标

7.4 为脚而设计

通常情况下，脚是指人和某些动物身体最下部接触地面的部分，是人体重要的负重器官和运动器官。有时候，脚也可以指非生命物体的支撑部分或最下面或最后面的部分，如“山脚下”“注脚”等。

7.4.1　脚的生理因素

如果把人体比作一栋建筑物的话，双脚就是建筑的根基。对于建筑物而言，根基不稳就容易出问题；对于人体而言，双脚如果有问题也会影响我们的健康，给我们的工作和生活带来很大不便。脚是接触地面最直接的身体部位，由于穿着不同鞋类与地面接触，重心和体积会有所改变。脚的结构很复杂，它由骨和肌肉精密组合而成，身体巨大重量和特殊运动都靠脚支撑与执行。（见图 7.41）

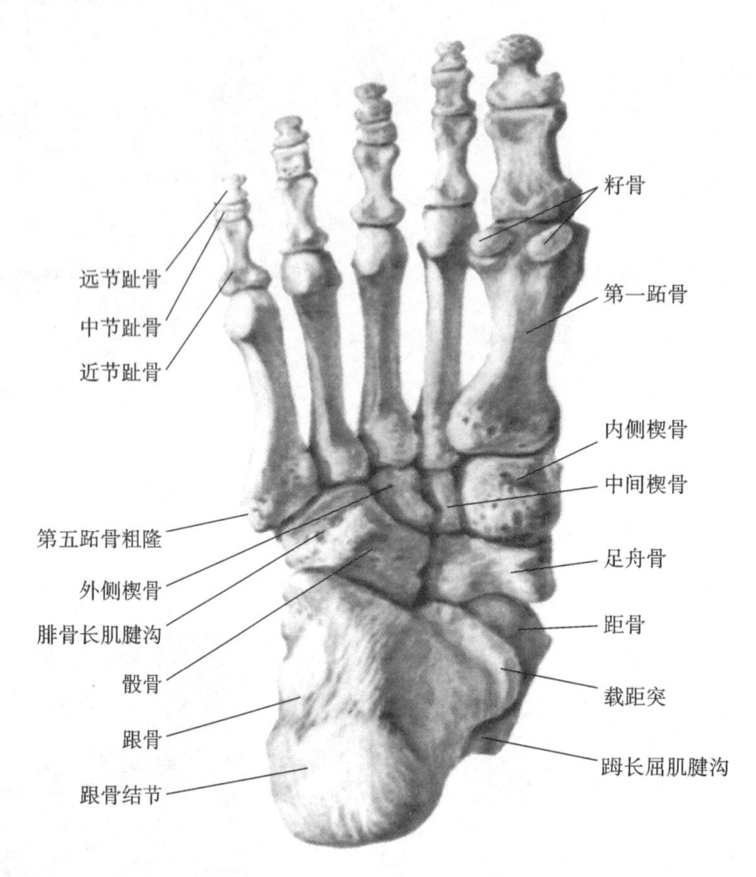

图 7.41　人体足部生理结构图

人的足部由 26 块骨头及 100 多条韧带等连接组合而成，如此复杂之结构，目的是令走路时能适应各种地形，更有效地推进身体，吸收地面的冲击。跟部为 7 块骨组成，其负责直接承受体重，且大部分身体重量都落在跟部。腰部为 5 根长骨组成，其负责连接前掌和后跟及传递身体部分重量至前掌。脚前掌由 14 块小骨组成，其负责承受体重和平衡身体及抓着地面不致身体倒斜。为了起到支撑整个体重的作用，脚的底部产生了若干拱形，特别是内弓较为发达，既大又牢固。通过胫骨，由上方笔直加上的体重，被相当于传递关节的距骨一度支撑后，又被以跟骨底部内侧的前端和第一跖骨接地点为两个基点的强韧的内弓完全承受下来。（见图7.42）

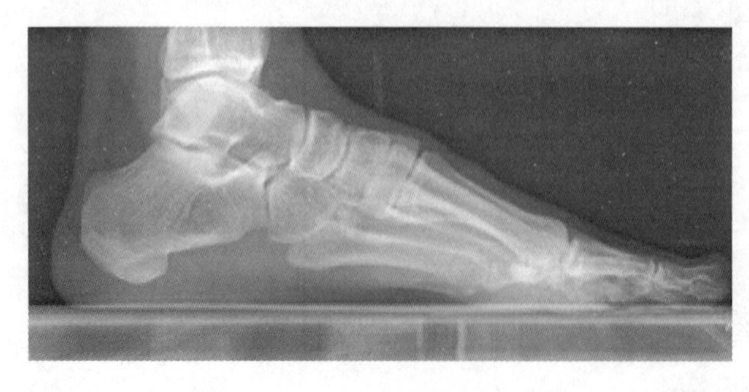

图 7.42　人体足部的三个足弓

7.4.2 脚部工具的设计原则

1. 遵循足部生物力学特征

人体足部由众多骨骼、肌肉、韧带及关节组成，在大量的人类活动或运动中，足部作为人体与地面相接触的唯一部位，充分显现了其独有的各种生物力学功能与特性。芭蕾舞演员表演时，其足部需要足够的刚性（见图 7.43）；而当人赤足在沙滩上行走时，又需要足部有足够的柔性以适应沙滩表面。从工程观点来看，人体足部为了能够缓解、吸收地面冲击作用，其本身需要具备柔性与适应性。而足部又需要非常高效地将地面作用力向人体下肢进行传递，其不得不具备足够的刚度。为了保持运动稳定性，足部需要发挥类似于阻尼系统的作用，以调节与地面的接触及作用力。而当足部运动需要提供向前推进动力时，足部则要扮演强有力的动力推进器的角色。

足部运动生物力学是基于力学原理并结合运动解剖学与运动生理学等生物学原理及现代实验技术对足部运动进行定量描述与分析，进而揭示其运动规律或特点。长期以来，相关研究备受关注。Siegler 对踝关节、距下关节的三维运动特性进行了研究，其结论有益于对踝关节、距下关节及足腿综合体的结构及其各自分别在内外翻、旋转等典型足部运动中的作用的认识。Ker 等提出，人体足部足弓结构的弹性在足部应变能量存储过程中起着重要的作用，有助于人的高效率奔跑。西方科学家也探讨了在足部背曲、内曲动作时踝关节的运动特性。这就决定了任何针对脚的设计均需满足足部的基本生理特征和脚部运动生物力学的要求。

健身器材踏步机的设计就是基于人脚部的生理原理，能够使健身者不断重复攀爬楼梯的动作，既能增强心血管系统的功能，又能充分锻炼大腿和小腿肌肉。当然，体态臃肿或者刚刚接触踏步机的人进行剧烈锻炼往往会感觉筋疲力尽。踏步机一般采用车轮转动式踏步设计，使用起来像在跑步机上跑步，健身者要保持运动频幅，通过较为剧烈的运动消耗能量。大多数踏步机采用的还是独立踏板设计，一只脚踩下踏板时，另外一只脚下的踏板就会升起。除了具有燃烧热量、提高心率和有氧呼吸能力以外，踏步机还能够帮助健身者对小腿、腿腱、股四头肌和臀部肌肉进行塑形。还有些踏步机则将踏步运动和跑步机的传送带结合在一起，或者添加了像椭圆机那样的上肢锻炼扶手，以便加强上半身的锻炼力度。（见图 7.44）

图 7.43　人体足部生物力学特征

图 7.44　基于人体足部生物力学的踏步机设计

2. 足部仿生机械设计

自然界中的生物通过物竞天择和长期的自身进化，已对自然环境具有高度的适应性，并具备了优异的感知、反馈、运动等机能和器官结构。仿生机械正是通过模仿生物的形态、结构和控制原理，进而设计制造出多功能、效率高并具有生物特征的机械。应用多种技术与方法，通过对人体足部及其运动功能进行研究分析，揭示其内在功能性结构特点、作用机理与机制，必将为设计合理、舒适、高质量的足部康复与矫形器材及假肢，进行运动器械和仿人机器人足部精细设计与改进等提供重要的生物学基础(见图 7.45)。日本本田历经多年研制成功的仿人机器人，是目前最先进的仿人行走机器人，可以像人类一样进行行走、奔跑甚至跳舞等多种复杂运动。在该机器人的研发过程中，研究人员借鉴人类足部组织吸收冲击、帮助人体获得平衡的功能特点，在足部设计了软凸起，以起到类似的作用，增加了其平衡稳定性。然而，目前在行走或奔跑时，由于其足部的整体式设计还未能达到如人体足部那般灵活及多功能性，尚有一定的发展提高空间(见图 7.46)。

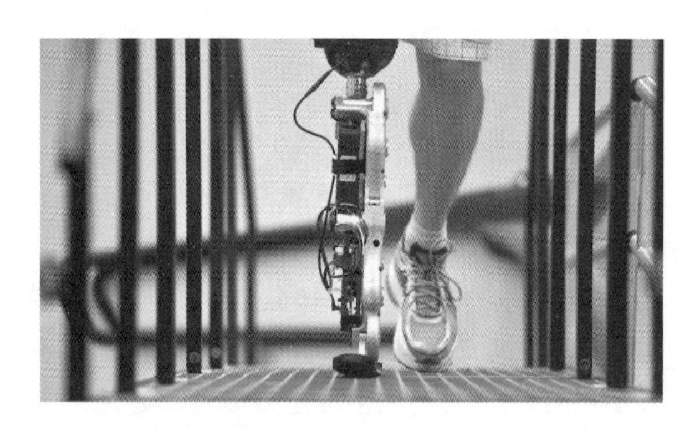

图 7.45　义肢设计

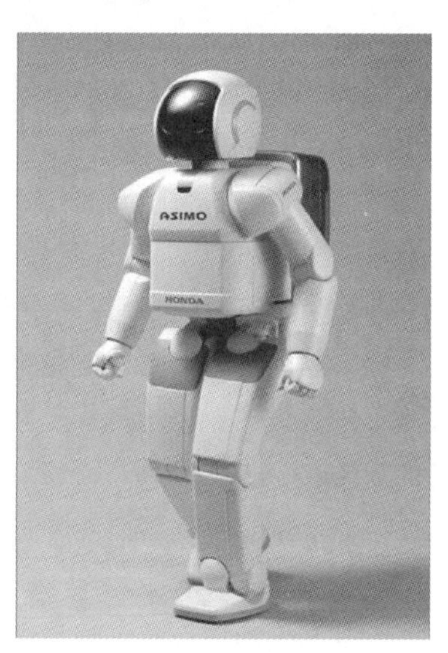

图 7.46　日本仿人机器人

7.5 为儿童而设计

儿童是未来的希望。但是，在设计领域，尤其是在具有高新技术特征的领域，成人的理性往往无视或者说还未顾及儿童，成人化的设计淡化了儿童世界独有的色彩。

7.5.1　儿童操作特征

对儿童基本特征的研究，目的在于使设计更能保障儿童的安全。儿童的操作特征表现在：动作的不协调性；身体力量的不足；身体的高度在童年的早期和中期会迅速增长；手的力量与年龄有直接的关系，至少在幼年的早期，力量和手的支配性与性别之间有一定的关系。

7.5.2 儿童用品特征

许多儿童产品往往是把成人用品尺寸缩小，而外观和功能均没有变化，但是儿童使用产品的方式与成年人是完全不同的。因此，运用人性化设计的特点来进行儿童产品的设计是很有必要的。儿童产品核心的要素是技术，但单纯的技术创新是远远不够的。很多儿童产品在设计时单纯考虑功能的完善和发展，以至于现在市场上相当一部分产品造型简单，忽略了产品与使用者进行情感沟通这一重要环节。儿童用品的设计中，应该加入更多的情感因素，同时也要考虑儿童操作的安全性、简洁性和益智性等。

(1)情感性。儿童天生情感丰富，喜欢接近一些具有亲和力、充满生命力的情感性产品。设计师可以通过绚丽的色彩、卡通化或仿生的造型来吸引儿童的注意力，使他们获得精神的愉悦。Nickelodeon 以动画片《海绵宝宝》为主题，推出适合于儿童用的 MP3 播放器，就是利用色彩和卡通来体现设计的情感性(见图 7.47)。

(2)安全性。儿童时期是人比较脆弱和稚嫩的时期，在生理和心理上都处于成长阶段，还没有自我保护能力，因此儿童产品都应该最大限度地体现安全性。设计中，产品的外部轮廓要避免有棱角，采用绿色材料，避免用易碎材料，这样可以防止儿童在使用产品过程中受到伤害。

(3)简洁性。儿童的思维、注意力、记忆力以及耐心等方面都没有发育成熟，一件过于复杂的产品或是操作烦琐的产品会使儿童望而生畏，甚至产生挫败感。因此，简洁的操作界面是儿童用品所必需的。如图 7.48 所示的儿童桌椅非常简洁，同时结合了产品的绿色性和组合性，是一件很人性化的儿童产品。

(4)益智性。儿童的早期教育和智力投资越来越受到家长们的重视，人性化的儿童用品要求其在满足以上几点要求的同时还能开发他们的智力和创造力。这样有助于培养儿童的动手能力，也能使他们在操作过程中获得自信和成就感。图 7.49 所示为 Royal VKB 设计师 Wendy Boudewijns 设计的拼图益智型晚餐托盘，儿童可以边吃饭边学习正确的餐具摆放礼仪，可以让孩子们知道刀叉餐具分别该放在哪个位置。

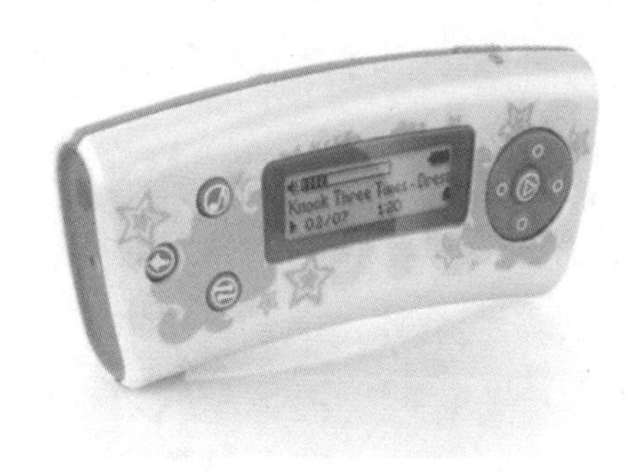

图 7.47 儿童用 MP3

图 7.48 儿童组合桌椅

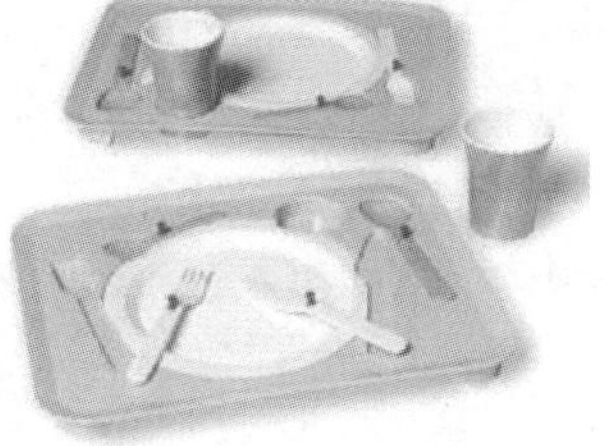

图 7.49 益智型晚餐托盘

7.6 为孕妇而设计

孕妇使用的产品是以孕妇为服务对象而进行设计的，由于设计的产品具有明确的独特的针对性，所以产品的设计和生产过程中要考虑的因素要比设计一般人使用的产品时更全面。比如安全性、可持续性、实用性、艺术性、工艺性等，女性从怀孕到生产这十个月的特殊时期，最为重要的是确保产品的安全性和实用性。当生产完成后使用过的一些产品会被搁置或丢弃，如衣物等。因此，设计产品时一定要考虑产品的可持续性，目的就是节省资源，避免可用资源的浪费，合理地重复利用现有产品。

7.6.1 孕妇产品的操作特征

1. 特殊使用群体

首先了解定义，孕妇是指怀孕的妇女。

孕妇隆起的肚子代表了母性美，怀孕是孕育新生命的特殊时期，需要更多的关心与呵护。日常要穿宽松舒适的衣服，注意营养的搭配，保证足够的睡眠时间，适当运动，保持愉快的心情等。

2. 对于产品的特殊要求

因为孕妇与常人有异，对于孕妇要进行特殊的照顾，孕妇使用的产品也具有特殊性，在设计中要从生产、流通、消费和资源回收等多方面加以充分的考虑。下面以床为例，从睡眠时间、睡具要求、睡姿等方面来解释其特殊性所在。

人一生中有三分之一的时间是在睡眠中度过的，睡眠是生命所必需的过程，是机体复原、整合和巩固记忆的重要环节，是健康不可缺少的组成部分，而孕妇更需要充足的睡眠。

一般情况下，正常人的最佳睡姿往往是右侧睡，而孕妇却要选择左侧睡。因为可减轻子宫对主动脉及下腔静脉的压迫，维持血流量，提供足够的营养物质，有利于避免和减轻妊娠高血压综合征的发生；且在妊娠晚期，左侧卧位可改善子宫的右旋转程度，利于胎儿的生长发育及降低胎儿死亡率。所以孕妇选择左侧睡。

床是人们睡眠时使用的主要工具。大多数使用者会选择柔软且舒适的席梦思床，而孕妇却不宜睡席梦思床。因为孕妇肚子大，席梦思床太软，会导致脊柱位置失常且不利于翻身。经研究发现，孕妇睡硬质床并铺9厘米厚棉垫为好，同时注意枕头的高度要适中。

所以，作为孕妇所使用的床，设计上要从产品制造和使用环境以及产品的质量和可靠性等方面考虑如何确保孕妇的安全，而且要使产品符合人机工程学和美学等有关原理，以免对人的身心健康造成危害，即先从使用功能上满足孕妇休息的需求，还要便于孕妇上下床等活动，做到方便的同时又顾及外形的美观。

7.6.2 孕妇用品设计

设计过程是产品完善的过程。要防止产品污染环境，节约资源和能源，其关键在于设计与制造，一定不能等产品在使用过程中产生不良的后果时再采取防治措施，这就是可持续设计的基本思想。

孕妇使用的产品具有特殊性。孕妇的心理随着怀孕月份而变化着。因此产品在确保安全的前提下让孕妇心情更愉悦，才更利于孕妇的身心健康。

1. 可持续设计的理念

选择绿色材料是孕妇产品可持续设计的前提和关键因素之一。在此基础上，在保证产品功能实现的前提下尽可能地减少材料的使用，降低产品成本。

孕妇产品在可持续设计中应遵循以下原则：

(1)优先选可再生材料，尽量选用可回收材料，提高资源利用率，实现可持续发展。

(2)用低能耗、少污染的材料，减少有害物质对人体的影响。

(3)尽量选择环境兼容性好的材料及零部件，避免选用有毒、有害和有辐射特性的材料，所用材料应易于再利用、回收、再制造。

(4)就地取材，减少运输成本，减少对周围环境的影响。

2. 安全设计的理念

安全第一，安全设计的理念要始终贯穿于设计之中。存在的问题主要是使用某些过期产品、有的产品没有相应防护手段、产品设计中有缺陷等问题、产品缺少安全部件等。

确保产品使用者的人身安全，就要从产品的本质属性、人工属性、系统属性等方面进行深入的研究。

安全设计主要有以下几点：

(1)产品选用材料的安全问题；

(2)产品结构的安全问题；

(3)产品使用过程中的安全问题；

(4)产品作废后的回收安全问题。

3. 改良设计的理念

产品设计中的多样性要考虑产品的制造过程及使用环节与服务对象。产品也许在不同时期、不同地点有许多不同的用途和使用者。孕妇的特殊性决定了设计的产品要考虑功能的多样性来满足不同时期孕妇的不同需求。例如：当孕妇心情烦躁时，产品的色彩更换为蓝色，以利于稳定情绪；为了利于采光，把家具类的产品进行重组；对原有衣物进行防辐射等功能处理。

4. 通用设计的理念

由于人们生活水平的提高，科学技术的进步，孕妇使用产品更新换代的周期越来越短，因此设计出的产品要从设计和环境等方面考虑尽量最大可能地面向所有使用者。这要求设计者在设计时就充分考虑更新或改变产品原有功能，满足使用者在不同时期的不同需求。合理的设计可以提高部件的通用性及重复使用率，对于实现产品的多重利用与可持续性有着重要的意义，同时合理的设计也能促进专业化生产，减少工艺装备的品种与数量，提高资源利用率，减少资源消耗。

孕妇产品的标准化设计主要是要求满足孕妇在不同时期的不同需求，因此在产品的使用功能及部件更换等方面来延长产品的寿命，达到通用的目的，主要通过以下方法来实现：

随着胎儿的成长以及流行趋势的变化，改变产品的颜色、样式。更换小部件满足在胎儿不同成长期时孕妇的心理需求。

可调节式设计，通过调节已有的产品预留空间和尺度来满足不同时期的需求。如增加衣服胸部、腰部的尺度，调节床的宽度，增减柜子的个数，更换不需要的部件，增加新的功能部件。

总之，孕妇是受人尊敬和社会关注的群体，所使用的产品也备受关注。可持续设计思想在孕妇使用产品中的提出可以减少资源浪费，节约家庭开支；安全设计思想的提出为孕妇及下一代的健康做出了一定的保障。

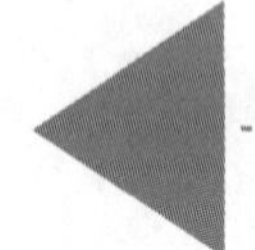

7.7 为老人而设计

随着21世纪的到来，全球人口老龄化的问题已经摆在眼前。截至2017年底，我国60岁以上的老人占人口总数的17.3%左右，约有2.41亿。面对这种形势，企业和设计师都必须重视为老年人的设计。

人体在老化过程中，身体发生的生理、病理变化会直接影响到老年人的各种能力。因此设计老年产品首先要研究老年人的需求动机，要根据老年人生理机能已经衰退、反应迟缓、动作不灵便等生理特征，为他们设计出更加安全、便利和舒适的生活用品和居住环境，同时也为设计和生产寻求更广阔的老年市场。

7.7.1 老年人操作心理

在为老年人设计生活用品时，必须注意的就是老年人特有的心理因素，它一般包括：

(1)许多老年人往往不愿意承认已经衰老的事实，或不愿意过分显示出自己的衰老。

(2)老年人希望在使用产品的过程中获得自信，因此老年产品要有便利的使用功能。

(3)老年人用品的色彩可以根据不同情况加以调配。如暖色调可以刺激脉搏、增加食欲，冷色调可促进精神松弛。

7.7.2 老年人用品设计

在工业设计理念的指导下，通过对老年人需求的了解，以及对现有老年产品的分析研究，从以下几个方面展开设计。

(1)扩展产品功能，使其适合老年人。现有产品许多针对年轻人，设计师有责任针对老年人的生理特点，强化产品的舒适性、便利性和安全性，设计出老年人能够独立地使用、满足老年人生理和心理需要的产品。要真正了解老年人的需要，关注他们的生活质量，从材料、外形、功能及舒适性等方面进行多种不同的改进尝试和特殊设计，为老年人开发出适应面广、舒适且个性化的产品。

(2)提高产品的时代感。老年用品在造型上要根据老年人不同的年龄阶段、不同的地域环境、不同的气候条件、不同的民俗习惯等差异性，做出相应调节。色彩上的对比不可过于强烈，但是要一改以往大多数老年产品颜色黯淡、色彩单一的缺点，增加产品的个性化和时代感元素的应用。图 7.50 所示是华为针对老年人而设计的 C7199 手机，其色彩采用红、白两色，一改传统老年人产品的灰暗，大大提高了产品的时代性。

(3)结构简单化。产品真正涉及老年人利益的是所承诺的功能的最终实现和安全可靠，不能让老年人在实际使用时发现问题，更不要将一些过于复杂的结构和功能强加于老年产品。三星推出了为老年人量身定做的手机，它的最大特点就是操作简单、按键都非常大，如图 7.51 所示。

图 7.50　华为 C7199 手机

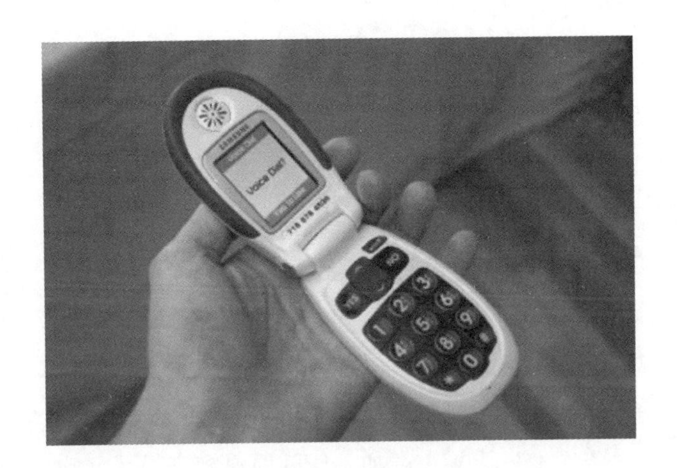

图 7.51　老年人专用手机

7.8 为残障人群而设计

最初残疾人产品的设计研究只是医学界的课题，20 世纪 60 年代后期，欧美的设计师试图以设计的手段使这部分特殊群体获得全新的产品和环境。自此，出现了许多从功能及形态上专为残疾人提供便利或增加生活能力的优秀作品。

7.8.1　残障人群操作特征

由于生理上的缺陷所产生的功能障碍，残疾人在正常范围内实现某种活动的能力受到一定程度的限制，因而也造成了心理上的自卑，觉得自己不能融入社会。运用人性化的设计理念进行残疾人用品设计，不仅可以弥补他们在生理上的缺陷，同时可以使他们在心理上得到安慰和鼓励。

7.8.2　残障人群用品设计

根据残疾人的基本特征，设计残疾人用品可以从以下几个方面入手。

(1)充分应用人机工程学理论。残疾人用品的基本要求就是要弥补残疾人生理上的不足。生理上的特殊需要要求设计师必须根据人机工程学相关理论,严格按照残疾人用品相关规定和标准进行结构和造型设计。如:轮椅的设计必须按照残疾人尺寸标准进行。

(2)利用多种感官系统同时传递信息。针对身体某一感觉器官不能正常工作的残疾人进行的设计,可以通过多种感官系统来传递或者反馈同一信息。安徽开聪公司开发的无线闪光开水报警壶除了有常见的听觉报警功能,还会在水即将煮沸时,在墙壁上出现闪光效果,及时提示用户(见图 7.52)。

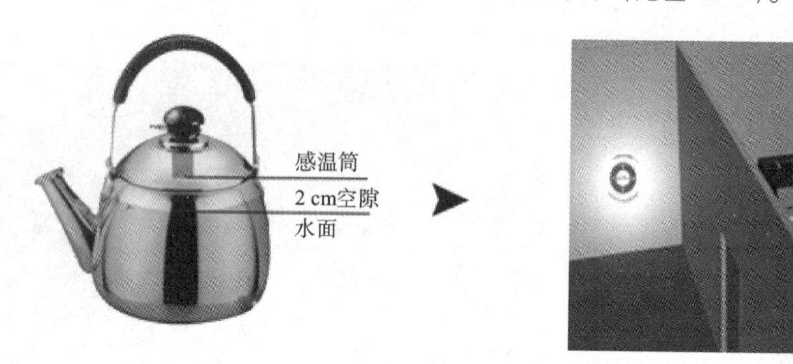

图 7.52 开水报警壶

(3)增加辅助装置。对于一些城市公共设施而言,它们面向的是所有大众。为了使整个环境的统一性不受破坏,可以在基础公共设施中增加一些辅助设施来满足残疾人的特殊需求。如图 7.53 所示,在公共卫生间设置扶手,为残疾人提供方便。

(4)简化产品操作程序。尽可能地减少产品的操作步骤,同时,产品的操作必须具有一定的秩序和规律,可以使残疾人很容易掌握其操作程序,并可以大大提高操作效率。

(5)情感化设计。残疾人的生理需求固然重要,他们的心理需求也不可忽视。人性化的产品设计中必须要体现人文关怀,特别是面向残疾人的产品设计中要力求体现社会大众对残疾人的认可与关爱。京华客车公司推出的新型环保公交车中有一种方便残疾人轮椅上下的低踏板式纯电动客车,驾驶员轻触按钮,车身就向一侧倾斜,车门处一块伸缩踏板拉出后,残疾人轮椅可以轻松上下(见图 7.54)。

图 7.53 公共卫生间残疾人扶手

图 7.54 无障碍公交车

第8章

人机工程学的未来展望

RENJI GONGCHENGXUE DE WEILAI ZHANWANG

学习目标

本章作为人机工程学理论与实践的延伸，结合科学技术与艺术设计的发展，探讨了人机工程学的未来发展趋势与方向。

8.1 人机与可持续发展结合

可持续发展观念是对工业文明，尤其是对20世纪文明进度反思的结果。所以，今后人机工程学的发展应当遵循可持续发展的理念，它不是科技层面、方法层面的理论，而是高层次上的设计伦理，是文明层面的理念，它要以人与自然保持持久和谐作为其理论和方法的前提。人机工程设计不再仅是创造对人们有用、好用、有市场竞争力的产品，而且是对人类生态系统的规划。在设计好用产品的同时，全面考虑产品制造、使用和回收处理三大阶段的生态效应。符合可持续发展理念的新设计观通常称为"生态设计"或"绿色设计""可持续设计"，其内涵都是相同或相近的。人机工程设计在可持续方面有以下几种设计准则和方法。

(1)耐用、简朴。耐用的设计又称为长远设计或长寿命设计，明确要求摒弃流行式样的影响和抵制市场的压力，给用户提供产品长期维修的可能性，主要采用模块化结构，使部件容易拆卸、替换。简朴的设计能引导消费者不追求过度华丽、过度包装的产品，减少产品繁复和不切实际的功效。

(2)低耗、节能。减少不可再生资源的消耗量，减少高耗能材料的用量，使用可循环的再生材料，采用简易的产品包装等。

(3)环保。人机设计中结合环保观念的直接目标是减少废弃物品，尤其是有毒有害的物质，促进资源的重复利用和再生利用(见图8.1)。

图8.1 可口可乐越南创意瓶盖设计

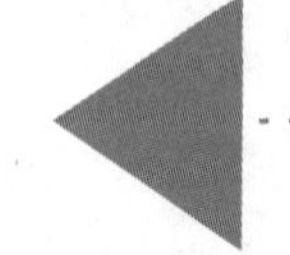

8.2 人机与认知心理学结合

赋予科技产品良好的认知性和亲和力，让用户易于和产品沟通，发现产品的预设用途，是新世纪人机工程设计所面临的重要课题。传统产品的功能相对直观，易于认知。例如军用的战刀、农用的镰刀、家用的菜刀，根据刀体、刀刃、刀把，就能知道怎么使用(见图 8.2、图 8.3)。进入电子时代后，各种电子产品的最突出问题首先是人们不能从产品的外形获知产品的功能，从而产生了陌生感、距离感、冷漠感；其次，电子产品的使用过程几乎都是通过操作按钮和机器来完成，缺乏使用者对往昔的生活经验、行为体验的联系，使人感到精神上的失落。有研究认为，倘若这种趋势继续持续，将会对人类的基本生存能力和精神智力产生严重后果。由于人是人-机-环境系统的主体，只有深刻认识人在系统中的作业特性，才能研制出最大限度地发挥人及人机系统的整体能力的优质高效系统。

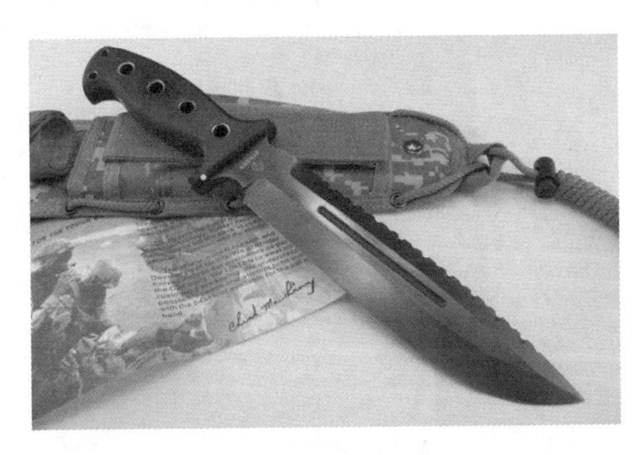

图 8.2　军用战刀

图 8.3　农用镰刀

8.3 人机与健康行为方式结合

中国整体环境条件存在能源、淡水等资源相对不足的问题，因此，为人们的衣、食、住、行、用提供怎样的设计将是一个重大的问题，这需要拥有社会责任感的设计师为此倾注心血。

科技迅猛发展加快了人们生活方式的改变，给设计开辟广阔前景的同时，也提出了更多挑战。科技和文明是把双刃剑，为人类带来福祉的同时，也可能给人类制造灾难。人机工程学的目标是让人们“安全、舒适、高效”，设计师需要从更高的角度来把握其含义：生活美好，更有利于人们德、智、体的全面发展，才是合理的生活方式，应该在设计中将社会发展的正确导向、公众健康文明的生活方式和企业利益相结合。

坚持人机工程学与健康行为方式结合有以下几个导向：

(1)迎合社会变革中新需求的设计。科技和社会发展给人机工程学提供了种种可能与机遇，以汽车为例，仪表显示、操作控制、安全、视野、驾驶环境、乘坐舒适性、驾驶者心理、驾驶与道路系统等，这些都是几十年来人机工程学的热点(见图 8.4)。

(2)避免人类思维的退化。现在加装“GPS 车载导航仪”(见图 8.5)的私家车日趋普遍，GPS 以图形的形式给驾驶人“指路”，哪怕是从未去过的，也可以轻松到达。但几年过去，人们惊讶地发现现代人的认路能力比以前大为降低，正成为生活中的“路痴”。

图 8.4 符合人机工程学的汽车设计

图 8.5 GPS 车载导航仪

(3)融合现代化、传统文化与文明的多样性。中国的水墨画与欧美的油画既有共同点又有不同的意趣，中国传统文化是一代又一代中国人经历多年孕育而成、不可再生的历史珍宝。因此，在设计中传承民族情怀、体现传统文明和生活方式，是新世纪人机工程学应当关注的又一个发展方向。

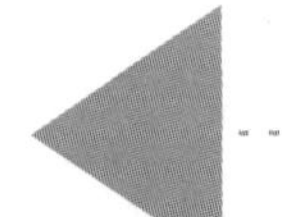

8.4 人机与数字技术紧密结合

随着计算机技术和网络技术的飞速发展，人机工程也逐渐步入数字化，无论是对于人机工程本身，还是对于人机界面设计，都拓展了研究领域，提出了新的研究课题。

为了提高系统品质，在可利用性方面，数字化人机工程学分析方法得到了重要的应用。传统的协调作用只考虑匹配分析，而不考虑产品使用或运作功能方面的协调问题。数字化技术的运用填补了这一空白，利用数字人机工程学模型可以分析和协调各功能的交互作用与界面。计算机技术和网络技术，尤其是计算机图形学、虚拟现实，使人机工程不再局限于传统的数据累积、实验等应用范畴，而是充分利用计算机的高性能图形计算能力建立 3D 图形化、交互式并具有真实感的虚拟环境与仿真评价平台，并应用于空间站、航行器、舰船、车辆等的设计评价之中，成为产品生命周期中的一个重要环节，呈现出新的面貌。

数字化人机工程包含以下五个方面。第一，数字化的人体形态：从复杂性和结构两个方面改变人的模型。例如，人体肌肉骨骼动力学模型应该反映足够详尽的结构、形状和尺寸。第二，人机工程学建模：人机工程学建模技术可以扩展到产品设计阶段物理原型(样机或样品)的构造中。过去的传统产品设计工具限制了横向对比在设计中的应用，对于产品使用与维护所需的人机工程学数据或数字化图像，人机工程学模型与仿真软件可以为之提供要求的数据、姿态图和设计修改的辅助。同时，也可以为产品的使用与维护提供培训手段与环境。第三，人机工程仿真系统：人机工程仿真系统通过构筑虚拟环境和任务，通过人体模特进行动态的人机工程动作、任务仿真，可以满足不同人机工程应用分析的要求，实现与 CAD、CAE 等软件的有效集成。第四，人机工程咨询系统：人机工程咨询系统包括各个国别、年龄、性别的人体测量学数据。第五，人机工程评价系统：通过嵌入人机工程评价标准，基于运动学、生理学等模拟人的使用方式，实现工作任务仿真中的实时人体性能分析，其评价标准体系包括可视度评价、可及度评价、舒适度评价、静态施力评价、脊柱受力分析、举力评价、力和扭矩评价、疲劳分析、能量消耗与恢复评价、决策时间标准、姿势预测等。

8.5 人机与智能系统紧密结合

人机工程学的发展迫切需要智能技术的支持。人工智能从本质上说是利用计算机来模拟人的智能活动，因此，作为研究人的科学的人机工程学，在智能设计方面，尤其是人和计算机一体化方面具有特殊的作用。这也是人机工程学发展的重要方向之一。

人机智能是着眼于发展人机结合的系统，在人机智能中不仅包含计算机，更包含人脑。它强调人脑与计算机结合，充分发挥计算机速度快、容量大、不知疲倦的特长和人脑擅长于形象思维的能力，使人脑和计算机成为一个相互补充的、有机的、开放的系统。从某种意义上说，人机智能系统是一种很好的人机系统。

人机智能系统必须是一个自适应系统，它能连续自动地检测对象的动态特性，并能根据自身情况调节。它需要完成三个基本动作：辨识或测量、决策、调整。其中，针对对象的辨识或测量可以通过计算机及其相关设备在人的辅助参与下进行，人应当在决策过程中起主导作用并通过机器和人本身实现系统的自我调整。人在决策中的主导作用集中体现在对问题的归纳和对知识的推理及建模两个过程中，在这两个过程中计算机的作用是利用人工智能技术、决策支持技术等提供的方法对数据进行处理及分析，为人的决策起到良好的辅助作用。而人则利用计算机提供的资料并结合自己的经验得出结论，并通过计算机系统反馈信息，调整系统状态，以达到适应环境的目的。

以上探讨分析了人机工程学在总体上的发展趋势，除了上述这些方面，学科内部的技术研究也有着非常关键的作用，对学科的未来发展有着重要的导向意义和参考价值。深刻认识人机工程技术在系统中的作业特性，才能在最大程度上发挥人机工程设计的整体能力。人机工程学学科中有很多相关问题需要运用人机工程技术来分析和解答，来获得最佳的人机交互，切实提高人机工效，从根本上推动人机工程的发展。

小　结

人机工程学是一门综合性的边缘学科，与国民经济的各个部门都有密切的关系，其研究的领域和发展趋势也是多元化的。从诞生到现在的半个多世纪里，学科已经取得了长足的发展。在新的世纪里，计算机技术、信息技术、生命科学、心理学、工程科学和设计学等领域的迅速发展，为人机工程学提供了重要的理论基础和技术支持，同时也为人机工程学的研究带来了许多新的线索和发展。

练习与讨论

(1)对当前人机工程技术研究的发展趋势进行大胆预测，并提出相应的概念化设计。

(2)预测 100 年以后的产品会有什么样的变革。

参考文献

RENJI GONGCHENGXUE

[1] Pamela McCauley Bush. 工效学基本原理、应用及技术[M]. 陈善广,周前祥,柳忠起,肖毅,译. 北京:国防工业出版社,2016.

[2] 陈媛媛,郭媛媛,曹小琴. 人机工程学[M]. 合肥:合肥工业大学出版社,2015.

[3] 阮宝湘,等. 工业设计人机工程[M]. 2 版. 北京:机械工业出版社,2010.

[4] 郑海标. 造器宜人之道[D]. 苏州大学,2014.

[5] 范芸.《考工记》"物联性"思想研究与实践[D]. 陕西科技大学,2013.

[6] 威肯斯,等. 人因工程学导论[M]. 2 版. 张侃,等,译. 上海:华东师范大学出版社,2007.

[7] 熊兴福,舒余安. 人机工程学[M]. 北京:清华大学出版社,2016.

[8] 丁玉兰. 人机工程学[M]. 北京:北京理工大学出版社,2011.

[9] 段大龙.《考工记》"材美""工巧"设计思想及其现实意义[D]. 东北师范大学,2007.

[10] 诺曼. 设计心理学[M]. 北京:中信出版社,2016.

[11] 何晓佑,谢云峰. 人性化设计[M]. 南京:江苏美术出版社,2001.

[12] 王继成. 产品设计中的人机工程学[M]. 北京:化学工业出版社,2011.

[13] 范圣玺. 行为与认知的设计——设计的人性化[M]. 北京:中国电力出版社,2009.

[14] 胡海权. 工业设计应用人机工程学[M]. 沈阳:辽宁科学技术出版社,2013.

[15] 杨明洁. 以产品设计为核心的品牌战略[M]. 北京:北京理工大学出版社,2008.

[16] 谢庆森,牛占文. 人机工程学[M]. 北京:中国建筑工业出版社,2005.

[17] 罗盛,胡素贞,文渝. 人机工程学[M]. 哈尔滨:哈尔滨工程大学出版社,2009.

[18] 董士海,王衡. 人机交互[M]. 北京:北京大学出版社,2004.

[19] 李洪海,石爽,李霞. 交互界面设计[M]. 北京:化学工业出版社,2011.

[20] 何灿群. 产品设计人机工程学[M]. 北京:化学工业出版社,2006.

[21] 吕杰锋,陈建新,徐进波. 人机工程学[M]. 北京:清华大学出版社,2009.

[22] 原研哉. 设计中的设计[M]. 济南:山东人民出版社,2010.

[23] 田中一光. 设计的觉醒[M]. 桂林:广西师范大学出版社,2010.

[24] 何祖顺. 产品绿色设计理论及应用研究[D]. 昆明理工大学,2006.